高等学校"十三五"规划教材

本教材承湖北文理学院协同育人专项经费资助

U0289769

概率论与数理统计及其Excel实现

Gailülun yu Shuli Tongji ji Qi Excel Shixian

主编　赵秀菊

华中科技大学出版社
http://www.hustp.com
中国·武汉

图书在版编目(CIP)数据

概率论与数理统计及其 Excel 实现/赵秀菊主编. —武汉:华中科技大学出版社,2019.10(2024.1重印)
高等学校"十三五"规划教材
ISBN 978-7-5680-5720-2

Ⅰ. ①概…　Ⅱ. ①赵…　Ⅲ. ①概率论-高等学校-教材　②数理统计-高等学校-教材　Ⅳ. ①O21

中国版本图书馆 CIP 数据核字(2019)第 219702 号

概率论与数理统计及其 Excel 实现　　　　　　　　　　　　　　赵秀菊　主编
Gailülun yu Shuli Tongji ji Qi Excel Shixian

策划编辑:袁　冲
责任编辑:杨　辉
封面设计:孢　子
责任监印:朱　玢
出版发行:华中科技大学出版社(中国·武汉)　　　电话:(027)81321913
　　　　　武汉市东湖新技术开发区华工科技园　　　邮编:430223
录　　排:华中科技大学惠友文印中心
印　　刷:广东虎彩云印刷有限公司
开　　本:787mm×1092mm　1/16
印　　张:13.25
字　　数:348 千字
版　　次:2024 年 1 月第 1 版第 2 次印刷
定　　价:38.00 元

本书若有印装质量问题,请向出版社营销中心调换
全国免费服务热线:400-6679-118　竭诚为您服务
版权所有　侵权必究

前　言

　　法国数学家拉普拉斯(Laplace,1749—1827)说:生活中的绝大多数问题实质上只是概率的问题.英国逻辑学家和经济学家杰文斯曾对概率论大加赞美:"概率论是生活真正的领路人,如果没有对概率的某种估计,那么我们就寸步难行,无所作为."美国统计学家 C. R. 劳教授在2002 年获得美国国家科学奖,他写了一本书,叫《统计与真理——怎样运用偶然性》,这本书告诉了我们如何利用统计学的眼光看世界.这本书的题记是"宇宙,与其说是由逻辑,不如说是由统计的概率来支配的."C. R. 劳教授说:在终极的分析中,一切知识都是历史;在抽象的意义下,一切科学都是数学;在理性的基础上,所有的判断都是统计学.

　　概率论与数理统计是研究客观世界随机现象统计规律性的一门数学分支学科,其理论严谨,应用广泛,发展迅速.在理论联系实际方面,概率论与数理统计是最活跃的学科之一.高等院校的大多数专业都开设了"概率论与数理统计"这门课程,而且这门课程被教育部定为本科生考研的数学课程之一.

　　概率论与数理统计是两个联系紧密而有区别的概念,概率论是数理统计学的基础,数理统计学是概率论的一种应用.概率论从数学模型进行理论推导,从同类现象中找出规律性.数理统计学着重于数据处理,在概率论理论的基础上对实践中采集的信息与数据进行概率特征的推断.

　　本书的写作目的是让大家初步掌握研究随机现象的基本思想和方法,从而具有一定的分析及解决问题的能力.本书首先让大家对该学科体系有一个全面的认识,为进一步学习其他专业知识奠定学科基础,并让大家具有较完备、较合理的知识结构和实践能力,学会理论分析,能够初步分析社会、经济现象的具体事例,并能给出分析结果和合理化建议.

　　本书是作者根据高等院校概率论与数理统计课程教学的基本要求,在多年主讲该课程时使用的教案的基础上改编而成的.全书共八章,分为概率论与数理统计两部分,其中前五章是概率论部分,后三章是数理统计部分.授课教师可根据学校的实际情况选择全部或部分内容进行教学.本书假定使用者具有高等数学的基础知识.

　　本书在内容上采用理论与实际应用相结合的方式,且辅以恰到好处的实验和应用案例指导学生学习和运用概率统计方法.本书采用课程视频资源和正文内容相结合的方式,将课程视频资源作为正文内容的补充和拓展,方便学生学习和使用,学生可以通过扫描课程视频的二维码观看课程视频,这样就形成了以纸质教材为核心,视频资源为辅助的新型教材形式.书中配备了大量的例题,每节有对应的习题.作者整理了最近十余年各章内容对应的考研真题,供学有余力的同学自学,扫描考研真题的二维码即得.所有习题及考研真题都有详细答案,有需要者可以与作者联系.在每章后面还给出了利用 Excel 软件解决概率论与数理统计问题的实验,培养学生用概率论与数理统计方法解决实际问题的能力与科学计算能力,为以后处理复杂计算奠定基础.在每个实验后面还给出了两个应用案例,培养学生灵活应用所学的知识解决各类现实问题的能力,为在将来工作中用所学知识为社会服务打下基础.

本书可以作为高等院校概率论与数理统计课程的教材或教学参考书,以及研究生入学备考的参考书,也可作为对概率论与数理统计有需要或爱好的读者的参考书.

本书由赵秀菊编写,在此书编写过程中,得到了王成勇教授、王刘禾副教授等的指导,参考了中国大学 MOOC 上很多概率论与数理统计的课程研究成果,得到了华中科技大学出版社编辑的帮助,在此一并表示感谢!

由于作者的学识及能力水平有限,本书难免存在不尽如人意甚至错误之处,敬请各位读者不吝赐教.

作　者

2019 年 9 月

课程视频　　　　　　考研真题

目　　录

绪　论

从亚里士多德时代开始,哲学家们就已认识到随机现象在生活中的作用,但他们却把随机性看作破坏生活规律、超越人们理解能力的东西,没有认识到可以对随机性进行研究,即不确定性也是可以度量的.

对概率论的研究最早是从赌博(博弈)游戏开始的.意大利的一位贵族问伽利略:掷三颗骰子,出现 9 点与出现 10 点各有六种不同的组合,但经验上发现出现 10 点的次数多于出现 9 点的次数,是何缘故?

博弈游戏产生时,人类已有数千年历史了.考古工作者在一座公元前 3500 年的埃及古墓中发现,埃及人在一种“猎犬与豺狼”的板盘游戏中,用投掷距骨的结果决定猎犬与豺狼移动的步数.

骰子是在距骨之后发现的,伊拉克北部曾发现一颗陶制的骰子,据推断距今已有 3000 年历史.它各组相对面的点数分别是 2 和 3、4 和 5、1 和 6.现在人们使用的相对面上的点数之和为 7 的骰子大约出现在公元前 1400 年.纸牌的出现则晚一些.这些器具不仅用于赌博,还用于占卜和算命.

一个最早有关赌博的数学问题出现在意大利修士、数学家帕西奥里 1494 年著作的《算术、几何、比及比例概要》中:甲、乙两人相约赌若干局,谁先赢 S 局,谁就获胜,在甲赢 $a(a < S)$ 局,而乙赢 $b(b < S)$ 局时,赌博中止了,问赌本应如何分?

17 世纪中叶,法国贵族德·梅里向法国著名数学家、物理学家帕斯卡提出了上述问题. 1653 年夏天,帕斯卡前往浦埃托镇度假.旅途中,他遇到了梅勒骑士,这位“赌坛老手”向帕斯卡提出了一个十分有趣的分赌注的问题:一次梅勒与其赌友掷骰子,每人押了 32 枚金币,并约定,如果梅勒先掷出三个 6 点,便算梅勒赢,如果对方先掷出三个 4 点,便算对方赢.但是这场赌注不算小的赌博并未顺利结束.因为在梅勒掷出两次 6 点,其赌友掷出一次 4 点时,梅勒接到通知,要他马上陪同国王接见外宾.君命难违,赌博只好停止,双方为如何分配这 64 枚金币而争论不休.

这一貌似简单的问题难住了天才数学家帕斯卡,他思索了很久仍没有解决这个问题.于是,他与费马开始了关于这一问题的通信讨论.帕斯卡在 1654 年 7 月 29 日给费马的信中给出了这一问题的解.在他们对这一问题的讨论中,产生了“概率”和“数学期望”等基本概念.他们解决了“分赌注问题”“赌徒输光问题”等.帕斯卡给费马的这封信被公认为概率论的第一篇文献,是数学史上的一个里程碑.

随着 18—19 世纪科学的迅速发展,人们注意到在某些生物、物理和社会现象与机会游戏之间有一种相似,从而由机会游戏起源的概率论被应用到这些领域中,同时也大大推动了概率论本身的发展.

17 世纪中期,荷兰物理学家、天文学家、数学家惠更斯出版的《论赌博中的计算》标志着概率论的诞生.这部书出版后得到学术界的重视和认可,在欧洲作为概率论的标准教材长达 50

年之久.

使概率论成为数学的一个分支的奠基人是瑞士数学家伯努利,他建立了概率论中第一个极限定理,即大数定律,大数定律阐明了事件的频率稳定于它的概率. 随后棣莫弗和拉普拉斯又导出了第二个极限定理(中心极限定理)的原始形式.

法国数学家拉普拉斯将古典概率论向近代概率论推进,他首先明确给出了概率的古典定义,并在概率论中引入更有力的数学分析工具,将概率论推向一个新的发展阶段. 他还证明了"棣莫弗 - 拉普拉斯定理",把棣莫弗的结论推广到一般的情况,还建立了观测误差理论和最小二乘法. 拉普拉斯于 1812 年出版了他的著作《概率的分析理论》,这是一部继往开来的作品. 那时候人们最想知道的就是概率论是否会有更大的应用价值,是否能发展成为严谨的学科.

19 世纪末,俄国数学家切比雪夫、马尔可夫、李雅普诺夫等人用分析方法建立了大数定律及中心极限定理的一般形式,科学地解释了为什么实际中遇到的许多随机变量近似服从正态分布.

在 20 世纪初受物理学的刺激,人们又开始研究随机过程.1906 年,俄国数学家马尔可夫提出了所谓马尔可夫链的数学模型.1934 年,苏联数学家辛钦提出一种在时间中均匀进行着的平稳过程理论. 柯尔莫哥洛夫、维纳、莱维及费勒等人在这方面做了杰出的贡献.

如何定义概率及如何把概率论建立在严格的逻辑基础上,是概率论发展的困难所在,对这些问题的探索一直持续了 3 个世纪.

20 世纪初完成的勒贝格测度与积分理论及随后发展的抽象测度与积分理论,为概率论公理体系的建立奠定了基础.

在这种背景下苏联数学家柯尔莫哥洛夫在他 1933 年出版的《概率论基础》一书中第一次给出了概率的测度论式的定义和一套严密的公理体系. 他的公理化方法成为现代概率论的基础,使概率论成为严谨的数学分支,对近几十年概率论的迅速发展起了积极的作用.

数理统计学是概率论的一个姐妹学科,研究怎样有效地收集、整理和分析带有随机性质的数据,以对所观察的问题做出推断和预测,直至为采取一定的决策和行动提供依据和建议.

统计学的英文词 statistics 源于拉丁文,是由 status(状态、国家) 和 statista(政治家) 衍化而来的,可见,统计学起源很早并和国家事务的管理需求有关.

在中国,周朝就设有统计官员 18 名,5 个层次,5 个级别,其官职叫"司书".

数理统计学是随着概率论的发展而发展起来的. 在人们认识到必须把数据看作来自一定概率分布的总体,所研究的对象是这个总体而不能局限于数据本身之日,就是数理统计学诞生之时.

在 19 世纪中叶以前,数学家们就已开始了若干重要的研究工作,特别是高斯和勒让德关于观测数据的误差分析和最小二乘法的研究. 但数理统计学发展成为一门成熟的学科,则是 20 世纪上半叶的事. 皮尔逊、费希尔为此做出了重大贡献.1946 年,克拉默出版的《统计学数学方法》是第一部严谨且比较系统的数理统计著作,可以作为数理统计学进入成熟阶段的标志.

我国的概率论研究起步较晚,从 1957 年开始,先驱者是许宝騄先生.1957 年暑假,许宝騄先生在北京大学举办了一个关于概率统计的讲习班,从此,我国对概率统计的研究逐步发展起来了. 候振廷 1978 年获英国戴维逊奖,王梓坤预报地震 24 次有 17 次准确或较准确. 现在概率论与数理统计是数学系各专业的必修课之一,也是理工科、经管类学科学生的公共课.

概率论的理论和方法应用十分广泛,几乎遍及所有的科学领域,以及工农业生产和国民经济各部门,如应用概率统计方法可以进行气象预报、地震预报、水文预报、市场预测、股市分析、产品寿命估计、产品的抽样验收、新研制的药品能否在临床中应用、可靠性分析等.凡有数据的门类都用到概率统计.随着计算机的发展与普及,概率论与数理统计已成为处理信息、制定决策的重要理论和方法.

学习概率论与数理统计的目的:为相关专业后续课程打基础;提高基本素养,培养分析和解决问题的能力;提高对"数据"的敏感度,能够使用正确的方法来处理或分析数据,从大量繁杂的数据中快速获取有用的信息.

概率论与数理统计作为理论严谨、应用广泛、发展迅速的数学分支正日益受人们的重视并发挥着重大的作用.其至有人说:总有一天,概率论与数理统计思想会像识字能力一样成为公民必须具备的一项技能.

第一章 概率论的基本概念

概率论与数理统计是一门从数量化的角度来研究现实世界中一类不确定现象(随机现象)规律性的应用数学学科. 本章介绍的随机事件与概率是概率论中最基本、最重要的概念之一.

第一节 随机试验、随机事件与样本空间

大千世界,无奇不有. 人们在社会实践和生产劳动中总会遇到各类问题,按照问题属性的不同,可将所涉及的现象分为确定性现象和非确定性现象.

一、两类现象

在自然界与现实生活中,一些事物都是相互联系和不断发展的. 在它们彼此联系和发展中,根据它们是否有必然的因果联系,可以这些现象分成截然不同的两大类:确定性现象和非确定性现象.

(一) 确定性现象

定义 1 在一定条件下必然发生(或出现)某一结果的现象称为确定性现象.

特点 条件完全决定结果:在一定条件下,无论进行多少次试验,其结果都是唯一的;或者说条件确定后,不做试验就能断定结果.

例 1 理解下列确定性现象.

(1) 同性相斥,异性相吸;

(2) 太阳东升西落;

(3) 一元函数在间断点处不存在导数;

(4) 在一个标准大气压下,水加热到 100 ℃ 时一定会沸腾;

(5) 向上抛一粒石子必定会下落;

(6) 在没有外力作用下,做匀速直线运动的物体必然继续做匀速直线运动.

早期的科学研究是在将天文、地理、物理、化学等视为确定性现象的基础上,研究揭示其内在规律的,并借助微积分、几何、代数等古典数学,研究描述确定性现象的规律性,取得了许多璀璨的成果.

(二) 非确定性现象

定义 2 在一定条件下具有多种可能结果,且事先无法预知出现哪种结果的现象称为非确定性现象,也称为随机现象、偶然现象.

特点 条件不能完全决定结果,即在相同条件下重复进行一个试验,试验的结果事先不

能唯一确定,可能出现这个结果,也可能出现那个结果,呈现一种偶然性.

例 2 理解下列随机现象.

(1)一元连续函数可能可导,也可能不可导;

(2)过马路交叉口时,可能遇上红色、绿色、黄色 3 种颜色中任一颜色的交通指挥灯;

(3)从一批含有正品和次品的产品中任意抽取一件产品,可能抽到正品,也可能抽到次品;

(4)同一条生产线上生产的灯泡的寿命;

(5)明天股市的涨跌;

(6)测量某个物理量,由于许多偶然因素的影响,各次测量的结果不一定相同.

在生产、生活中,随机现象十分普遍,也就是说随机现象是大量存在的.从表面上看,随机现象似乎是杂乱无章的、没有什么规律的现象.随机现象这种结果的不确定性,是由一些次要的、偶然的因素影响所造成的.但实践证明,如果同类的随机现象大量重复出现,它的总体就呈现出一定的规律性.正如恩格斯所说:"在表面上是偶然性在起作用的地方,这种偶然性始终是受内部的隐蔽着的规律支配的,而问题只是在于发现这些规律."大量同类随机现象所呈现的这种规律性,随着我们观察的次数的增多而愈加明显.比如掷硬币,每一次投掷时很难判断哪一面朝上,但是如果多次重复地掷这枚硬币,就会越来越清楚地发现硬币正反两面朝上的次数大体相同.正像我们站在教学楼门口,观看进出的人数,每个人进出是偶然的,但是如果多次重复观察,就会发现进出的人数大体相同.

我们把这种由大量同类随机现象所呈现出来的规律性,叫作统计规律性.概率论与数理统计就是一门研究大量同类随机现象的统计规律性的数学学科.

二、随机试验、样本空间与随机事件

(一)随机试验

为研究随机现象的统计规律性,需对随机现象进行观察和试验.

定义 3 具备以下 3 个特点的一切试验称为随机试验,简称试验,通常用字母 E 表示.

(1)重复性:试验可以在相同的条件下重复地进行;

(2)确定性:每次试验的可能结果至少两个,并且能事先明确试验的所有可能结果;

(3)随机性:每次试验必然出现这些可能结果中的一个,但试验前不能预知出现哪一个结果.

因为统计规律只有在对同类随机现象进行大量重复观察时才会呈现出来,所以要求试验可重复进行;如果对一个随机试验可能会出现哪些结果都不清楚的话,就无法研究这些结果出现的规律,所以要求试验结果具有可确定性;试验的随机性是由随机现象的不确定性导致的.

例 3 理解下列随机试验.

(1)E_1:掷一枚质地均匀硬币,观察正面和反面出现的情况;

(2)E_2:某日上午某时刻,在某公共汽车站的等车人数;

(3)E_3:任意抽取一批灯泡中的一个,测试其寿命;

(4)E_4:掷一颗骰子,观察出现的点数;

(5)E_5:在一批产品中,依次任选三件产品,记录出现正品与次品的情况;

（6）E_6：在以原点为圆心的单位圆内任取一点.

（二）样本空间

奥地利数学家米泽斯在 1928 年给出了样本空间的定义.

定义 4　随机试验的所有可能的结果所组成的集合称为样本空间，记为 $\Omega = \{\omega\}$.

定义 5　样本空间的元素，即随机试验的每一个可能的基本结果，称为样本点. 记为 ω.

例 4　下列为例 3 中随机试验对应的样本空间.

（1）$\Omega_1 = \{$正面，反面$\}$；

（2）$\Omega_2 = \{0,1,2,\cdots\}$；

（3）$\Omega_3 = \{t \mid t \geqslant 0\}$；

（4）$\Omega_4 = \{1,2,3,4,5,6\}$；

（5）$\Omega_5 = \{NNN, NND, NDN, DNN, NDD, DDN, DND, DDD\}$，N 表示正品，D 表示次品；

（6）$\Omega_6 = \{(x,y) \mid x^2 + y^2 < 1\}$.

只含有有限个样本点的样本空间，如例 4 中的 $\Omega_1, \Omega_4, \Omega_5$，称为有限样本空间；含有可列无穷个样本点的样本空间，如例 4 中的 Ω_2，称为可列样本空间；有限样本空间和可列样本空间统称为离散样本空间. 全部样本点可以充满某个区间（或区域）的样本空间，如例 4 中的 Ω_3, Ω_6，称为连续样本空间. 样本点可以是数或非数，可以有有限个或无限个，可以是连续的数集或离散的数集，可以是一维的或二维的等.

注

（1）试验不同，对应的样本空间一般也不同.

（2）同一试验，若试验目的不同，则对应的样本空间一般也不同.

例如，同一试验"将一枚硬币抛掷三次"，若观察正面 H、反面 T 出现的情况，则样本空间为 $\Omega = \{HHH, HHT, HTH, THH, HTT, THT, TTH, TTT\}$；若观察出现正面的次数，则样本空间为 $\Omega = \{0,1,2,3\}$.

（3）同一样本空间可概括许多大不相同的实际问题.

例如，$\Omega = \{0,1\}$ 可以作为抛掷硬币试验的样本空间，可以作为质量管理中产品合格与不合格试验的样本空间，可以作为疾病诊断中的阴性、阳性检验的样本空间等.

（三）随机事件

定义 6　随机试验的若干个基本结果组成的集合（样本空间的子集）称为随机事件，即随机试验中可能发生也可能不发生的事件称为随机事件，简称事件，用大写字母 $A, B, C, \cdots$ 或 $A_1, A_2, A_3, \cdots$ 表示.

在每次试验中，当且仅当事件中的某个样本点出现就称这个事件发生.

例如：$A = \{1,3,5\}$ 是试验 E_4 的样本空间 Ω_4 的一个事件，若抛掷一颗骰子，出现了样本点"1 点"、"3 点"或"5 点"，我们就说事件 A 发生了；若出现了"2 点"、"4 点"或"6 点"，我们就说事件 A 没发生.

定义 7　由一个样本点组成的单点集称为基本事件.

定义 8　由两个及两个以上的样本点组成的集合称为复合事件.

定义 9　样本空间 Ω 是其自身的子集，它包含所有的样本点，在每次试验中总是发生，称为必然事件.

定义 10　$\varnothing$ 是 Ω 的子集,它不包含任何样本点,在每次试验中都不发生,称为不可能事件.

例 5　对于例 3 中的试验 E_4,$A = \{1,3,5\}$ 是复合事件,$B = \{1\}$ 是基本事件,$\Omega = \{1,2,3,4,5,6\}$ 是必然事件,$C = \{$点数大于 6$\}$ 是不可能事件.

每一个随机试验都相应地有一个样本空间,样本空间的子集就是随机事件.

三、事件间的关系及事件的运算

既然事件是集合,因而可以用集合论中集合之间的关系与运算来处理事件间的关系与运算.下面给出这些关系与运算在概率论中的提法,并依据"事件发生"的含义,给出它们在概率论中的定义.

设试验 E 的样本空间为 Ω,而 $A,B,A_k(k = 1,2,\cdots)$ 是 Ω 的子集.

定义 11　若事件 A 发生,必然导致事件 B 发生,则称事件 B 包含事件 A,或事件 A 包含于事件 B,或事件 A 是事件 B 的子事件,记作 $A \subset B$ 或 $B \supset A$(见图 1-1).

用集合论的说法,$A \subset B$ 表示事件 A 中的元素(样本点)都在事件 B 中,即每当事件 A 发生,事件 B 也一定发生.显然,对于任一事件 A,都有 $\varnothing \subset A \subset \Omega$.

例 6　在例 5 中,事件 B 的样本点都在事件 A 中,则事件 A 包含事件 B,即 $B \subset A$.

定义 12　若事件 A 包含事件 B,而且事件 B 包含事件 A,则称事件 A 与事件 B 相等,记作 $A = B$.有

$$A = B \Leftrightarrow \begin{cases} A \subset B, \\ A \supset B. \end{cases}$$

用集合论的说法,$A = B$ 表示事件 A 中的元素(样本点)与事件 B 中的元素(样本点)相同,即事件 A 与事件 B 或同时出现,或同时不出现.

例如,$A = \{$掷两颗骰子,点数之和为奇数$\}$,$B = \{$掷两颗骰子,点数为一奇一偶$\}$,显然,$A = B$.

定义 13　事件 A 与事件 B 中至少有一个发生的事件称为事件 A 与事件 B 的并(和)事件,记作 $A \cup B$ 或 $A + B$(见图 1-1).

用集合论的说法,$A \cup B$ 表示事件 A 与事件 B 中所有的元素(样本点)合起来(相同的只记一次)构成的事件,用集合表示为 $A \cup B = \{x \mid x \in A$ 或 $x \in B\}$.

推广　$\bigcup\limits_{i=1}^{n} A_i$ 或 $\sum\limits_{i=1}^{n} A_i$ 表示 $A_1,A_2,\cdots,A_n$ 至少有一个发生,为有限和.$\bigcup\limits_{i=1}^{\infty} A_i$ 或 $\sum\limits_{i=1}^{\infty} A_i$ 表示 $A_1,A_2,\cdots,A_n,\cdots$ 至少有一个发生,为无穷可列和.

显然,对于任一事件 A,有 $A \cup \varnothing = A$,$A \cup \Omega = \Omega$,$A \cup A = A$.

定义 14　事件 A 与事件 B 同时发生的事件称为事件 A 与事件 B 的交(积)事件,记作 $A \cap B$ 或 AB(见图 1-1).

用集合论的说法,$A \cap B$ 表示事件 A 与事件 B 中公共的元素(样本点)合起来构成的事件,用集合表示为 $A \cap B = \{x \mid x \in A$ 且 $x \in B\}$.

推广　$\bigcap\limits_{i=1}^{n} A_i$ 表示 $A_1,A_2,\cdots,A_n$ 同时发生,为有限积.

$\bigcap\limits_{i=1}^{\infty} A_i$ 表示 $A_1,A_2,\cdots,A_n,\cdots$ 同时发生,为无穷可列积.

显然,对于任一事件 A,有 $A \cap \varnothing = \varnothing$,$A \cap \Omega = A$,$A \cap A = A$.

定义 15　若事件 A 的发生必然导致事件 B 不发生,事件 B 的发生必然导致事件 A 不发生,则称事件 A 与事件 B 互不相容(互斥),即事件 A 与事件 B 不可能同时发生,记作 $A \bigcap B = \varnothing$(或 $AB = \varnothing$)(见图 1-1).

用集合论的说法,$A \bigcap B = \varnothing$(或 $AB = \varnothing$)表示事件 A 与事件 B 没有公共的元素(样本点).

推广　设事件组 $A_1, A_2, \cdots, A_n$ 满足 $A_i A_j = \varnothing (i, j = 1, 2, \cdots, n, i \neq j)$,称事件组 $A_1, A_2, \cdots, A_n$ 是两两互不相容的.

注　事件列 $A_1, A_2, \cdots$ 互不相容是指事件列中的任意有限个事件互不相容.

显然,同一试验的基本事件是两两互不相容的,$\varnothing$ 与任何事件互不相容.

例 7　对于例 3 中的试验 E_4,若 $A = \{1, 3, 5\}, D = \{2, 3, 4\}, F = \{2, 4, 6\}$,则 $A \bigcup D = \{1, 2, 3, 4, 5\}, A \bigcap D = \{3\}, A \bigcap F = \varnothing$.

定义 16　若 $A \bigcap B \neq \varnothing$,则称事件 A 与事件 B 相容.

定义 17　由事件 A 发生并且事件 B 不发生所组成的事件,称为事件 A 与事件 B 的差,记作 $A - B$ 或 $A\overline{B}$(见图 1-1).

用集合论的说法,$A - B$ 表示把事件 A 中属于事件 B 的元素(样本点)减掉. 有 $A - B = A - AB$.

显然,对于任一事件 A,有 $A - A = \varnothing, A - \varnothing = A, A - \Omega = \varnothing$.

例如,例 7 中 $A - D = \{1, 5\}, D - F = \{3\}$.

定义 18　若事件 A 与事件 B 满足 $A \bigcup B = \Omega$ 且 $A \bigcap B = \varnothing$,则称事件 A 与事件 B 互为对立事件(逆事件),并称事件 $A(B)$ 为事件 $B(A)$ 的对立事件,记作 $A = \overline{B}(B = \overline{A})$(见图 1-1).

事件 A 与事件 B 互为对立事件指的是,在一次试验中,事件 A 与事件 B 必有一个发生且只有一个发生.

事件 A 不发生 $\Leftrightarrow$ 事件 $\overline{A}$ 发生,即 $A \bigcup \overline{A} = \Omega$ 且 $A \bigcap \overline{A} = \varnothing$. 显然,$\overline{\overline{A}} = A, \overline{A} = \Omega - A$.

例如,例 7 中 $A \bigcup F = \Omega$ 且 $A \bigcap F = \varnothing$,因此事件 A 与事件 F 互为对立事件.

注　对立事件必为互斥事件,反之则不一定成立.

事件之间的关系有包含、相等、互不相容(互斥)、互逆(对立);运算有和(并)、差、交(积).

事件的关系和运算可以用所谓的文氏图形象直观地表示出来(见图 1-1,图 1-1 中的矩形表示必然事件 Ω).

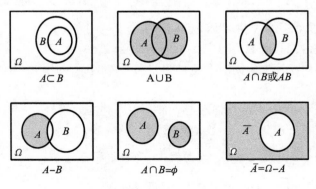

图 1-1

四、事件运算的基本性质

对于任意事件 $A,B,C,A_1,A_2,\cdots,A_n,\cdots$，其运算有以下基本性质.

（1）交换律：$A \cup B = B \cup A, A \cap B = B \cap A$.

（2）结合律：$A \cup B \cup C = (A \cup B) \cup C = A \cup (B \cup C)$,
$$A \cap B \cap C = (A \cap B) \cap C = A \cap (B \cap C).$$

（3）分配律：$A \cup (B \cap C) = (A \cup B) \cap (A \cup C)$,
$$A \cap (B \cup C) = (A \cap B) \cup (A \cap C).$$

（4）$A - B = A \cap \overline{B} = A - AB = A \cup B - B$.

（5）对偶律（德·摩根定律）：
$$\overline{A \cup B} = \overline{A} \cap \overline{B}, \overline{A \cap B} = \overline{A} \cup \overline{B},$$
$$\overline{A_1 \cup A_2 \cup \cdots \cup A_n} = \overline{A_1} \cap \overline{A_2} \cap \cdots \cap \overline{A_n},$$
$$\overline{A_1 \cap A_2 \cap \cdots \cap A_n} = \overline{A_1} \cup \overline{A_2} \cup \cdots \cup \overline{A_n}.$$

（口诀：左边到右边，长线变短线，和变积，积变和.）

（6）吸收律：如果 $A \subset B$，则 $A \cup B = B, A \cap B = A$.

例 8　设 A, B, C 是样本空间 Ω 中的三个随机事件，试用 A, B, C 的运算表达式表示下列随机事件.

（1）A 与 B 发生，但 C 不发生；

（2）A 发生，但 B 与 C 不发生；

（3）事件 A, B, C 都发生；

（4）事件 A, B, C 都不发生；

（5）事件 A, B, C 中至少有一个发生；

（6）事件 A, B, C 中至少有两个发生；

（7）事件 A, B, C 中恰好有两个发生；

（8）事件 A, B, C 中不多于一个事件发生；

（9）事件 A 与 B 至少有一个发生，而 C 不发生；

（10）事件 A, B, C 中不多于两个事件发生.

解　（1）$AB\overline{C}$；（2）$A\overline{B}\,\overline{C}$；（3）$ABC$；（4）$\overline{A}\,\overline{B}\,\overline{C}$；（5）$A \cup B \cup C$；
（6）$AB \cup BC \cup AC$ 或 $AB\overline{C} \cup A\overline{B}C \cup \overline{A}BC \cup ABC$；（7）$AB\overline{C} \cup A\overline{B}C \cup \overline{A}BC$；
（8）$\overline{A}\,\overline{B}\,\overline{C} \cup A\overline{B}\,\overline{C} \cup \overline{A}B\overline{C} \cup \overline{A}\,\overline{B}C$ 或 $\overline{AB \cup BC \cup AC}$；（9）$(A \cup B)\overline{C}$；
（10）$\overline{ABC}$ 或 $\overline{A}\,\overline{B}\,\overline{C} + A\overline{B}\,\overline{C} + \overline{A}B\overline{C} + \overline{A}\,\overline{B}C + AB\overline{C} + A\overline{B}C + \overline{A}BC$.

例 9　一个工人生产了三个零件，用事件 A_i 来表示该工人生产的第 i 个零件是合格品 $(i = 1, 2, 3)$，试用 $A_i(i = 1, 2, 3)$ 表示下列事件.

（1）只有第一个零件是合格品 (B_1)；

（2）三个零件中只有一个合格品 (B_2)；

（3）第一个是合格品，后两个零件中至少有一个次品 (B_3)；

（4）三个零件中最多只有两个合格品 (B_4)；

（5）三个零件都是次品 (B_5)；

（6）三个零件中最多有一个次品.

解　（1）B_1 表示"第一个零件是合格品，同时第二个和第三个都是次品"，故 $B_1 = A_1\overline{A_2}\,\overline{A_3}$；

（2）B_2 表示"第一个零件是合格品而第二个和第三个是次品"或"第二个零件是合格品而第一个和第三个是次品"或"第三个零件是合格品而第一个和第二个是次品"，故 $B_2 = A_1\overline{A_2}\,\overline{A_3} \bigcup \overline{A_1}A_2\overline{A_3} \bigcup \overline{A_1}\,\overline{A_2}A_3$；

（3）$B_3 = A_1(\overline{A_2} \bigcup \overline{A_3})$；

（4）（方法一）事件 B_4 的逆事件是"三个零件都是合格品"，故 $B_4 = \overline{A_1A_2A_3}$；

（方法二）与 B_4 等价的事件是"三个零件中至少有一个次品"，故 $B_4 = \overline{A_1} \bigcup \overline{A_2} \bigcup \overline{A_3}$；

（5）（方法一）$B_5 = \overline{A_1}\,\overline{A_2}\,\overline{A_3}$；

（方法二）利用事件"三个零件中至少有一个次品"的逆事件与 B_5 等价，故 $B_5 = \overline{A_1 \bigcup A_2 \bigcup A_3}$；

（6）（方法一）B_6 表示"三个零件中无次品"或"三个零件中只有一个次品"，故 $B_6 = A_1A_2A_3 \bigcup \overline{A_1}A_2A_3 \bigcup A_1\overline{A_2}A_3 \bigcup A_1A_2\overline{A_3}$；

（方法二）利用 B_6 与事件"三个零件中至少有两个合格品"等价，故 $B_6 = A_1A_2 \bigcup A_2A_3 \bigcup A_1A_3$．

习题 1.1

1. 将一枚质地均匀的硬币抛两次，事件 A,B,C 分别表示"第一次出现正面""两次出现同一面""至少有一次出现正面"．试写出样本空间及事件 A,B,C 中的样本点．

2. 调查甲、乙、丙收看某电视剧的情况，如果记 $A = \{甲收看\}$，$B = \{乙收看\}$，$C = \{丙收看\}$，试用 A,B,C 表示下列事件．（1）甲收看，乙收看，丙未收看；（2）甲、乙、丙之中只有一人未收看；（3）甲、乙、丙之中有两人未收看；（4）甲、乙、丙之中至少有一人未收看；（5）甲、乙、丙三人都收看．

3. 试说明下列事件两两之间是否有包含、相容、互斥或对立关系．（1）$A \bigcup B \bigcup C$；（2）ABC；（3）$\overline{ABC}$；（4）$\overline{A}\,\overline{B}\,\overline{C}$．

4. 在某学院的学生中任选一人，设 $A = \{他是男学生\}$，$B = \{他是一年级学生\}$，$C = \{他是田径运动员\}$，说明：（1）事件 $AB\overline{C}$ 的意义；（2）事件 $\overline{ABC}$ 的意义；（3）事件 $\overline{A}\,\overline{B}\,\overline{C}$ 的意义；（4）事件 $ABC = C$ 的意义．

5. 若事件 A,B,C 满足 $A + C = B + C$，试问 $A = B$ 是否成立？举例说明．

6. 以 A,B,C 分别表示某城市居民订阅日报、晚报和体育报，利用 A,B,C 表示下列事件．（1）只订阅日报；（2）只订阅日报和晚报；（3）只订阅一种报；（4）正好订阅两种报；（5）至少订阅一种报；（6）不订阅任何报；（7）至多订阅一种报；（8）三种报都订阅；（9）三种报不全订阅．

第二节　　概率的定义与性质

随机事件在一次随机试验中是否会发生，事先是不能确定的，但希望知道它发生可能性的大小.在试验条件确定的前提下,随机事件发生的可能性大小是一个客观存在的量.在这里,我们先引入频率的概念,进而引出表征事件在一次试验中发生的可能性大小的数字度量 —— 概率.

一、频率及其性质

定义 1　设 E 为一个随机试验, A 是 E 的一个事件.在相同的条件下,将 E 重复进行 n 次试验,如果事件 A 在这 n 次试验中发生了 n_A 次,则称比值 $\dfrac{n_A}{n}$ 为事件 A 发生的频率,记作 $f_n(A)$,即

$$f_n(A) = \frac{n_A}{n}.$$

从上述表达式可知,频率是一个典型的数学表达式,自变量是随机事件,即对应的定义域是样本空间,值域是数域.

频率具有以下性质.

(1) 非负性:对任意事件 A,有 $0 \leqslant f_n(A) \leqslant 1$.

(2) 规范性: $f_n(\Omega) = 1$.

(3) 有限可加性:若 $A_1, A_2, \cdots, A_k$ 是两两互不相容事件,则
$$f_n(A_1 \bigcup A_2 \bigcup \cdots \bigcup A_k) = f_n(A_1) + f_n(A_2) + \cdots + f_n(A_k).$$

频率 $f_n(A)$ 的大小表示了在 n 次试验中事件 A 发生的频繁程度.频率越大,事件 A 就发生得越频繁,在一次试验中 A 发生的可能性就越大;反之亦然.因而,可用频率来描述 A 在一次试验中发生的可能性的大小.但是,由于试验具有随机性,即使对同一试验进行相同的次数,频率也不一定相同.但大量试验证实,随着试验次数的增加,频率会逐渐稳定于某一个常数.频率具有"稳定性"这一事实,说明了刻画事件 A 发生的可能性大小的数 —— 概率具有一定的客观存在性.

二、频率的稳定性

很多有名的统计学家做过掷硬币的试验,得到正面 H 出现的频率,结果如表 1-1 所示.

表 1-1

试　验　者	n	n_H	f
德·摩根	2048	1048	0.5117
德·摩根	2048	1061	0.5181
德·摩根	2048	1017	0.4966
德·摩根	2048	1039	0.5073
K.皮尔逊	12 000	6019	0.5016
K.皮尔逊	24 000	12 012	0.5005
K.皮尔逊	80 640	40 173	0.4982
蒲丰	4040	2048	0.5069
维尼	30 000	14 994	0.4998

从表 1-1 中的数据可得出以下结论.

（1）频率具有随机波动性，对于同样的 n，所得的频率不一定相同，即频率具有事前不可预言性.

（2）随着 n 的增大，频率呈现出稳定性，即随着 n 的逐渐增大，正面出现的频率总是在 0.5 附近波动，且逐渐稳定于 0.5.

当 n 较小时，频率的波动幅度比较大，当 n 逐渐增大时，频率趋于稳定值，这个稳定值从本质上反映了事件在试验中出现可能性的大小，这个稳定值就是事件的概率.

三、概率的统计定义

米泽斯在 1919 年以公理化的方式给出了概率的统计定义.

定义 2　设随机试验 E，当试验次数 n 充分大时，事件 A 发生的频率 $f_n(A)$ 稳定在某个常数 p 附近波动，称 p 为事件 A 的概率，记作 $P(A) = p$.

注

（1）概率的统计定义是以试验为基础的，不做试验就无法得到这个概率，但这并不是说概率取决于试验.

（2）事件 A 发生的概率是事件 A 的一种属性，也就是说，它完全取决于事件 A 本身，是先于试验客观存在的.

（3）概率的统计定义只是描述性的，一般不能用于计算事件的概率，通常只有在 n 充分大时，才能以事件发生的频率作为事件概率的近似值.

例 1　有人对各类典型的英语书刊中的字母出现的频率进行了统计，发现各字母出现的频率相当稳定. 表 1-2 是 Dewey G. 统计了约 438 023 个英语单词中各字母出现的频率.

表 1-2

字　　母	频　　率	字　　母	频　　率
A	0.0788	N	0.0706
B	0.0156	O	0.0776
C	0.0268	P	0.0186
D	0.0389	Q	0.0009
E	0.1268	R	0.0594
F	0.0256	S	0.0634
G	0.0187	T	0.0987
H	0.0573	U	0.0280
I	0.0707	V	0.0102
J	0.0010	W	0.0214
K	0.0060	X	0.0016
L	0.0394	Y	0.0202
M	0.0244	Z	0.0006

由于统计的英文单词的数量比较多，因此各字母出现的频率可以作为其出现的概率的近似值. 这项研究对键盘的设计、信息编码等方面都是十分有用的.

　　定义 2 称为随机事件概率的统计定义. 在实际应用时, 往往可用试验次数足够大时的频率来估计概率的大小, 且随着试验次数的增加, 估计概率的精度会越来越高. 在实际中, 我们不可能对每一个事件都做大量的试验, 然后求得事件发生的频率, 用以表征事件发生的概率. 为此, 下面给出了概率的公理化定义.

四、概率的公理化定义

　　1933 年, 苏联数学家柯尔莫哥洛夫在他的《概率论基本概念》一书中首次提出了概率的公理化结构, 给出了概率的严格定义, 使概率论有了迅速的发展.

　　定义 3　　设 E 是随机试验, Ω 是它的样本空间, 对 E 的每一个事件 A 赋予一个实数, 记为 $P(A)$, 若 $P(A)$ 满足下列三个条件, 则称 $P(A)$ 为事件 A 发生的概率.

　　(1) 非负性: 对每一个事件 A, 有 $P(A) \geqslant 0$.

　　(2) 规范性: 对于必然事件 Ω, 有 $P(\Omega) = 1$.

　　(3) 可列可加性: 设 $A_1, A_2, \cdots$ 是两两互不相容的事件, 即对于 $i \neq j$, $A_i A_j = \varnothing (i, j = 1, 2, \cdots)$, 有 $P(A_1 \bigcup A_2 \bigcup \cdots) = P(A_1) + P(A_2) + \cdots$.

　　概率的公理化定义是科学的公理化结构具有以下性质.

　　(1) 无矛盾, 即公理化结构中的三个条件不相互矛盾.

　　(2) 完备的, 可由公理化结构中的三个条件推理出概率的其他性质.

　　注

　　(1) 概率的公理化定义使概率论成为一门严格的演绎学科, 取得了与其他数学学科同等的地位.

　　(2) 在公理化的基础上, 现代概率论不仅在理论上取得了一系列的突破, 也在应用上取得了巨大的成就.

　　由此可推出概率的以下性质.

五、概率的性质

　　性质 1　　不可能事件的概率为 0, 即 $P(\varnothing) = 0$.

　　证明　　设 $A_n = \varnothing (n = 1, 2, \cdots)$, 则 $\bigcup\limits_{n=1}^{\infty} A_n = \varnothing$, 且 $A_i A_j = \varnothing, i \neq j$.

　　由概率的可列可加性可得

$$P(\varnothing) = P(A_1 \bigcup A_2 \bigcup \cdots) = P(A_1) + P(A_2) + \cdots = P(\varnothing) + P(\varnothing) + \cdots,$$

又因为
$$P(\varnothing) \geqslant 0,$$

所以
$$P(\varnothing) = 0.$$

　　注　　不可能事件的概率为 0, 而概率为 0 的事件不一定为不可能事件.

　　性质 2 (有限可加性)　　设 $A_1, A_2, \cdots, A_n$ 是两两互不相容的事件, 则有

$$P(A_1 \bigcup A_2 \bigcup \cdots \bigcup A_n) = P(A_1) + P(A_2) + \cdots + P(A_n).$$

　　证明　　设 $A_{n+1} = A_{n+2} = \cdots = \varnothing$, 则 $A_i A_j = \varnothing$, 且 $i \neq j, i, j = 1, 2, \cdots$.

　　由概率的可列可加性可得

$$\begin{aligned} P(A_1 \bigcup A_2 \bigcup \cdots \bigcup A_n) &= P(A_1 \bigcup A_2 \bigcup \cdots \bigcup A_n \bigcup \varnothing \bigcup \cdots) \\ &= P(A_1) + P(A_2) + \cdots + P(A_n) + P(\varnothing) + \cdots \\ &= P(A_1) + P(A_2) + \cdots + P(A_n). \end{aligned}$$

性质 3（差事件的概率）　设 A,B 是任意两个事件，则
$$P(B-A) = P(B) - P(AB).$$

证明　因为 $B = (B-A) \bigcup (AB)$ 且 $(B-A) \bigcap (AB) = \varnothing$，由性质 2 可得
$$P(B) = P(B-A) + P(AB),$$
即
$$P(B-A) = P(B) - P(AB).$$

推论 1（减法公式）　设 A,B 是两个事件，且 $A \subset B$，则
$$P(B-A) = P(B) - P(A).$$

证明　由 $A \subset B$ 可得 $AB = A$，又由
$$P(B-A) = P(B) - P(AB),$$
可得
$$P(B-A) = P(B) - P(A).$$

推论 2　设 A,B 是两个互斥事件，则 $P(B-A) = P(B)$.

证明　由 A,B 是两个互斥事件，可得 $AB = \varnothing$，$P(AB) = 0$，又由
$$P(B-A) = P(B) - P(AB),$$
可得
$$P(B-A) = P(B).$$

推论 3（单调性）　设 A,B 是两个事件，且 $A \subset B$，则 $P(B) \geqslant P(A)$.

证明　由 $A \subset B$ 可得
$$P(B-A) = P(B) - P(A).$$
又由概率的非负性可得
$$0 \leqslant P(B-A)，即 P(B) \geqslant P(A).$$

性质 4　对任意事件 A，有 $P(A) \leqslant 1$.

证明　因为 $A \subset \Omega$，由推论 2 可得
$$P(A) \leqslant P(\Omega).$$
由概率的规范性可知
$$P(\Omega) = 1,$$
所以
$$P(A) \leqslant 1.$$

注　对任意随机事件 A，有 $0 \leqslant P(A) \leqslant 1$.

性质 5　对任意随机事件 A，有 $P(A) = 1 - P(\overline{A})$.

证明　因为 $\Omega = A \cup \overline{A}$ 且 $A \cap \overline{A} = \varnothing$，由性质 2 可得
$$1 = P(\Omega) = P(A) + P(\overline{A}),$$
即
$$P(A) = 1 - P(\overline{A}).$$

性质 6（概率的加法定理）　设 A,B 是任意两个事件，则
$$P(A \bigcup B) = P(A) + P(B) - P(AB).$$

证明　因为 $A \bigcup B = A \bigcup (B-AB)$ 且 $A \bigcap (B-AB) = \varnothing$，由性质 2 可得
$$P(A \bigcup B) = P(A) + P(B-AB).$$
又由推论 1 可得 $P(B-AB) = P(B) - P(AB)$，代入上式得
$$P(A \bigcup B) = P(A) + P(B) - P(AB).$$

推论 4　设 A,B,C 是任意两个事件，则
$$P(A \bigcup B \bigcup C) = P(A) + P(B) + P(C) - P(AB) - P(BC) - P(AC) + P(ABC).$$

一般地，设 $A_1, A_2, \cdots, A_n$ 为 n 个随机事件，则有

$$P(\bigcup_{i=1}^{n} A_i) = \sum_{i=1}^{n} P(A_i) - \sum_{1 \leqslant i < j \leqslant n} P(A_i A_j) + \sum_{1 \leqslant i < j < k \leqslant n} P(A_i A_j A_k)$$
$$- \cdots + (-1)^{n-1} P(A_1 A_2 \cdots A_n).$$

此公式称为概率的一般加法公式.

例 2 设 $P(A) = 0.4, P(B) = 0.25, P(A-B) = 0.25$, 求:

(1) $P(AB)$; (2) $P(A \bigcup B)$; (3) $P(B-A)$; (4) $P(\overline{A}\,\overline{B})$.

解 (1) $P(AB) = P(A) - P(A-B) = 0.4 - 0.25 = 0.15$;

(2) $P(A \bigcup B) = P(A) + P(B) - P(AB) = 0.4 + 0.25 - 0.15 = 0.5$;

(3) $P(B-A) = P(B) - P(AB) = 0.25 - 0.15 = 0.1$;

(4) $P(\overline{A}\,\overline{B}) = 1 - P(A \bigcup B) = 1 - 0.5 = 0.5$.

例 3 设 $P(A) = \dfrac{1}{3}, P(B) = 0.5$, 求下列三种情况下 $P(B\overline{A})$ 的值.

(1) A, B 互不相容; (2) $A \subset B$; (3) $P(AB) = \dfrac{1}{8}$.

解 $P(B\overline{A}) = P(B-A) = P(B) - P(AB)$.

(1) A, B 互不相容, 即 $AB = \varnothing$, 得 $P(AB) = 0$, 则 $P(B\overline{A}) = 0.5$;

(2) $A \subset B$, 即 $AB = A$, 得 $P(AB) = P(A) = \dfrac{1}{3}$, 则 $P(B\overline{A}) = 0.5 - \dfrac{1}{3} = \dfrac{1}{6}$;

(3) $P(AB) = \dfrac{1}{8}$, 则 $P(B\overline{A}) = 0.5 - \dfrac{1}{8} = \dfrac{3}{8}$.

习题 1.2

1. 设事件 A, B, C 两两互不相容, $P(A) = 0.2, P(B) = 0.3, P(C) = 0.4$, 求 $P[(A \bigcup B) - C]$.

2. 若 $P(A) = 0.5, P(B) = 0.4, P(A-B) = 0.3$, 求 $P(\overline{A} \bigcup \overline{B})$.

3. 设 A, B 是两个事件, 且 $A \supset B, P(A) = 0.9, P(B) = 0.36$, 求 $P(A\overline{B})$.

4. 设甲、乙两人对同一目标进行射击, 已知甲击中目标的概率为 0.7, 乙击中目标的概率为 0.6, 两人同时击中目标的概率为 0.4. 求: (1) 至少有一人击中目标的概率; (2) 甲击中目标而乙未击中目标的概率; (3) 目标不被击中的概率.

5. 已知 A, B 两个事件满足条件 $P(AB) = P(\overline{A}\,\overline{B})$, 且 $P(A) = p$, 求 $P(B)$.

6. 设 $P(A) = p, P(B) = q, P(A \bigcup B) = r$, 试求 $P(AB), P(A\overline{B}), P(\overline{A}B), P(\overline{A} \bigcup \overline{B})$, $P(A \bigcup \overline{B})$.

第三节 古 典 概 型

一、古典概型的定义

定义 1 若随机试验 E 满足以下两个条件, 则称试验 E 为古典概型(或等可能概型).

（1）有限性：试验 E 的样本空间 Ω 只包含有限个样本点，即

$$\Omega = \{\omega_1, \omega_2, \cdots, \omega_n\}.$$

（2）等可能性：试验 E 的样本空间 Ω 的每个基本事件发生的可能性相等，即

$$P(\{\omega_1\}) = P(\{\omega_2\}) = \cdots = P(\{\omega_n\}).$$

例 1　抛掷一颗质地均匀的骰子，$\Omega = \{1,2,3,4,5,6\}$，且 $P(\{1\}) = P(\{2\}) = P(\{3\}) = P(\{4\}) = P(\{5\}) = P(\{6\})$，故此试验是古典概型.

注　判断一个试验是否为古典概型，就要检验这个试验是否同时具有有限性和等可能性，两个条件缺一不可.

二、古典概型的计算

因为 $\{\omega_i\} \cap \{\omega_j\} = \varnothing (i \neq j$ 且 $i, j = 1, 2, \cdots, n)$，$\Omega = \{\omega_1\} \cup \{\omega_2\} \cup \cdots \cup \{\omega_n\}$，故有 $1 = P(\Omega) = P(\{\omega_1\}) + P(\{\omega_2\}) + \cdots + P(\{\omega_n\})$，结合定义 1 的条件（2）可得

$$P(\{\omega_1\}) = P(\{\omega_2\}) = \cdots = P(\{\omega_n\}) = \frac{1}{n}.$$

设事件 A 由 k 个样本点构成，即 $A = \{\omega_{i_1}, \omega_{i_2}, \cdots, \omega_{i_k}\}$，则有

$$
\begin{aligned}
P(A) &= P(\{\omega_{i_1}\} \cup \{\omega_{i_2}\} \cup \cdots \cup \{\omega_{i_k}\}) \\
&= P(\{\omega_{i_1}\}) + P(\{\omega_{i_2}\}) + \cdots + P(\{\omega_{i_k}\}) \\
&= \underbrace{\frac{1}{n} + \frac{1}{n} + \cdots + \frac{1}{n}}_{k\text{个}} = \frac{k}{n}.
\end{aligned}
$$

定义 2　若随机试验 E 是古典概型，其样本空间 Ω 由 n 个样本点构成，事件 A 由 k 个样本点构成，则事件 A 的概率为

$$P(A) = \frac{k}{n} = \frac{A \text{ 所包含样本点的个数}}{\Omega \text{ 中样本点的个数}}.$$

古典概率论研究的集大成者、法国数学家拉普拉斯在 1812 年出版了《分析概率论》，这标志着古典概率论的成熟. 在这本书中将上式作为概率的一般定义，现在通常称之为概率的古典定义，它只适用于古典概型.

由概率的古典定义易知，古典概率满足概率的三条公理.

注

（1）对于古典概型，概率为零的事件一定为不可能事件. 因为由定义 2 知，若概率为零，则 $k = 0$，即事件 A 中没有样本点，则为不可能事件.

（2）对于古典概型，概率为 1 的事件一定为必然事件. 因为由定义 2 知，若概率为 1，则 $k = n$，即事件 A 中样本点的个数与样本空间中样本点个数相同，则为必然事件.

例 2　掷一颗质地均匀的骰子，$\Omega = \{1,2,3,4,5,6\}$. 若事件 A 为出现奇数点，则 $A = \{1, 3, 5\}$，故 $P(A) = \frac{3}{6} = 0.5$.

在古典概率的计算中，n 和 k 的计算一般要用到加法原理、乘法原理及排列、组合的知识.

定义 3　完成一件事情有 m 类方法，第 i 类方法中有 $n_i (i = 1, 2, \cdots, m)$ 种具体的方法，则完成这件事情共有 $n_1 + n_2 + \cdots + n_m$ 种具体的方法，此方法称为加法原理.

例 3　从甲地到乙地共有 4 条公路、5 条水路，那么从甲地到乙地共有多少条路可走？

解　由加法原理知，从甲地到乙地共有 $4 + 5 = 9$ 条路可走.

定义 4　完成一件事情需要分成 m 个步骤,第 i 个步骤有中 $n_i(i=1,2,\cdots,m)$ 种具体的方法,则完成这件事情共有 $n_1 n_2 \cdots n_m$ 种具体方法,此方法称为乘法原理.

例 4　从甲地到乙地共有 6 种不同的方式可到达,从乙地到丙地有 8 种不同的方式可到达,那么,从甲地经过乙地到丙地共有多少种不同的方式可到达?

解　由乘法原理知,从甲地经过乙地到丙地共有 $6\times 8=48$ 种不同的方式.

定义 5　从 n 个不同的元素中任取 $r(r\leqslant n)$ 个不同的元素,按照一定的顺序排成一列,称为从 n 个不同的元素中任取 r 个元素的一个排列,用 A_n^r 表示排列数,有 $\mathrm{A}_n^r=n(n-1)\cdots(n-r+1)=\dfrac{n!}{(n-r)!}$. 若 $r=n$,则称之为全排列,排列数为 $\mathrm{A}_n^n=n!$.

例 5　从 8 名同学中任意抽出 4 名同学排队,一共能排成多少个不同的队形?

解　这是一个排列问题,一共能排成 $\mathrm{A}_8^4=8\times 7\times 6\times 5=1680$ 个不同的队形.

定义 6　从 n 个不同的元素中每次取出一个,放回后再取出下一个,如此连续取 r 次所得的排列称为重复排列. 此种重复排列的总数共有 n^r 个,这里 r 可以大于 n.

例 6　0 到 9 这 10 个数字中,能构成多少个不同的 7 位数的电话号码?(开头不能为 0)

解　这是一个重复排列问题,一共能构成 9×10^6 个不同的 7 位数的电话号码.

定义 7　从 n 个不同的元素中任取 $r(r\leqslant n)$ 个不同的元素并组成一组(不考虑元素的次序),称为从 n 个不同的元素中任取 r 个元素的一个组合,用 C_n^r 表示组合数,有

$$\mathrm{C}_n^r=\frac{\mathrm{A}_n^r}{r!}=\frac{n!}{r!(n-r)!}=\frac{n(n-1)\cdots(n-r+1)}{r!}.$$

例 7　从班上的 50 名同学中任意抽出 5 名同学组成一个志愿者团队,能得到多少个不同的团队?

解　这是一个组合问题,一共能构成 $\mathrm{C}_{50}^5=\dfrac{50\times 49\times 48\times 47\times 46}{5\times 4\times 3\times 2\times 1}=2\,118\,760$ 个不同的团队.

三、古典概型的基本模型

(一)摸球模型

1. 无放回地摸球

例 8　设袋中有 4 只白球和 2 只红球,现从袋中无放回地依次摸出 2 只球,求这 2 只球都是白球的概率.

解　可用组合的方法. 设 $A=\{$摸出的 2 只球都是白球$\}$,$n=\mathrm{C}_6^2$,$k=\mathrm{C}_4^2$,得

$$P(A)=\frac{k}{n}=\frac{\mathrm{C}_4^2}{\mathrm{C}_6^2}=0.4.$$

2. 有放回地摸球

例 9　设袋中有 4 只白球和 6 只红球,现从袋中有放回地摸出 3 只球,求前 2 只球是红球、第 3 只球是白球的概率.

解　可用重复排列的方法. 设 $A=\{$前 2 只球是红球,第 3 只球是白球$\}$,$n=10^3$,$k=6^2\times 4$,得

$$P(A)=\frac{k}{n}=\frac{6^2\times 4}{10^3}=0.144.$$

如果我们将"白球""红球"换成"合格品""次品"等,就得到各种各样的摸球问题,这就是摸球问题原型的意义所在.

(二) 球放入杯子模型

1. 杯子容量无限

例 10　把 4 个球放入 3 个杯子,假设每个杯子可放无限多个球,求第 1 个和第 2 个杯子中各有 2 个球的概率.

解　可用重复排列和组合方法. 设 $A = \{$第 1 个和第 2 个杯子中各有 2 个球$\}$, $n = 3^4$, $k = C_4^2 \times C_2^2$, 得

$$P(A) = \frac{k}{n} = \frac{C_4^2 \times C_2^2}{3^4} = \frac{2}{27}.$$

2. 每个杯子只能放一个球

例 11　把 4 个球放入 10 个杯子中去,每个杯子只能放一个球,求第 1 到第 4 个杯子中各放 1 个球的概率.

解　可用排列方法. 设 $A = \{$第 1 到第 4 个杯子中各放 1 个球$\}$, $n = A_{10}^4$, $k = A_4^4$, 得

$$P(A) = \frac{k}{n} = \frac{A_4^4}{A_{10}^4} = \frac{1}{210}.$$

注　可归入"球放入杯子模型"处理的古典概型的实际问题非常多,例如:

① 生日问题:n 个人的生日各不相同的情形;

② 旅客下站问题:一辆客车上有 n 名旅客,它在 N 个站上都停,旅客在 N 个站上下车的各种可能情形;

③ 印刷错误问题:n 个印刷错误在一本有 N 页的书中的一切可能的分布(n 一般不超过每一页的字符数);

④ 分房问题:将 n 个人安排到 N 个房间的可能情形.

值得注意的是,在处理这类问题时,要分清楚什么是"人",什么是"房",一般不能颠倒.

(三) 典型例题

例 12　在 1 至 2000 的整数中随机取一个数,求取到的整数既不能被 6 整除,又不能被 8 整除的概率.

解　设 $A = \{$取到的整数能被 6 整除$\}$,$B = \{$取到的整数能被 8 整除$\}$,则所求概率为 $P(\overline{A}\,\overline{B})$.

由概率性质得

$$P(\overline{A}\,\overline{B}) = P(\overline{A \cup B}) = 1 - P(A \cup B) = 1 - [P(A) + P(B) - P(AB)].$$

因为 $333 < \dfrac{2000}{6} < 334$,所以 $P(A) = \dfrac{333}{2000}$;由于 $\dfrac{2000}{8} = 250$,所以 $P(B) = \dfrac{250}{2000}$;因为 $83 < \dfrac{2000}{24} < 84$,所以 $P(A) = \dfrac{83}{2000}$.

于是所求的概率为

$$P(\overline{A}\,\overline{B}) = 1 - [P(A) + P(B) - P(AB)] = 1 - \left(\frac{333}{2000} + \frac{250}{2000} - \frac{83}{2000}\right) = 0.75.$$

例 13(生日问题)　假设每人的生日在一年 365 天中的任意一天是等可能的,即都等于

1/365. 求 n 个人中至少有 2 个人生日相同的概率.

解　设 $A = \{n$ 个人中至少有 2 个人生日相同$\}$,则 $\overline{A} = \{n$ 个人的生日各不相同$\}$,有

$$P(A) = 1 - P(\overline{A}) = 1 - \frac{A_{365}^n}{365^n}.$$

利用 Excel 软件(见实验 1 的例 3)进行数值计算,计算结果如表 1-3 所示.

表 1-3

n	10	20	30	40	50	60	90
$P(A)$	0.117	0.411	0.706	0.891	0.970	0.994	0.999 994

由表 1-3 可知,60 个人中至少有 2 个人生日相同的概率超过了 0.99,90 个人中至少有 2 个人生日相同的概率几乎为 1,这些结果可能出乎意料. 在 90 个人组成的班级里可能并没有 2 个人的生日相同,这是为什么呢?另外,人们从长期的生活实践中总结出:概率很小的事件在一次试验中几乎是不发生的(称之为小概率原理). 因此,90 个人的生日各不相同几乎是不可能发生的,因为它发生的概率为 0.000 006.

习题 1.3

1. 设 50 件产品中有 5 件是次品,其余的都是合格品,从中任取 2 件,求取到的 2 件产品中有次品的概率.

2. 设 50 件产品中有 5 件是次品,其余的都是合格品,从中任取 4 件,求取到的 4 件产品中有次品的概率.

3. 袋中有人民币 5 元的 2 张、2 元的 3 张和 1 元的 5 张,从中任取 5 张,求它们之和大于 12 的概率.

4. 从 52 张扑克牌中任意取出 13 张,问有 5 张黑桃、3 张红心、3 张方块、2 张梅花的概率是多少?

5. 一个袋内装有大小相同的 7 只球,其中有 4 只白球、3 只黑球,从中一次抽取 3 只,计算至少有 2 只是白球的概率.

6. 将一对骰子连掷 25 次,问"出现双 6"与"不出现双 6"哪个的概率大?

第四节　条件概率、全概率公式

一、条件概率

在实际问题中,除了直接考虑某事件发生的概率外,有时还会在已知某事件 A 已经发生的条件下,考虑另一事件 B 发生的概率. 事件 A 的发生可能会影响事件 B 发生的概率,也可能不影响. 本节考虑影响的情况,不影响的情况将在本章第五节考虑.

引例　将一枚硬币掷两次,观察其出现正反两面的情况,设事件 A 为"至少有一次为正面",事件 B 为"两次掷出同一面". 求在事件 A 已经发生的条件下事件 B 发生的概率.

设 H 为正面,T 为反面,则 $\Omega = \{HH, HT, TH, TT\}$, $A = \{HH, HT, TH\}$, $B = \{HH, TT\}$, $P(B) = \dfrac{2}{4}$.

将在事件 A 已经发生的条件下事件 B 发生的概率记为 $P(B \mid A)$,则

$$P(B \mid A) = \frac{1}{3} = \frac{1/4}{3/4} = \frac{P(AB)}{P(A)} \neq P(B).$$

定义 1　设 A, B 是两个事件,且 $P(A) > 0$,称

$$P(B \mid A) = \frac{P(AB)}{P(A)}$$

为在事件 A 已经发生的条件下事件 B 发生的条件概率.

同理可得,当 $P(B) > 0$ 时,

$$P(A \mid B) = \frac{P(AB)}{P(B)}$$

为在事件 B 已经发生的条件下事件 A 发生的条件概率.

注

(1) 条件概率 $P(A \mid B)$ 与无条件概率 $P(A)$ 之间没有确定的大小关系. 前者比后者大还是小,取决于 B 的发生对 A 起到了促进作用还是抑制作用.

(2) $P(B \mid A)$ 可以理解为事件 B 在事件 A 中所占的比例.

(3) 对于古典概型,其条件概率为

$$P(B \mid A) = \frac{P(AB)}{P(A)} = \frac{n_{AB}/n_{\Omega}}{n_A/n_{\Omega}} = \frac{n_{AB}}{n_A},$$

即把事件 A 作为新的样本空间,在事件 A 中找事件 B 的样本点,从而用古典概型计算条件概率(缩减样本空间法).

例 1　一盒子装有 4 件产品,其中有 3 件一等品、1 件二等品. 从中取产品两次,每次任取一件,不放回抽样. 设事件 A 为"第一次取到的是一等品",事件 B 为"第二次取到的是一等品". 试求 $P(B \mid A)$.

解法一　对产品编号,编号为 1,2,3 的产品为一等品;编号为 4 的产品为二等品. 以 (i, j) 表示第一次、第二次分别取到第 i 号、第 j 号产品,则试验的样本空间为

$$\Omega = \{(1,2),(1,3),(1,4),(2,1),(2,3),(2,4),(3,1),(3,2),(3,4),(4,1),(4,2),(4,3)\},$$
$$A = \{(1,2),(1,3),(1,4),(2,1),(2,3),(2,4),(3,1),(3,2),(3,4)\},$$
$$AB = \{(1,2),(1,3),(2,1),(2,3),(3,1),(3,2)\}.$$

由条件概率公式得

$$P(B \mid A) = \frac{P(AB)}{P(A)} = \frac{6/12}{9/12} = \frac{6}{9} = \frac{2}{3}.$$

解法二　把事件 A 发生后作为新的样本空间,即

$$\Omega' = A = \{(1,2),(1,3),(1,4),(2,1),(2,3),(2,4),(3,1),(3,2),(3,4)\},$$

在事件 A 中找事件 B 的样本点为

$$B' = \{(1,2),(1,3),(2,1),(2,3),(3,1),(3,2)\},$$

由古典概型得

$$P(B \mid A) = \frac{n_B'}{n_{\Omega}'} = \frac{6}{9} = \frac{2}{3}.$$

条件概率也是概率,因此也满足概率的某些性质. 条件概率满足以下 6 条性质.

（1）非负性：$P(B \mid A) \geqslant 0$.

（2）规范性：$P(\Omega \mid A) = 1$.

（3）可列可加性：设 $B_1, B_2, \cdots$ 是两两不相容的事件，则有

$$P(\bigcup_{i=1}^{\infty} B_i \mid A) = \sum_{i=1}^{\infty} P(B_i \mid A).$$

（4）$P(\varnothing \mid A) = 0$.

（5）$P(B \mid A) = 1 - P(\overline{B} \mid A)$.

（6）$P(B_1 \bigcup B_2 \mid A) = P(B_1 \mid A) + P(B_2 \mid A) - P(B_1 B_2 \mid A)$.

二、乘法定理

定理 1　若 $P(A) > 0$，则有 $P(AB) = P(A)P(B \mid A)$；若 $P(B) > 0$，则有 $P(AB) = P(B)P(A \mid B)$.

推论 1　设 A, B, C 为三个事件，且 $P(AB) > 0$，则有
$$P(ABC) = P(A)P(B \mid A)P(C \mid AB).$$

推论 2　设 $A_1, A_2, \cdots, A_n$ 为 n 个事件，$n \geqslant 2$，且 $P(A_1 A_2 \cdots A_{n-1}) > 0$，则有
$$P(A_1 A_2 \cdots A_n) = P(A_1)P(A_2 \mid A_1) \cdots P(A_{n-1} \mid A_1 A_2 \cdots A_{n-2})P(A_n \mid A_1 A_2 \cdots A_{n-1}).$$

注　定理 1 及推论用于求一系列事件的交事件的概率，使用的关键是确定用什么样的事件做条件. 一般而言，如果事件发生有先后顺序的话，先发生的事件适合做条件；如果事件之间是因果关系的话，作为原因的事件适合做条件.

例 2（波利亚罐子模型）　设袋中装有 r 只红球、t 只白球. 每次从袋中任取一只球，观察其颜色后放回，并再放入 a 只与所取的那只球同色的球，若从袋中连续取球四次，求第一、二次取到红球且第三、四次取到白球的概率.

解　设 $A_i(i = 1, 2, 3, 4)$ 为事件"第 i 次取到红球"，则 $\overline{A_3}, \overline{A_4}$ 为事件"第三、四次取到白球". 所求概率为

$$P(A_1 A_2 \overline{A_3}\, \overline{A_4}) = P(A_1)P(A_2 \mid A_1)P(\overline{A_3} \mid A_1 A_2)P(\overline{A_4} \mid A_1 A_2 \overline{A_3})$$

$$= \frac{r}{r+t} \cdot \frac{r+a}{r+t+a} \cdot \frac{t}{r+t+2a} \cdot \frac{t+a}{r+t+3a}.$$

波利亚罐子模型是由美籍匈牙利数学家乔治·波利亚于 1932 年提出的，适用于描述群体增值和传染病的传播等现象，可以把红球当作疾病，把白球当作健康，a 值代表传播强度. 波利亚罐子模型在概率论的发展中占有十分重要的地位.

例 3　已知 $P(A) = \frac{1}{4}$，$P(B \mid A) = \frac{1}{3}$，$P(A \mid B) = \frac{1}{2}$，求 $P(A \bigcup B)$.

解　由 $P(A) = \frac{1}{4}$，$P(B \mid A) = \frac{1}{3}$ 可得

$$P(AB) = P(A)P(B \mid A) = \frac{1}{4} \times \frac{1}{3} = \frac{1}{12}, P(B) = \frac{P(AB)}{P(A \mid B)} = \frac{1/12}{1/2} = \frac{1}{6}.$$

因此　　　$P(A \bigcup B) = P(A) + P(B) - P(AB) = \frac{1}{4} + \frac{1}{6} - \frac{1}{12} = \frac{1}{3}.$

三、全概率公式

为了计算一个复杂事件的概率，需要把该事件分解为若干个互斥的事件，并分别计算每个

事件的概率,然后由概率加法公式算得所求事件的概率. 全概率公式就是解决这类问题的一种方法,它实际是加法公式和乘法定理的综合运用.

定义 2　设 Ω 为试验 E 的样本空间,$B_1, B_2, \cdots, B_n$ 为 E 的一组事件,若

(1) $B_i \bigcap B_j = \varnothing (i \neq j$ 且 $i, j = 1, 2, \cdots, n)$,

(2) $B_1 \bigcup B_2 \bigcup \cdots \bigcup B_n = \Omega$,

则称 $B_1, B_2, \cdots, B_n$ 为样本空间 Ω 的一个划分.

注

(1) $B, \overline{B}$ 为样本空间 Ω 的一个最简单的划分.

(2) 若 $B_1, B_2, \cdots, B_n$ 为样本空间 Ω 的一个划分,则每次试验中事件 $B_1, B_2, \cdots, B_n$ 中必有一个且仅有一个发生.

定理 2　设 Ω 为试验 E 的样本空间,A 为试验 E 的一个事件,$B_1, B_2, \cdots, B_n$ 为样本空间 Ω 的一个划分,且 $P(B_i) > 0 (i = 1, 2, \cdots, n)$,则

$$P(A) = P(B_1)P(A \mid B_1) + P(B_2)P(A \mid B_2) + \cdots + P(B_n)P(A \mid B_n)$$
$$= \sum_{i=1}^{n} P(B_i)P(A \mid B_i).$$

上述公式称为全概率公式.

证明　$A = A \bigcap \Omega = A \bigcap (B_1 \bigcup B_2 \bigcup \cdots \bigcup B_n) = AB_1 \bigcup AB_2 \bigcup \cdots \bigcup AB_n.$

由 $B_i \bigcap B_j = \varnothing, i \neq j, i, j = 1, 2, \cdots, n$,可得

$$AB_i \bigcap AB_j = \varnothing (i \neq j \text{ 且 } i, j = 1, 2, \cdots, n),$$

因此

$$P(A) = P(AB_1 \bigcup AB_2 \bigcup \cdots \bigcup AB_n) = P(AB_1) + P(AB_2) + \cdots + P(AB_n)$$
$$= P(B_1)P(A \mid B_1) + P(B_2)P(A \mid B_2) + \cdots + P(B_n)P(A \mid B_n)$$
$$= \sum_{i=1}^{n} P(B_i)P(A \mid B_i).$$

注

(1) 全概率公式表明,不易计算事件 A 的概率时,如果容易找到一个样本空间 Ω 的划分 $B_1, B_2, \cdots, B_n$,且已知或容易计算 $P(B_i)$ 和 $P(A \mid B_i)$,就可以用全概率公式来计算事件 A 的概率.

(2) 最简单的全概率公式为 $P(A) = P(B)P(A \mid B) + P(\overline{B})P(A \mid \overline{B})$.

(3) 如果视 $B_1, B_2, \cdots, B_n$ 为原因,那么 A 就是结果. 当原因已知时,就可用全概率公式求结果的概率.

每个原因都可能导致 A 发生,故 A 发生的概率是各原因引起 A 发生的概率的总和,全概率公式中的"全"取为此意.

例 4　五个阄,其中两个阄内写着"有"字,三个阄内不写字,五个人依次抓取,问这五个人抓到有"有"字的阄的概率是否相同.

解　设 $B_i (i = 1, 2, 3, 4, 5)$ 表示"第 i 人抓到有'有'字阄",则有

$$P(B_1) = \frac{2}{5},$$

$$P(B_2) = P(B_1)P(B_2 \mid B_1) + P(\overline{B}_1)P(B_2 \mid \overline{B}_1) = \frac{2}{5} \times \frac{1}{4} + \frac{3}{5} \times \frac{2}{4} = \frac{2}{5},$$

$$P(B_3) = P(B_3\Omega) = P\{B_3 \bigcap [(B_1\overline{B_2}) \bigcup \overline{B_1}B_2 \bigcup \overline{B_1}\,\overline{B_2}]\}$$
$$= P(B_1)P(\overline{B_2} \mid B_1)P(B_3 \mid B_1\overline{B_2}) + P(\overline{B_1})P(B_2 \mid \overline{B_1})P(B_3 \mid \overline{B_1}B_2)$$
$$+ P(\overline{B_1})P(\overline{B_2} \mid \overline{B_1})P(B_3 \mid \overline{B_1}\,\overline{B_2})$$
$$= \frac{2}{5}\times\frac{3}{4}\times\frac{1}{3} + \frac{3}{5}\times\frac{2}{4}\times\frac{1}{3} + \frac{3}{5}\times\frac{2}{4}\times\frac{2}{3} = \frac{2}{5}.$$

依次类推,有
$$P(B_4) = P(B_5) = \frac{2}{5},$$
故抓阄与次序无关.

例 5　假设某学校的奖学金采取申请制度,学生只有满足一定的条件才能拿到该奖学金. 三好学生拿到奖学金的概率是 0.3,四好学生拿到奖学金的概率是 0.4,五好学生拿到奖学金的概率是 0.5,六好学生拿到奖学金的概率是 0.6.拿到奖学金的学生只能是这几种学生中的一种,不能跨种类.这个学校的学生是三好学生的概率为 0.4,是四好学生的概率为 0.3,是五好学生的概率为 0.2,是六好学生的概率为 0.1.问这个学校学生能够拿到奖学金的概率是多少?

解　设 A 表示"学生能够拿到奖学金",$B_i(i = 1,2,3,4)$ 分别表示"这个学校的学生是三好学生、四好学生、五好学生、六好学生",由题意得
$$P(B_1) = 0.4, P(B_2) = 0.3, P(B_3) = 0.2, P(B_4) = 0.1,$$
$$P(A \mid B_1) = 0.3, P(A \mid B_2) = 0.4, P(A \mid B_3) = 0.5, P(A \mid B_4) = 0.6.$$
由全概率公式得
$$P(A) = \sum_{i=1}^{4} P(B_i)P(A \mid B_i) = 0.4\times0.3 + 0.3\times0.4 + 0.2\times0.5 + 0.1\times0.6 = 0.4.$$

四、贝叶斯公式

定理 3　设 Ω 为试验 E 的样本空间,A 为试验 E 的事件,$B_1,B_2,\cdots,B_n$ 为样本空间 Ω 的一个划分,且 $P(A) > 0, P(B_i) > 0(i = 1,2,\cdots,n)$,则
$$P(B_j \mid A) = \frac{P(B_j)P(A \mid B_j)}{\sum_{i=1}^{n} P(B_i)P(A \mid B_i)}, j = 1,2,\cdots,n.$$
上述公式称为贝叶斯公式(也称为逆概率公式).

证明　由条件概率公式可得
$$P(B_j \mid A) = \frac{P(AB_j)}{P(A)} = \frac{P(B_j)P(A \mid B_j)}{\sum_{i=1}^{n} P(B_i)P(A \mid B_i)}, j = 1,2,\cdots,n.$$

注

(1) 贝叶斯公式最早由英国统计学家托马斯·贝叶斯(Thomas Bayes,1702—1761)在一篇论文中给出,由其朋友在 1763 年首次公开发表此论文,当时贝叶斯已去世两年,但贝叶斯公式在当时未受到应有重视. 1774 年法国数学家拉普拉斯再次总结了这一成果. 此后,人们逐渐认识到这个著名概率公式的重要性,并在此基础上发展出概率论与数理统计的重要分支——贝叶斯统计学.

(2) 贝叶斯公式在概率论与数理统计中有很多方面的应用,在疾病诊断、安全监控、质量控制、药剂检测等领域都发挥着重要作用.

（3）如果视 $B_1, B_2, \cdots, B_n$ 为原因，那么 A 就是结果，则 $P(B_i)$ 是在不知道试验结果的情况下，人们对各个原因发生可能性大小的认识，一般是以往经验的总结，在本次试验之前已经知道，称为先验概率．试验结果有助于探讨事件发生的原因，而条件概率 $P(B_j \mid A)(j = 1, 2, \cdots, n)$ 则是试验之后对各种原因发生的可能性大小的新认识，称为后验概率．

（4）最简单的贝叶斯公式为 $P(B \mid A) = \dfrac{P(B)P(A \mid B)}{P(B)P(A \mid B) + P(\overline{B})P(A \mid \overline{B})}$．

（5）如果视 $B_1, B_2, \cdots, B_n$ 为原因，那么 A 就是结果．当已知结果时，求原因的概率就可以用贝叶斯公式．

例 6　以往数据的分析结果表明，当机器良好时，产品的合格率为 0.98，而当机器发生某种故障时，产品合格率为 0.55．每天早上机器开动时，机器良好的概率为 0.95．求已知某日早上第一件产品是合格品时，机器良好的概率．

解　设 A 表示"产品合格"，B 表示"机器良好"，则有
$$P(B) = 0.95, P(\overline{B}) = 0.05, P(A \mid B) = 0.98, P(A \mid \overline{B}) = 0.55.$$

由贝叶斯公式得
$$P(B \mid A) = \frac{P(B)P(A \mid B)}{P(B)P(A \mid B) + P(\overline{B})P(A \mid \overline{B})}$$
$$= \frac{0.95 \times 0.98}{0.95 \times 0.98 + 0.05 \times 0.55} = 0.97.$$

例 6 中的概率 0.95 是由以往的数据分析得到的，称为先验概率；而在得到信息之后再重新加以修正的概率 0.97 称为后验概率．

例 7　飞机坠落在甲、乙、丙、丁四个区域之一，搜救部门判断飞机坠落在甲、乙、丙、丁四个区域的概率分别为 0.3, 0.2, 0.4, 0.1．现打算逐个搜索这四个区域．若飞机坠落在甲、乙、丙、丁四区域内，被搜救部门发现的概率分别为 0.8, 0.7, 0.75, 0.9．问：

（1）首先应该搜索哪个区域？

（2）若搜索丙区域后，未发现飞机，则此时飞机落在四个区域的概率又是多少？

解　（1）首先应该搜索丙区域，因为它是当前飞机坠落可能性最大的区域，概率为 0.4；

（2）设 $B_1 = \{$飞机坠落在甲区域$\}$，$B_2 = \{$飞机坠落在乙区域$\}$，$B_3 = \{$飞机坠落在丙区域$\}$，$B_4 = \{$飞机坠落在丁区域$\}$，$A = \{$搜索在丙区域后，未发现飞机$\}$．

现事件 A 已经发生，故飞机落入四个区域的概率应修正为 $P(B_1 \mid A), P(B_2 \mid A), P(B_3 \mid A), P(B_4 \mid A)$．

由贝叶斯公式得
$$P(B_1 \mid A) = \frac{P(B_1)P(A \mid B_1)}{\sum_{i=1}^{4} P(B_i)P(A \mid B_i)}$$
$$= \frac{0.3 \times 1}{0.3 \times 1 + 0.2 \times 1 + 0.4 \times (1 - 0.75) + 0.1 \times 1} = \frac{3}{7}.$$

同理得　　　$P(B_2 \mid A) = \dfrac{2}{7}, P(B_3 \mid A) = \dfrac{1}{7}, P(B_4 \mid A) = \dfrac{1}{7}.$

这四个概率是在首次搜索丙区域未发现飞机的条件下飞机落入四个区域的条件概率，为后验概率．这是相对于之前的无条件概率 0.3, 0.2, 0.4, 0.1，即先验概率而言的．因为在先验概率的基础上，加入了新的信息——事件 A，所以先验概率被修正成了后验概率．

若继续问第二次应搜索哪个区域. 自然应当搜索当前飞机坠落的条件概率最大的区域
—— 甲区域.

若又问若在甲区域还是没有发现飞机, 又如何. 与前面类似, 继续加入此信息, 再次修正后验概率, 原来的后验概率现在变成了先验概率, 因此先验和后验总是相对的, 只要有新信息的不断加入, 就可以一直修正概率.

实际生活中, 很多海事搜救包括 2014 年搜救失踪航班马航 MH370, 都采用了类似的贝叶斯搜索算法, 所以贝叶斯公式的实际应用可谓广泛而重要.

习题 1.4

1. 四个人打桥牌, 记 $A = \{$东家拿到 6 张黑桃$\}$, $B = \{$西家拿到 3 张黑桃$\}$, 求 $P(B \mid A)$.

2. 设某地区在发生某次特大洪水以后的 20 年内发生特大洪水的概率为 0.8, 在 30 年内发生特大洪水的概率为 0.85, 该地区现已有 20 年没发生特大洪水了, 在未来 10 年内也不会发生特大洪水的概率是多少?

3. 甲、乙两架飞机进行空战, 甲机首先开火, 击落乙机的概率为 0.2. 若乙机未被击落, 进行还击, 击落甲机的概率为 0.3. 若甲机也未被击落, 再次向乙机开火, 击落乙机的概率为 0.4. 试求这几个回合中, 甲机被击落的概率和乙机被击落的概率.

4. 某工厂的 4 个车间生产同一种产品, 各车间生产的产品分别占总产量的 15%, 20%, 30%, 35%, 各车间的次品率依次为 0.01, 0.04, 0.02, 0.03. 现从出厂产品中任取一件, 问恰好抽到次品的概率是多少? 若已知抽到次品, 则该次品是第二个车间的产品的概率是多少?

5. 已知人群中肝癌患者的比例为 0.0004. 某医院用一种方法诊断肝癌, 但由于各种原因, 被诊断为患有肝癌的患者未必患有肝癌. 已知该方法对肝癌患者和非肝癌患者的诊断准确率均为 0.95. 现有一人被诊断为肝癌, 问他是肝癌患者的概率?

6. 根据某个城市的调查报告发现, 该城市人群患肺癌的概率为 0.1%, 人群中有 20% 是吸烟者, 他们患肺癌的概率是 0.4%, 试求不吸烟者患肺癌的概率.

第五节　独　立　性

在计算条件概率时, 一般 $P(B \mid A) \neq P(B)$, 即事件 A 的发生对事件 B 发生的概率是有影响的. 如果 $P(B \mid A) = P(B)$, 即事件 A 的发生对事件 B 发生的概率是没有影响的, 此时称事件 A 独立于事件 B.

引例　盒中有 5 个球(3 个红球、2 个白球), 每次取出一个, 有放回地取两次. 记事件 A 表示"第一次抽取, 取到红球", 事件 B 表示"第二次抽取, 取到红球", 则有 $P(B \mid A) = P(B)$.

一、两个事件的独立性

定义 1　设 A, B 是两个事件, 如果满足等式
$$P(AB) = P(A)P(B),$$
则称事件 A, B 相互独立, 简称事件 A, B 独立.

注

(1) 事件 A 与事件 B 独立是指事件 A 的发生与事件 B 发生的概率无关.

(2) 必然事件和不可能事件与任意事件都是相互独立的.

(3) 两个事件相互独立与两个事件互不相容二者之间没有必然联系. 事件 A,B 相互独立是从概率的角度定义的, $P(AB)=P(A)P(B)$; 事件 A,B 互不相容是从事件的运算关系定义的, $AB=\varnothing$, 不涉及概率计算.

(4) 如果 $P(A)>0,P(B)>0$, 则事件 A,B 相互独立, 就有 $P(AB)=P(A)P(B)>0$, 必有 $AB\neq\varnothing$, 即事件 A,B 不是互不相容; 如果事件 A,B 互不相容, 即 $AB=\varnothing$, 则 $P(AB)=0$, 而 $P(A)P(B)>0$, 所以 $P(AB)\neq P(A)P(B)$, 即事件 A,B 不相互独立. 因此, 当 $P(A)>0,P(B)>0$ 时, 事件 A,B 相互独立与事件 A,B 互不相容不可能同时成立.

(5) 若事件 A,B 既相互独立又互不相容, 则说明事件 A,B 其中之一发生时, 另一事件发生的概率为 0, 但不能说事件 A,B 其中之一为不可能事件.

(6) 独立性是概率论与数理统计中的一个重要概念.

定理 1　设 $P(A)>0$, 则事件 A,B 相互独立等价于 $P(B\mid A)=P(B)$; 设 $P(B)>0$, 则事件 A,B 相互独立等价于 $P(A\mid B)=P(A)$; 设 $P(A)>0,P(B)>0$ 时, 则事件 A,B 相互独立等价于 $P(A\mid B)=P(A)$, 也等价于 $P(B\mid A)=P(B)$.

证明　(必要性) 如果事件 A,B 相互独立, 即 $P(AB)=P(A)P(B)$, 那么当 $P(A)>0$ 时, 由条件概率公式得

$$P(B\mid A)=\frac{P(AB)}{P(A)}=\frac{P(A)P(B)}{P(A)}=P(B).$$

(充分性) 如果 $P(B\mid A)=P(B)$, 则由条件概率公式得

$$P(B\mid A)=\frac{P(AB)}{P(A)}=P(B).$$

从而有
$$P(AB)=P(A)P(B).$$

$P(B)>0$ 时及 $P(B)>0$ 且 $P(A)>0$ 时可用同样的方法证明.

定理 2　若事件 A,B 相互独立, 则 $\overline{A}$ 与 B、A 与 $\overline{B}$、$\overline{A}$ 与 $\overline{B}$ 也相互独立.

证明　事件 A,B 相互独立, 则 $P(AB)=P(A)P(B)$, 故

$$P(\overline{A}B)=P(B-A)=P(B)-P(AB)=P(B)-P(A)P(B)$$
$$=[1-P(A)]P(B)=P(\overline{A})P(B),$$

所以 $\overline{A}$ 与 B 也相互独立. A 与 $\overline{B}$ 的相互独立证法与上述方法相同, 同学们自己独立完成.

$$P(\overline{A}\,\overline{B})=P(\overline{A\bigcup B})=1-P(A\bigcup B)=1-[P(A)+P(B)-P(AB)]$$
$$=1-[P(A)+P(B)-P(A)P(B)]=[1-P(A)]-P(B)[1-P(A)]$$
$$=P(\overline{A})-P(B)P(\overline{A})=P(\overline{A})[1-P(B)]=P(\overline{A})P(\overline{B}),$$

所以 $\overline{A}$ 与 $\overline{B}$ 也相互独立.

二、三个事件的独立性

定义 2　设 A,B,C 是三个事件, 如果满足等式

$$\begin{cases} P(AB)=P(A)P(B), \\ P(AC)=P(A)P(C), \\ P(BC)=P(B)P(C), \end{cases}$$

则称事件 A,B,C 两两相互独立.

定义 3　设 A,B,C 是三个事件,如果满足等式

$$\begin{cases} P(AB) = P(A)P(B), \\ P(AC) = P(A)P(C), \\ P(BC) = P(B)P(C), \\ P(ABC) = P(A)P(B)P(C), \end{cases}$$

则称事件 A,B,C 相互独立.

注　三个事件相互独立,则三个事件一定两两相互独立;反之则不成立,即三个事件两两相互独立则三个事件不一定相互独立.

例 1　掷一枚质地均匀的硬币两次,令 $A = \{$第一次出现正面$\}$,$B = \{$第二次出现反面$\}$,$C = \{$两次同为正面或反面$\}$,则 $P(A) = P(B) = P(C) = \dfrac{1}{2}$,$P(AB) = P(BC) = P(AC) = \dfrac{1}{4}$,即 A,B,C 两两相互独立,而

$$P(ABC) = P(\varnothing) = 0 \neq P(A)P(B)P(C),$$

说明三个事件两两相互独立不能导出三个事件相互独立.

三、n 个事件的独立性

定义 4　设 $A_1,A_2,\cdots,A_n$ 是 $n(n \geqslant 2)$ 个事件,如果满足等式

$$P(A_iA_j) = P(A_i)P(A_j)(1 \leqslant i < j \leqslant n,\mathrm{C}_n^2 \ \text{个等式}),$$

则称 $A_1,A_2,\cdots,A_n$ 为两两相互独立的事件.

定义 5　设 $A_1,A_2,\cdots,A_n$ 是 $n(n \geqslant 2)$ 个事件,如果满足等式

$$P(A_iA_j) = P(A_i)P(A_j)(1 \leqslant i < j \leqslant n,\mathrm{C}_n^2 \ \text{个等式}),$$

$$P(A_iA_jA_k) = P(A_i)P(A_j)P(A_k)(1 \leqslant i < j < k \leqslant n,\mathrm{C}_n^3 \ \text{个等式}),$$

$$\vdots$$

$$P(A_1A_2\cdots A_n) = P(A_1)P(A_2)\cdots P(A_n)(\mathrm{C}_n^n \ \text{个等式}),$$

则称 $A_1,A_2,\cdots,A_n$ 为相互独立的事件.

注

(1) 定义 5 中共有 $\mathrm{C}_n^2 + \mathrm{C}_n^3 + \cdots + \mathrm{C}_n^n = (1+1)^n - \mathrm{C}_n^1 - \mathrm{C}_n^0 = 2^n - n - 1$ 个等式,即要证明相互独立需要验证 $2^n - n - 1$ 个等式成立.根据定义 4 可知,要证明两两相互独立只需要验证 C_n^2 个等式.

(2) n 个事件相互独立能导出两两相互独立,反之则不然.

(3) 若 n 个事件相互独立,则由定义 5 知,它们当中任意 $k(2 \leqslant k \leqslant n)$ 个事件也是相互独立的.

(4) 若 n 个事件相互独立,则将它们当中任意 $k(2 \leqslant k \leqslant n)$ 个事件改为对应的对立事件,其他事件保持不变,所得到的 n 个事件也是相互独立的.

(5) 在实际应用中,对于事件是否相互独立,往往是根据实际意义判断的,而不是根据定义判断的.

四、独立性的应用

设 $A_1,A_2,\cdots,A_n$ 是 n 个相互独立的事件,则

(1) $A_1, A_2, \cdots, A_n$ 至少有一个发生的概率为

$$P(A_1 \bigcup A_2 \bigcup \cdots \bigcup A_n) = 1 - P(\overline{A_1 \bigcup A_2 \bigcup \cdots \bigcup A_n}) = 1 - P(\overline{A_1} \bigcap \overline{A_2} \bigcap \cdots \bigcap \overline{A_n})$$
$$= 1 - P(\overline{A_1})P(\overline{A_2})\cdots P(\overline{A_n}),$$

(2) $A_1, A_2, \cdots, A_n$ 至少有一个不发生的概率为

$$P(\overline{A_1} \bigcup \overline{A_2} \bigcup \cdots \bigcup \overline{A_n}) = P(\overline{A_1 \bigcap A_2 \bigcap \cdots \bigcap A_n}) = 1 - P(A_1 \bigcap A_2 \bigcap \cdots \bigcap A_n)$$
$$= 1 - P(A_1)P(A_2)\cdots P(A_n).$$

这两个公式在计算相互独立的事件的并的概率时比在本章第二节给出的并的概率计算公式简单.

例 2 设三次独立试验中,事件 A 出现的概率相等,若已知 A 至少出现一次的概率等于 $\frac{19}{27}$,则事件 A 在一次试验中出现的概率多大?

解 记 A_i 表示"事件 A 在第 i 次试验中出现",则 $P(A_i) = p(i = 1, 2, 3)$. 故由三次试验独立知

$$P(A_1 \bigcup A_2 \bigcup A_3) = 1 - P(\overline{A_1}\,\overline{A_2}\,\overline{A_3}) = 1 - P(\overline{A_1})P(\overline{A_2})P(\overline{A_3}) = 1 - (1 - p)^3 = \frac{19}{27},$$

因此

$$p = \frac{1}{3}.$$

例 3 设每一名机枪射击手击落飞机的概率都是 0.2,若 10 名机枪射击手同时向一架飞机射击,求击落飞机的概率.

解 设事件 $A_i (i = 1, 2, \cdots, 10)$ 表示"第 i 名机枪射击手击落飞机",事件 B 表示"击落飞机",则 $P(A_i) = 0.2 (i = 1, 2, \cdots, 10)$,$B = A_1 \bigcup A_2 \bigcup \cdots \bigcup A_{10}$,所以

$$P(B) = P(A_1 \bigcup A_2 \bigcup \cdots \bigcup A_{10}) = 1 - P(\overline{A_1})P(\overline{A_2})\cdots P(\overline{A_{10}}) = 1 - 0.8^{10}.$$

例 4 从 1 到 9 这九个数中,有放回地取三个数,每次任取一个,求所取三个数之积能被 10 整除的概率.

解 设 A_1 表示"所取的三个数中含有数字 5",A_2 表示"所取的三个数中含有偶数",B 表示"所取的三个数之积能被 10 整除",则 $B = A_1 A_2$. 所以

$$P(B) = P(A_1 A_2) = 1 - P(\overline{A_1 A_2}) = 1 - P(\overline{A_1} \bigcup \overline{A_2})$$
$$= 1 - P(\overline{A_1}) - P(\overline{A_2}) + P(\overline{A_1} \bigcap \overline{A_2})$$
$$= 1 - \left(\frac{8}{9}\right)^3 - \left(\frac{5}{9}\right)^3 + \left(\frac{4}{9}\right)^3 = 0.214.$$

例 5(系统的可靠性) 一个元件(或系统)能正常工作的概率称为该元件(或系统)的可靠性. 如图 1-2 所示,设 4 个独立工作的元件 1, 2, 3, 4 按先串联再并联的方式联结(称为串并联系统). 已知第 i 个元件的可靠性为 $p_i (i = 1, 2, 3, 4)$,求该串并联系统的可靠性.

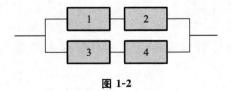

图 1-2

解 设事件 $A_i (i = 1, 2, 3, 4)$ 表示"第 i 个元件正常工作",事件 B 表示"系统正常工作",则 $B = A_1 A_2 \bigcup A_3 A_4$,由事件的独立性得

$$P(B) = P(A_1 A_2) + P(A_3 A_4) - P(A_1 A_2 A_3 A_4)$$
$$= P(A_1) P(A_2) + P(A_3) P(A_4) - P(A_1) P(A_2) P(A_3) P(A_4)$$
$$= p_1 p_2 + p_3 p_4 - p_1 p_2 p_3 p_4.$$

关于元件(或系统)的可靠性的理论称为可靠性理论,是在第二次世界大战中发展起来的一门应用性学科,而概率论是研究可靠性理论的重要工具.

习题 1.5

1. 设两个相互独立的事件 A,B 都不发生的概率为 $\frac{1}{9}$, A 发生且 B 不发生的概率与 B 发生且 A 不发生的概率相等,求 A 发生的概率.

2. 甲、乙、丙射击命中目标的概率分别为 $\frac{1}{2}$, $\frac{1}{4}$, $\frac{1}{12}$,现在三人射击一个目标各一次,目标被射击命中的概率是多少?

3. 甲、乙、丙三位同学完成六道概率论自测题,他们及格的概率分别为 $\frac{4}{5}$, $\frac{3}{5}$, $\frac{7}{10}$,求:
(1) 三位同学中有且仅有两位同学及格的概率;(2) 三位同学中至少有一位同学不及格的概率.

4. 设 A,B 为两个随机事件,若 $P(A) = 0.4$, $P(A \cup B) = 0.7$,试求满足下列条件的 B 的概率.(1) A 与 B 为互斥事件;(2) A 与 B 为对立事件.

5. 若 A,B,C 两两相互独立,且 $P(A \mid BC) = P(A)$,证明: A,B,C 相互独立.

6. 设 A,B 为两个随机事件,且 $0 < P(A) < 1$, $P(B) > 0$, $P(B \mid A) = P(B \mid \overline{A})$,证明: A 与 B 相互独立.

第六节　　伯努利试验

很多试验的结果,要么就只有两种结果,要么可以归为两种结果,例如某产品抽样检查的合格或不合格、射击的命中或不命中、试验的成功或失败、发报机发出信号为 0 或 1、掷骰子时观察结果点数小于等于 3 或点数大于 3 等.

一、n 重伯努利试验

定义 1　若试验 E 只有两个可能的结果,即 A 和 $\overline{A}$,称 E 为伯努利试验(或伯努利概型).
定义 2　将伯努利试验 E 重复独立地进行 n 次,称这种试验为 n 重伯努利试验.
n 重伯努利试验满足以下四个条件:
(1) 在相同条件下进行 n 次重复试验;
(2) 每次试验只有两种可能结果: A 和 $\overline{A}$;
(3) 在每次试验中,结果 A 发生的概率一样;
(4) 各次试验是相互独立的.

注

(1)"重复"是指试验 E 在相同条件下进行,在每次试验中,结果 A 发生的概率保持不变.

(2)"独立"是指各次试验的结果互不影响,即满足交的概率等于概率的乘积.

定理 对于 n 重伯努利试验,结果 A 在每次试验中发生的概率 p,则结果 A 在 n 次试验中恰好发生 k 次的概率为

$$P_n(k) = C_n^k p^k (1-p)^{n-k} \quad (k = 0, 1, \cdots, n).$$

证明 对于一个 n 重伯努利试验,由独立性可得,结果 A 在某指定的 k 次试验中发生,而在其余的 $n-k$ 次试验中不发生的概率为 $p^k(1-p)^{n-k}(k=0,1,\cdots,n)$,而在 n 次试验中结果 A 发生 k 次共有 C_n^k 种两两互不相容的不同情况,由概率的可加性得

$$P_n(k) = C_n^k p^k (1-p)^{n-k} \quad (k = 0, 1, \cdots, n).$$

例 1 某厂生产的产品为次品的概率为 0.002,求该厂生产的 1000 件产品中恰好有 10 件次品的概率.

解 设 A 表示"该厂生产的一件产品为次品",则 $P(A) = p = 0.002$,由上述定理得

$$P_{1000}(10) = C_{1000}^{10} 0.002^{10} 0.998^{990}.$$

例 2 对某种药物的疗效进行研究,假定这种药对某种疾病的治愈率为 0.8,现有 10 个患此病的病人同时服用此药,求其中至少有 6 个病人治愈的概率.

解 设 A 表示"1 个病人服用此药后治愈",则 $P(A) = p = 0.8$,10 个病人同时服用此药可视为 10 重伯努利试验,由上述定理知所求概率为

$$\sum_{k=6}^{10} P_{10}(k) = \sum_{k=6}^{10} C_{10}^k 0.8^k 0.2^{10-k} \approx 0.97.$$

二、小概率事件

定义 3 概率很接近于 0 的事件称为小概率事件.

如果事件 A 发生的概率为 0.0001,那么进行一次试验,事件 A 会发生吗?人们经过长期的实践总结得到"概率很小的事件在一次试验中实际上几乎是不发生的"(称之为实际推断原理).

例 3 某技术工人长期进行某项技术,他经验丰富,因嫌按规定操作太过烦琐,就按照自己的方法进行,但这样做有可能发生事故.设该技术工人每次操作发生事故的概率为 0.0001,他独立重复地进行了 n 次操作.求:(1) n 次都不发生事故的概率;(2)至少有一次发生事故的概率.

解 设 A_i 表示"第 i 次不发生事故",$i = 1, 2, \cdots, n$,B 表示"n 次都不发生事故",C 表示"至少发生一次事故",则 $A_1, A_2, \cdots, A_n$ 相互独立,且 $P(A_i) = 1 - 0.0001 = 0.9999$,

$$P(B) = P(A_1 A_2 \cdots A_n) = 0.9999^n,$$

$$P(C) = 1 - P(B) = 1 - 0.9999^n.$$

注意,$\lim_{n \to \infty} P(C) = 1 - \lim_{n \to \infty} 0.9999^n = 1$.该式的意义为"小概率事件"在大量独立重复试验中至少有一次发生几乎是必然的.因此,决不可轻视小概率事件.一件微不足道的小事,只要坚持就会产生不可思议的结果,也可利用该式分析"水滴石穿""只要功夫深,铁杵磨成针"的合理性.

习题 1.6

1. 某人打靶的命中率为 0.8,现独立地射击 5 次,那么 5 次射击中有 2 次命中的概率是多少?

2. 某类灯泡使用寿命在 1000 小时以上的概率为 0.2,求三只灯泡在使用 1000 小时以后最多只坏一只的概率.

3. 某射手每次射击击中目标的概率为 0.6,如果射击 5 次,求至少击中目标两次的概率.

4. 5 颗种子的发芽率相同,彼此独立,已知至少有 1 颗种子发芽的概率为 $\frac{242}{243}$,求至少有 2 颗种子发芽的概率.

5. 某导弹的命中率是 0.6,问欲以 99% 的把握命中目标至少需要配置几枚导弹?

6. 甲、乙两个篮球运动员投篮命中率分别为 0.7 和 0.6,每人各投了 3 次,求二人进球数相等的概率.

第七节　　概率论与数理统计实验简介

数学实验是数学知识与计算机应用有机结合的产物,是数学联系实际的桥梁,早已作为一种数学的基本思想方法被数学家们使用.随着大数据时代的到来,要处理大量数据就需要掌握统计软件.

1. 为什么进行概率论与数理统计实验?

(1) 可以培养学生运用学过的数学知识和计算机工具分析、解决实际问题的能力,提高学生的综合应用能力和创新意识.

(2) 大数据时代要解决实际问题,一定会遇到大量、复杂的数据处理.利用概率论与数理统计与计算机结合的方式更加高效地进行数据处理,是必然的发展趋势.

2. 为什么选择 Excel 软件作为概率论与数理统计的实验工具?

Excel 是微软公司的办公软件 Microsoft Office 的组件之一,是由 Microsoft 为 Windows 和 Apple Macintosh 操作系统的电脑而编写和运行的一款软件.Excel 是微软办公套装软件的一个重要的组成部分,它可以进行各种数据的处理、统计分析和辅助决策操作,广泛地应用于管理、统计、财经、金融等众多领域.

Excel 因其具有强大的数据分析处理功能、简单易操作、具有庞大的函数库而在概率论与数理统计中有着广泛的应用.

实验 1　　排列数、组合数的计算

Excel 在概率论与数理统计中有着广泛的应用,本实验介绍应用 Excel 软件计算排列数、组合数,从而计算古典概率.

Excel 中提供的排列、组合函数如表 1-4 所示.

表 1-4

函 数 名	调 用 格 式	注 释
组合数	COMBIN(n,k)	计算组合数 C_n^k
全排列数	FACT(n)	计算全排列数 $n!$
乘幂	POWER(n,k)	计算乘幂 n^k

注:计算排列数 $A_n^k = $ COMBIN(n,k) $*$ FACT(k) 即可.

例 1 计算组合数 C_{15}^{10}.

解 在 Excel 表格中输入 $=$ COMBIN($15,10$),按回车键即得结果 3003.

例 2 计算全排列数 10!.

解 在 Excel 表格中输入 $=$ FACT(10),按回车键即得结果 3 628 800.

例 3 假定每个人的生日等可能地是 365 天的任何一天,求 60 个人中至少有两个人生日相同的概率.

解 由古典概型可知,60 个人中至少有两个人生日相同的概率为

$$P = 1 - \frac{A_{365}^{60}}{365^{60}}.$$

下面利用 Excel 进行计算.

实验步骤:

(1) 先计算 C_{365}^{60}. 在单元格 A1 中输入 $=$ COMBIN($365,60$),按回车键即得结果 3.859 92E $+$ 69.

(2) 计算 60!. 在单元格 A2 中输入 $=$ FACT(60),按回车键即得结果 8.320 99E $+$ 81.

(3) 计算 A_{365}^{60}. 在单元格 A3 中输入 $=$ A1 $*$ A2,按回车键即得结果 3.211 8E $+$ 151.

(4) 计算 365^{60}. 在单元格 A4 中输入 $=$ POWER($365,60$),按回车键即得结果 5.464 8E $+$ 153.

(5) 计算 $\frac{A_{365}^{60}}{365^{60}}$. 在单元格 A5 中输入 $=$ A3/A4,按回车键即得结果 0.005 877 339.

(6) 计算 $1 - \frac{A_{365}^{60}}{365^{60}}$. 在单元格 A6 中输入 $=$ 1 $-$ A5,按回车键即得结果 0.994 122 661.

可以把上述实验步骤中的 60 换成其他数字,计算对应的概率.

应用案例 1—— 狼来了

伊索寓言《孩子与狼》讲的是,一个小孩每天去山上放羊,山上有狼出入. 有一天,他在山上喊:"狼来了!狼来了!" 山下的村民闻声便去打狼,可到山上,发现狼没有来;第二天仍是如此;第三天,狼真的来了,可无论小孩怎么叫也没有人来救他,因为前两次他说了谎,人们不再相信他了.

此寓言中村民对这小孩的信任度是如何下降的?

解 用贝叶斯公式分析村民对这小孩的信任度是如何下降的.

设 $A = \{$小孩可信$\}$，$B = \{$小孩说谎$\}$，不妨设过去村民对小孩的印象为 $P(A) = 0.9$，$P(\overline{A}) = 0.1$，可信的小孩说谎要比不可信的孩子说谎的概率小一些，不妨设 $P(B \mid A) = 0.1$，$P(B \mid \overline{A}) = 0.6$.

$P(A \mid B)$ 表示当小孩说一次谎后，村民对小孩的可信程度.由贝叶斯公式得

$$P(A \mid B) = \frac{P(A)P(B \mid A)}{P(A)P(B \mid A) + P(\overline{A})P(B \mid \overline{A})} = \frac{0.9 \times 0.1}{0.9 \times 0.1 + 0.1 \times 0.6} = 0.6.$$

上式表明，村民上一次当后，对小孩的信任程度由原来的 0.9 调整为 0.6.调整后重复上述过程，则 $P(A) = 0.6$，$P(\overline{A}) = 0.4$，

$$P(A \mid B) = \frac{P(A)P(B \mid A)}{P(A)P(B \mid A) + P(\overline{A})P(B \mid \overline{A})} = \frac{0.6 \times 0.1}{0.6 \times 0.1 + 0.4 \times 0.6} = 0.2.$$

上式表明，村民上两次当后，对小孩的信任程度由原来的 0.9 调整为 0.2.所以在小孩第三次呼叫时，村民不再上山打狼了.

应用案例 2—— 彩球摸奖游戏

一个口袋中装有 6 个红球与 6 个白球，除颜色之外，12 个球完全一样，每次从袋中摸 6 个球.游戏的规则如表 1-5 前两列所示，问游戏的玄机是什么？

表 1-5

摸出的 6 个球	对应的奖惩	概　　率
6 个全红	赢得 100 元	0.001 082
5 红 1 白	赢得 50 元	0.038 961
4 红 2 白	赢得 20 元	0.243 506
3 红 3 白	输掉 100 元	0.4329
2 红 4 白	赢得 20 元	0.243 506
1 红 5 白	赢得 50 元	0.038 961
6 个全白	赢得 100 元	0.001 082

解　任意摸 6 个球，所有可能的结果有 C_{12}^6 种，摸到 i 个红球和 j 个白球的结果有 $C_6^i C_6^j$ 种.由古典概型得

$$P\{i \text{ 个红球、} j \text{ 个白球}\} = \frac{C_6^i C_6^j}{C_{12}^6} \quad (i, j = 0, 1, \cdots, 6, i + j = 6).$$

计算结果如表 1-6 最后一列所示.

该游戏的玄机就在于 7 种情况出现的概率不相等！赢得 100 元、50 元都是小概率事件，几乎是不可能发生的.虽然有大约 0.487 的概率可以赢得 20 元，但是却有大约 0.433 的概率输掉 100 元，即输掉 100 元的概率将近 0.5.

第二章　　随机变量及其分布

第一章介绍了随机事件及其概率的计算方法,让我们对随机现象有了一定的认识,但我们发现这些计算方法不具有一般性.为了用更加简洁而统一的形式对随机现象进行量化描述,以及用更加丰富有效的数学工具更深入地研究随机现象,从而更加全面深刻地研究随机现象的统计规律,这一章将引入一维随机变量及其分布.

第一节　　随机变量、离散型随机变量

一、随机变量的引入

样本空间中的样本点的特点如下.

(1) 示数的 —— 骰子出现的点数、降雨量、等车人数、发生交通事故的次数 ……

(2) 非示数的 —— 硬币正反面、明天天气(晴、多云 ……)、化验结果(阳性、阴性)……

1. 为什么引入随机变量?

概率论是从数量上来研究随机现象内在规律性的,为了更方便有力地研究随机现象,就要用高等数学的方法来研究,因此为了便于数学上的推导和计算,就需要将任意的随机事件数量化.当把一些非数量表示的随机事件用数字来表示时,就建立起了随机变量的概念.

2. 随机变量的引入

例1　从一个装有红球、白球的袋中任摸一个球,观察摸出球的颜色.

解　我们可以将 $\Omega = \{红球,白球\}$ 数量化,即

$$X(\omega) = \begin{cases} 1, & \omega = 红色, \\ 0, & \omega = 白色. \end{cases}$$

例2　掷一颗骰子,观察出现的点数.

解　$\Omega = \{1,2,3,4,5,6\}$,该样本点本身就是数量.

$$X(\omega) = \omega, \omega = 1,2,3,4,5,6.$$

二、随机变量的概念

1. 随机变量的定义

定义1　设 E 是随机试验,它的样本空间是 $\Omega = \{\omega\}$.如果对于每一个 $\omega \in \Omega$,都有唯一实数 $X(\omega)$ 与之相对应,且对于任意实数 x,事件 $\{\omega \mid X(\omega) \leqslant x\}$ 都有确定的概率,这样就得到一个定义在 Ω 上的实值函数 $X(\omega)$,称 $X(\omega)$ 为随机变量,简记为 X.

注

（1）随机变量与普通的函数不同.

随机变量是一个函数,但它与普通的函数有着本质的区别,普通函数是定义在实数轴上的,而随机变量是定义在样本空间上的.

（2）随机变量的取值具有一定的概率规律.

随机变量随着试验的结果不同而取不同的值,由于试验的各个结果的出现具有一定的概率规律,因此随机变量的取值也有一定的概率规律.

（3）一般用大写字母 X,Y,Z 或希腊字母 ξ,η 等字母来表示随机变量.

例 3　　在有两个孩子的家庭中,考虑其性别,共有 4 个样本点,即

$$\omega_1=（男,男）,\omega_2=（男,女）,\omega_3=（女,男）,\omega_4=（女,女）.$$

若用 X 表示这个家庭中女孩子的个数,则有

$$X(\omega)=\begin{cases}0, & \omega=\omega_1,\\ 1, & \omega=\omega_2,\omega=\omega_3,\\ 2, & \omega=\omega_4,\end{cases}$$

例 4　　设某射手每次射击击中目标的概率是 0.8,现该射手不断向目标射击,直到击中目标为止,则 $X(\omega)=$ 所需要的射击次数,是一个随机变量,且 $X(\omega)$ 的所有可能取值为 $1,2,3,\cdots$.

例 5　　某公共汽车站每隔 5 分钟有一辆汽车通过,如果某人到达该车站的时刻是随机的,则 $X(\omega)=$ 此人的等车时间,是一个随机变量,且 $X(\omega)$ 的所有可能取值为 $X(\omega)\in[0,5]$.

2. 引入随机变量的意义

引入随机变量,将随机试验数量化,是对随机现象进行量化分析的重要手段.其优越性体现在以下两点.

（1）将样本空间变量化、数值化（从样本空间到实数集的映射）,从而就可以从抽象的样本空间解脱出来.

（2）可借助现代数学工具更好地描述、处理、解决随机问题.

随机变量的引进可以说是概率论发展进程中的一次飞跃.

3. 随机变量的分类

$$随机变量\begin{cases}离散型随机变量\\ 非离散型随机变量\begin{cases}连续型随机变量\\ 其他\end{cases}\end{cases}$$

1）离散型随机变量

定义 2　　随机变量所取的可能值是有限多个或可列无限多个,就叫作离散型随机变量.

例 6　　若随机变量 X 记为"连续射击,直至击中时的射击次数",则 X 的可能值是 $1,2,3,\cdots$.

例 7　　设某射手每次射击击中目标的概率是 0.8,现该射手射击了 30 次,则随机变量 X 记为"击中目标的次数",则 X 的所有可能取值为 $0,1,2,3,\cdots,30$.

2）连续型随机变量

定义 3　　随机变量所取的可能值可以连续地充满某个区间,就叫作连续型随机变量.

例 8　　随机变量 X 为"灯泡的寿命",则 X 的取值范围为 $[0,+\infty)$.

例 9　　随机变量 X 为"测量某零件尺寸时的测量误差",则 X 的取值范围为 (a,b).

三、离散型随机变量的分布律

1. 离散型随机变量分布律的定义

定义 4　设离散型随机变量 X 所有可能取的值为 $x_k(k=1,2,\cdots)$，X 取各个可能值的概率，即事件 $\{X=x_k\}$ 的概率为

$$P\{X=x_k\}=p_k,k=1,2,\cdots,$$

称此为离散型随机变量 X 的概率分布，简称分布律（或分布列），可用表格形式来表示，即

X	x_1	x_2	x_3	$\cdots$	x_n	$\cdots$
P	p_1	p_2	p_3	$\cdots$	p_n	$\cdots$

求分布律的步骤如下：

（1）确定随机变量的所有可能取的值.

（2）计算随机变量取每个值的概率.

（3）完整表示步骤（1）和步骤（2）的结果，即用通项公式或表格形式表示.

2. 分布律的性质

（1）非负性：$p_k \geqslant 0, k=1,2,\cdots$.

（2）归一性：$\sum_{k=1}^{\infty} p_k = 1$.

注

（1）分布律两条性质可以判断数列 $\{p_k\}$ 是否是分布律.

（2）归一性可以用来计算概率中的未知参数.

例 10　将一颗质地均匀的骰子进行独立重复投掷，直到出现 6 点，停止试验. 用 X 表示投掷骰子的次数，求 X 的分布律.

解　设"投掷出现 6 点"为事件 A，则有 $P(A)=\dfrac{1}{6}$，$P(\overline{A})=\dfrac{5}{6}$. 在第 k 次投掷时事件 A 发生，而前面 $k-1$ 次投掷时都是事件 $\overline{A}$ 发生，于是

$$P\{X=k\}=\left(\frac{5}{6}\right)^{k-1}\cdot\frac{1}{6},k=1,2,\cdots.（几何分布）$$

例 11　设在 15 个同类型零件中有 2 个为次品，取 3 次，每次任取 1 个零件，用 X 表示取出的次品的个数，求 X 的分布律.

解　随机变量 X 可能取到的值为 $0,1,2$，按古典概率计算事件 $\{X=k\}(k=0,1,2)$ 的概率，得 X 的概率分布为

$$P\{X=k\}=\frac{\mathrm{C}_2^k\mathrm{C}_{13}^{3-k}}{\mathrm{C}_{15}^3},k=0,1,2.$$

或

X	0	1	2
P	$\dfrac{22}{35}$	$\dfrac{12}{35}$	$\dfrac{1}{35}$

例 12　已知随机变量 X 的分布律为

X	-2	0	3	5
P	$\dfrac{1}{4}$	a	$\dfrac{1}{2}$	$\dfrac{1}{12}$

试求：(1) 待定系数 a；(2) 概率 $P\left\{X>-\dfrac{1}{2}\right\}$.

解　(1) 由归一性得

$$\frac{1}{4}+a+\frac{1}{2}+\frac{1}{12}=1,故\ a=\frac{1}{6};$$

(2) $\left\{X>-\dfrac{1}{2}\right\}\Leftrightarrow\{X=0,3,5\}$，因此

$$P\left\{X>-\frac{1}{2}\right\}=P\{X=0\}+P\{X=3\}+P\{X=5\}=\frac{3}{4}.$$

四、常见离散型随机变量的概率分布

1. 两点分布（伯努利分布）

定义 5　若随机变量 X 只有两个可能的取值 0 和 1，则其概率分布为

X	0	1
P	$1-p$	p

或
$$P\{X=k\}=p^{k}(1-p)^{1-k},k=0,1,$$
则称 X 服从参数为 $p(p>0)$ 的两点分布（也称 0-1 分布）.

例 13　进行抛硬币试验，观察正、反两面出现的情况.

解　设
$$X=X(\omega)=\begin{cases}0,&\omega=正面,\\1,&\omega=反面.\end{cases}$$

随机变量 X 服从两点分布. 其分布律为

X	0	1
P	$\dfrac{1}{2}$	$\dfrac{1}{2}$

例 14　200 件产品中，有 190 件合格品，10 件不合格品，现从中随机抽取 1 件，若规定
$$X=X(\omega)=\begin{cases}1,&\omega=取得不合格品,\\0,&\omega=取得合格品.\end{cases}$$

随机变量 X 服从两点分布. 其分布律为

X	0	1
P	$\dfrac{19}{20}$	$\dfrac{1}{20}$

注　两点分布是一种最简单的分布，任何一个只有两种可能结果的随机现象，比如新生

婴儿是男还是女、明天是否下雨、种子是否发芽等,其概率分布都属于两点分布.

2. 等可能分布

定义 6 如果随机变量 X 的分布律为

X	a_1	a_2	$\cdots$	a_n
P	$\dfrac{1}{n}$	$\dfrac{1}{n}$	$\cdots$	$\dfrac{1}{n}$

其中,$a_i \neq a_j$ 且 $i \neq j$,则称 X 服从等可能分布.

例 15 掷骰子,记出现的点数为随机变量 X,则 X 服从等可能分布,有

X	1	2	3	4	5	6
P	$\dfrac{1}{6}$	$\dfrac{1}{6}$	$\dfrac{1}{6}$	$\dfrac{1}{6}$	$\dfrac{1}{6}$	$\dfrac{1}{6}$

3. 二项分布

定义 7 设 X 表示 n 重伯努利试验中事件 A 发生的次数,则 X 所有可能的取值为 $0,1,2,\cdots,n$ 且相应的概率为

$$P\{X = k\} = C_n^k p^k (1-p)^{n-k} = C_n^k p^k q^{n-k}, q = 1-p \text{ 且 } k = 0,1,2,\cdots,n,$$

则称 X 服从参数为 n,p 的二项分布,记作 $X \sim b(n,p)$. 当 $n=1$ 时,该分布就是两点分布.

例 16 在相同条件下相互独立地进行 5 次射击,每次射击时击中目标的概率为 0.6,则击中目标的次数 X 服从 $b(5,0.6)$,

$$P\{X = k\} = C_5^k 0.6^k 0.4^{5-k}, k = 0,1,2,3,4,5.$$

例 17 按规定,某型号的电子元件的使用寿命超过 1500 小时的为一级品. 已知一大批该电子元件为一级品的概率为 0.2,现在从中随机抽查 20 个电子元件. 问这 20 个元件中恰有 k 个一级品的概率是多少?

解 设 X 表示 20 个元件中一级品的个数,则 $X \sim b(20,0.2)$,故所求概率为

$$P\{X = k\} = C_{20}^k 0.2^k 0.8^{20-k}, k = 0,1,\cdots,20.$$

例 18 某人进行射击,独立射击 400 次,设每次射击击中的概率为 0.02,试求至少击中两次的概率.

解 设 X 表示 400 次射击中击中的次数,则 $X \sim b(400,0.02)$,

$$P\{X = k\} = C_{400}^k 0.02^k 0.98^{400-k}, k = 0,1,\cdots,400.$$

故所求概率为

$$P\{X \geqslant 2\} = 1 - P\{X = 0\} - P\{X = 1\} \approx 0.9972.$$

4. 泊松分布

定义 8 若一个随机变量 X 的概率分布为

$$P(X = k) = \frac{\lambda^k e^{-\lambda}}{k!}, k = 0,1,2,\cdots,$$

其中,$\lambda > 0$ 为参数,则称 X 服从参数为 λ 的泊松分布,记作 $X \sim P(\lambda)$.

1)泊松分布的背景

20 世纪初,卢瑟福和盖克两位科学家在观察与分析放射性物质放出的粒子个数的情况时,他们进行了 2608 次观察(每次观察时间为 7.5 秒),发现放射性物质在规定的一段时间内

放射的粒子数 X 服从泊松分布.

2）泊松分布的用途

大量（n 比较大）重复试验中，稀有事件（p 较小）的次数可认为服从泊松分布，例如：

（1）某医院每月收治的意外摔伤的病人数.

（2）来到某公交汽车站的乘客数.

（3）显微镜下某区域中的白细胞的个数.

（4）一本书中的印刷错误数.

（5）电话交换台的呼叫数.

（6）显微镜下落在某区域中的血球的数目.

⋮

例 19　某种铸件的砂眼数服从参数为 0.5 的泊松分布.试求该铸件至多有 1 个砂眼和至少有 2 个砂眼的概率.

解　用 X 表示铸件的砂眼数，由题意知，$X \sim P(0.5)$，则该铸件至多有 1 个砂眼的概率为

$$P\{X \leqslant 1\} = P\{X = 0\} + P\{X = 1\} = \frac{0.5^0 \mathrm{e}^{-0.5}}{0!} + \frac{0.5^1 \mathrm{e}^{-0.5}}{1!} \approx 0.91.$$

该铸件至少有 2 个砂眼的概率为

$$P\{X \geqslant 2\} = 1 - P\{X \leqslant 1\} \approx 0.09.$$

5. 泊松定理

二项分布是常用的概率分布，但是当试验次数 n 很大，而 p 又很小时，二项分布的概率计算就非常麻烦.1837 年，法国数学家泊松给出了泊松分布是二项分布的近似这一结论.后来人们编制了泊松分布表，解决了烦琐计算的问题.

定理　设随机变量序列 X 服从二项分布 $b(n, p_n)$，$\lim\limits_{n \to \infty} np_n = \lambda$，（$\lambda$ 为正常数），则有

$$\lim_{n \to \infty} P\{X = k\} = \lim_{n \to \infty} \mathrm{C}_n^k p_n^k (1 - p_n)^{n-k} = \frac{\lambda^k}{k!} \mathrm{e}^{-\lambda}, k = 0, 1, 2, \cdots.$$

证明　令 $np_n = \lambda_n$，则

$$\mathrm{C}_n^k p_n^k (1 - p_n)^{n-k} = \frac{n(n-1)(n-2)\cdots(n-k+1)}{k!} \left(\frac{\lambda_n}{n}\right)^k \left(1 - \frac{\lambda_n}{n}\right)^{n-k}$$

$$= \frac{\lambda_n^k}{k!} \left(1 - \frac{1}{n}\right)\left(1 - \frac{2}{n}\right)\cdots\left(1 - \frac{k-1}{n}\right)\left(1 - \frac{\lambda_n}{n}\right)^{n-k}.$$

对于固定的 k，由 $\lim\limits_{n \to \infty} \lambda_n = \lim\limits_{n \to \infty} np_n = \lambda$ 得 $\lim\limits_{n \to \infty} \lambda_n^k = \lambda^k$，则

$$\lim_{n \to \infty} \left(1 - \frac{\lambda_n}{n}\right)^{n-k} = \lim_{n \to \infty} \left[\left(1 - \frac{\lambda_n}{n}\right)^{-\frac{n}{\lambda_n}}\right]^{-\frac{n-k}{n} \cdot \lambda_n} = \mathrm{e}^{-\lambda},$$

所以

$$\lim_{n \to \infty} \mathrm{C}_n^k p_n^k (1 - p_n)^{n-k} = \lim_{n \to \infty} \frac{\lambda_n^k}{k!} \left(1 - \frac{1}{n}\right)\left(1 - \frac{2}{n}\right)\cdots\left(1 - \frac{k-1}{n}\right)\left(1 - \frac{\lambda_n}{n}\right)^{n-k}$$

$$= \frac{1}{k!} \lim_{n \to \infty} \lambda_n^k \cdot \lim_{n \to \infty} \left(1 - \frac{1}{n}\right)\left(1 - \frac{2}{n}\right)\cdots\left(1 - \frac{k-1}{n}\right) \cdot \lim_{n \to \infty} \left(1 - \frac{\lambda_n}{n}\right)^{n-k}$$

$$= \frac{\lambda^k}{k!} \mathrm{e}^{-\lambda}.$$

1）泊松定理的应用

在实际应用中，当 n 很大，p 很小，而 np 不太大时，随机变量 X 的分布接近泊松分布.当

$n \geqslant 20, p \leqslant 0.05$ 时,近似效果就很好;当 $n \geqslant 100, np \leqslant 10$ 时,近似效果更好,可直接利用近似公式 $C_n^k p^k (1-p)^{n-k} \approx \dfrac{\lambda^k}{k!} e^{-\lambda}$,其中,$\lambda = np$.

2) 泊松定理的计算

例 20　某汽车站每天都有大量汽车通过,设每辆汽车在一天的某段时间内通过该汽车站时出事故的概率为 0.0001,在每天的该段时间内有 1000 辆汽车通过该汽车站,问出事故的次数不小于 2 次的概率是多少?

解　用 X 表示 1000 辆车通过该汽车站时出事故的次数,由题意知 $X \sim b(1000, 0.0001)$,则所求概率为

$$
\begin{aligned}
P\{X \geqslant 2\} &= 1 - P\{X = 0\} - P\{X = 1\} \\
&= 1 - 0.9999^{1000} - C_{1000}^1 \times 0.0001 \times 0.9999^{999} \\
&\approx 1 - \frac{0.1^0 e^{-0.1}}{0!} - \frac{0.1^1 e^{-0.1}}{1!} \approx 0.0047.
\end{aligned}
$$

习题 2.1

1. 同时掷两颗骰子,观察它们出现的点数,求两颗骰子中出现的最大点数的分布律.
2. 已知随机变量 X 的分布律如下:

X	-1	0	1	2
P	$\dfrac{1}{2a}$	$\dfrac{3}{4a}$	$\dfrac{5}{8a}$	$\dfrac{7}{16a}$

试确定常数 a,并计算 $P\{X \leqslant 1\}$.

3. 设随机变量 $X \sim b(2, p)$,$Y \sim b(3, p)$,若 $P\{X \geqslant 1\} = \dfrac{5}{9}$,求 $P\{Y \geqslant 1\}$.

4. 一个球筐中装有 7 只篮球,编号为 1,2,3,4,5,6,7. 现从筐中同时取 3 只篮球,用 X 表示取出的 3 只篮球中最大的编号,写出随机变量 X 的分布律.

5. 设 $X \sim P(\lambda)$,且已知 $P\{X = 1\} = P\{X = 2\}$,求 $P\{X = 4\}$.

6. 某栋大楼里装有 5 套同类型的空调系统,调查表明,在任一时刻 t,每套空调系统被使用的概率为 0.1,问在同一时刻,(1) 恰有 2 套空调系统被使用的概率是多少?(2) 至少有 3 套空调系统被使用的概率是多少?(3) 至多有 3 套空调系统被使用的概率是多少?(4) 至少有 1 套空调系统被使用的概率是多少?

第二节　　随机变量的分布函数

求随机变量在某点的概率就是求随机变量的分布律,而计算随机变量在某个区间的概率就是求随机变量的分布函数.

1. 分布函数的概念

定义　设 X 是随机变量,x 是任意实数,则 $P\{X \leqslant x\}$ 与 x 有关,随 x 的变化而变化,从而

是 x 的函数. 称

$$F(x) = P\{X \leqslant x\}$$

为 X 的分布函数, 记为 $F(x)$ 或 $F_X(x)$.

注

(1) $F(x)$ 是在区间 $(-\infty, x]$ 内的累积概率, 即表示事件"随机变量 X 落在 $(-\infty, x]$ 内"的概率. 分布函数主要表示随机变量在某一区间内取值的概率.

(2) 分布函数 $F(x)$ 是 x 的一个普通函数, 分布函数就是概率.

(3) 当试验确定时, X 的取值是已知的, 而 x 是变量, 是任意实数, 代表数轴上的任意一点, 即分布函数的定义域是 $(-\infty, +\infty)$.

设随机变量 X 的分布函数为 $F(x)$, $a < b, a, b$ 为任意实数, 则由定义 1 可得

(1) $P\{a < X \leqslant b\} = P\{X \leqslant b\} - P\{X \leqslant a\} = F(b) - F(a)$;

(2) $P\{a \leqslant X < b\} = P\{X < b\} - P\{X < a\} = F(b^-) - F(a^-)$;

(3) $P\{a < X < b\} = P\{a < X \leqslant b\} - P\{X = b\} = F(b) - F(a) - P(X = b)$;

(4) $P\{X = a\} = P\{X \leqslant a\} - P\{X < a\} = F(a) - F(a^-)$;

(5) $P\{X > a\} = 1 - P\{X \leqslant a\} = 1 - F(a)$;

(6) $P\{X \geqslant a\} = 1 - P\{X < a\} = 1 - F(a^-)$.

由以上公式可知, 任意区间的概率都可以通过分布函数来求得.

2. 分布函数的求法

例 1　设随机变量 X 的分布如下, 求分布函数 $F(x)$.

X	0	1
P	$\dfrac{1}{2}$	$\dfrac{1}{2}$

解　首先画出数轴 (见图 2-1), 在数轴上标出 X 的取值 $0, 1$, 这两个值将数轴分成 3 部分, 然后分别讨论 x 落入各部分时, 满足不等式 $X \leqslant x$ 的 X 的取值, 这些取值的概率的和即为此时的分布函数.

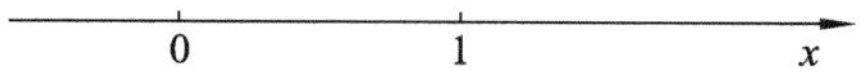

图 2-1

当 $x < 0$ 时, $F(x) = P\{X \leqslant x\} = P\{\varnothing\} = 0$;

当 $0 \leqslant x < 1$ 时, $F(x) = P\{X \leqslant x\} = P\{X = 0\} = \dfrac{1}{2}$;

当 $x \geqslant 1$ 时, $F(x) = P\{X \leqslant x\} = P\{X = 0\} + P\{X = 1\} = 1$.

即

$$F(x) = \begin{cases} 0, & x < 0, \\ \dfrac{1}{2}, & 0 \leqslant x < 1, \\ 1, & x \geqslant 1. \end{cases}$$

对于离散型随机变量, $F(x)$ 就是满足不等式 $X \leqslant x$ 的 X 的概率之和. 计算公式是

$$F(x) = \sum_{x_k \leqslant x} p_k.$$

注

(1) 离散型随机变量的分布函数是阶梯函数.

(2) 当已知离散型随机变量的分布函数时,X 的取值即为分布函数的间断点,对应取值的概率可用公式

$$P\{X=a\}=P\{X\leqslant a\}-P\{X<a\}=F(a)-F(a^-)$$

计算,从而得到 X 的分布律.

3. 分布函数的性质

(1) 有界性:$0\leqslant F(x)\leqslant 1$.(分布函数就是事件 $\{X\leqslant x\}$ 的概率,因此取值一定在 $[0,1]$ 这个范围内.)

(2) 单调性:$F(x)$ 单调不减,即若 $x_1<x_2$,则有 $F(x_1)\leqslant F(x_2)$.(若 $x_1<x_2$,则一定有 $\{X\leqslant x_1\}\subset\{X\leqslant x_2\}$,由概率性质可知,$P\{X\leqslant x_1\}\leqslant P\{X\leqslant x_2\}$,即 $F(x_1)\leqslant F(x_2)$.)

(3) $F(+\infty)=\lim\limits_{x\to+\infty}F(x)=1$,$\lim\limits_{x\to-\infty}F(x)=F(-\infty)=0$.(当 $x\to+\infty$ 时,$\{X\leqslant x\}$ 趋于必然事件,因此其概率趋于 1;当 $x\to-\infty$ 时,$\{X\leqslant x\}$ 趋于不可能事件,因此其概率趋于 0.)

(4) 右连续性:$F(x)$ 是右连续函数,即对于任意 $x_0\in\mathbf{R}$,有

$$\lim\limits_{x\to x_0^+}F(x)=F(x_0).$$

因为分布函数是概率,所以从本质上讲,分布函数的性质来源于概率的公理化定义,是特有的性质.

如果一个函数同时满足上述 4 条性质,则一定是某个随机变量的分布函数.也就是说,性质(1)~性质(4)是鉴别一个函数是否是某随机变量的分布函数的充分必要条件(简称充要条件),同时也是计算分布函数中未知参数的方法.

例 2　设随机变量 X 的分布函数为

$$F(x)=\begin{cases}A+\dfrac{B}{2}\mathrm{e}^{-3x}, & x>0,\\[2mm]0, & x\leqslant 0.\end{cases}$$

求:(1) 常数 A,B;(2) $P\{2<X\leqslant 3\}$.

解　(1) 由分布函数的性质得

$$\begin{cases}F(+\infty)=1=\lim\limits_{x\to+\infty}\left(A+\dfrac{B}{2}\mathrm{e}^{-3x}\right),\\[3mm]F(0^+)=\lim\limits_{x\to 0^+}\left(A+\dfrac{B}{2}\mathrm{e}^{-3x}\right)=F(0)=0,\end{cases}$$

即

$$\begin{cases}A=1,\\[2mm]A+\dfrac{B}{2}=0,\end{cases}$$

解得

$$\begin{cases}A=1,\\[2mm]B=-2;\end{cases}$$

(2) $P\{2<X\leqslant 3\}=F(3)-F(2)=\mathrm{e}^{-6}-\mathrm{e}^{-9}$.

例 3　设随机变量 X 的分布函数为

$$F(x) = \begin{cases} 0, & x < 0, \\ 0.5, & 0 \leqslant x < 1, \\ \dfrac{2}{3}, & 1 \leqslant x < 2, \\ \dfrac{11}{12}, & 2 \leqslant x < 3, \\ 1, & x \geqslant 3. \end{cases}$$

求:(1) $P\{X \leqslant 3\}, P\{X = 2\}, P\{X > 0.5\}, P\{2 < X \leqslant 4\}$;(2) X 的分布律.

解　(1)　　　　　　　$P\{X \leqslant 3\} = F(3) = 1,$

$$P\{X = 2\} = F(2) - F(2^-) = \frac{11}{12} - \frac{2}{3} = \frac{3}{12} = \frac{1}{4},$$

$$P\{X > 0.5\} = 1 - P\{X \leqslant 0.5\} = 1 - F(0.5) = 1 - \frac{1}{2} = \frac{1}{2},$$

$$P\{2 < X \leqslant 4\} = F(4) - F(2) = 1 - \frac{11}{12} = \frac{1}{12};$$

(2) X 的取值为分布函数的间断点 $x = 0, x = 1, x = 2, x = 3$.

$$P\{X = 0\} = F(0) - F(0^-) = \frac{1}{2} - 0 = \frac{1}{2},$$

$$P\{X = 1\} = F(1) - F(1^-) = \frac{2}{3} - \frac{1}{2} = \frac{1}{6},$$

$$P\{X = 2\} = F(2) - F(2^-) = \frac{11}{12} - \frac{2}{3} = \frac{1}{4},$$

$$P\{X = 3\} = F(3) - F(3^-) = 1 - \frac{11}{12} = \frac{1}{12},$$

所以 X 的分布律为

X	0	1	2	3
P	$\dfrac{1}{2}$	$\dfrac{1}{6}$	$\dfrac{1}{4}$	$\dfrac{1}{12}$

习题 2.2

1. 设有函数 $F(x) = \begin{cases} \sin x, 0 \leqslant x \leqslant \pi, \\ 0, \quad \text{其他.} \end{cases}$ 试说明 $F(x)$ 能否是某随机变量的分布函数.

2. 设随机变量 X 的分布律为

X	-1	2	3
P	$\dfrac{1}{4}$	$\dfrac{1}{2}$	$\dfrac{1}{4}$

求 X 的分布函数,并求 $P\left\{X \leqslant \dfrac{1}{2}\right\}$ 与 $P\{2 \leqslant X \leqslant 3\}$.

3. 设随机变量 X 的分布函数为 $F(x) = A + B\arctan x\,(-\infty < x < +\infty)$，试求：(1) 系数 A 与 B；(2) X 落在 $(-1,1]$ 内的概率.

4. 设随机变量 X 的分布函数为 $F(x) = \begin{cases} 0, & x < 1, \\ \ln x, & 1 \leqslant x < \mathrm{e}, \\ 1, & x \geqslant \mathrm{e}. \end{cases}$ 求 $P\{X \leqslant 2\}$，$P\{1 \leqslant X \leqslant 4\}$，

$P\left\{X > \dfrac{3}{2}\right\}$.

5. 已知随机变量 X 的分布函数

$$F(x) = \begin{cases} 0, & x < -1, \\ 0.4, & -1 \leqslant x < 1, \\ 0.8, & 1 \leqslant x < 3, \\ 1, & x \geqslant 3. \end{cases}$$

求 X 的分布律.

6. 设随机变量 X 的分布函数为 $F(x) = \begin{cases} 0, & x \leqslant 0, \\ Ax^2, & 0 < x \leqslant 1, \\ 1, & x > 1. \end{cases}$ 试求：(1) 系数 A；(2) X 落

在区间 $(-0.5, 0.7]$ 的概率.

第三节　　连续型随机变量

一、概率密度的概念

1. 概率密度的定义

定义 1　如果对于随机变量 X 的分布函数 $F(x)$，存在非负函数 $f(x)\,(-\infty < x < +\infty)$，使对于任意实数 x，有

$$F(x) = P\{X \leqslant x\} = \int_{-\infty}^{x} f(t)\mathrm{d}t,$$

则称 X 为连续型随机变量，$f(x)$ 为 X 的概率密度函数（简称概率密度）.

注

(1) 连续型随机变量的分布函数 $F(x)$ 满足离散型随机变量的分布函数的所有性质，且连续型随机变量的分布函数是连续函数，且

$$\lim_{\Delta x \to 0} F(x + \Delta x) - F(x) = \lim_{\Delta x \to 0} \int_{-\infty}^{x+\Delta x} f(x)\mathrm{d}x - \int_{-\infty}^{x} f(x)\mathrm{d}x = \lim_{\Delta x \to 0} \int_{x}^{x+\Delta x} f(x)\mathrm{d}x = 0.$$

(2) 连续型随机变量的分布函数 $F(x)$ 几乎处处可导（除极少数点外均可导）.

(3) 连续型随机变量的分布函数 $F(x)$ 的几何意义是曲边梯形（由曲线 $y = f(x)$，直线 $x = x_0$ 及 x 轴所围成的图形）的面积（见图 2-2）.

(4) $P\{x_1 < X \leqslant x_2\} = F(x_2) - F(x_1) = \int_{x_1}^{x_2} f(x)\mathrm{d}x$. 由定积分知识可知，$X$ 落入区间 $(x_1, x_2]$ 的概率 $P\{x_1 < X \leqslant x_2\}$ 等于由曲线 $y = f(x)$，直线 $x = x_1$，直线 $x = x_2$ 及 x 轴所围成的曲边梯形的面积（见图 2-3）.

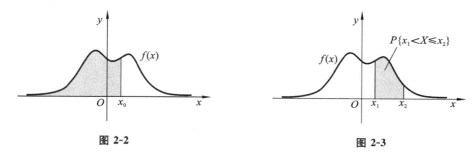

图 2-2 　　　　　　　　　　 图 2-3

2. 概率密度的性质

(1) 非负性：$f(x) \geqslant 0(-\infty < x < +\infty)$.

(2) 规范性：$\int_{-\infty}^{+\infty} f(x)\mathrm{d}x = 1$.

注

(1) 连续型随机变量的概率密度函数一定满足上述两条性质，反之，满足这两条性质的函数一定是某个连续型随机变量的概率密度函数.

(2) 当概率密度函数 $f(x)$ 中有未知参数要计算时，只有利用概率密度函数的规范性建立关于未知参数的方程的方法.

根据连续型随机变量的分布函数和概率密度函数的性质，易知以下 2 点.

(1) 对于任意实数 $x_1, x_2(x_1 < x_2)$，有

①$P\{x_1 < X \leqslant x_2\} = F(x_2) - F(x_1)$（已知分布函数时利用此公式），

$P\{x_1 < X \leqslant x_2\} = \int_{x_1}^{x_2} f(x)\mathrm{d}x$（已知概率密度函数时利用此公式）；

②$P\{X \leqslant x_1\} = F(x_1) = \int_{-\infty}^{x_1} f(x)\mathrm{d}x$；

③$P\{X > x_1\} = 1 - P\{X \leqslant x_1\} = 1 - F(x_1) = \int_{-\infty}^{+\infty} f(x)\mathrm{d}x - \int_{-\infty}^{x_1} f(x)\mathrm{d}x$

$$= \int_{x_1}^{+\infty} f(x)\mathrm{d}x,$$

即连续型随机变量在任何区间的概率就是以区间左端点为积分下限，区间右端点为积分上限，对概率密度 $f(x)$ 的定积分.

(2) 在 $f(x)$ 的连续点处，有 $F'(x) = f(x)$.

注

(1) 对于任意实数值 a，连续型随机变量取 a 的概率等于零，即

$$P\{X = a\} = 0.$$

因为

$$P\{X = a\} = P\{X \leqslant a\} - P\{X < a\} = F(a) - F(a^-) \overset{F(x)连续}{=\!=\!=} F(a) - F(a) = 0.$$

概率为零的事件未必是不可能事件. 概率为 1 的事件也不一定是必然事件.

(2) 在计算连续型随机变量 X 落在某一区间的概率时，不必区分是开区间、闭区间还是半开半闭区间，即对任意的实数 $a, b(a < b)$，有

$$P\{a \leqslant X \leqslant b\} = P\{a < X \leqslant b\} = P\{a \leqslant X < b\} = P\{a < X < b\}.$$

注意，对于离散型随机变量，此式不一定成立，在计算离散型随机变量在任意区间的概率

时,一定要考虑区间端点.

3. 概率密度的计算

例 1　设随机变量 X 的概率密度为

$$f(x) = \begin{cases} kx, & 0 \leqslant x < 3, \\ 2 - \dfrac{x}{2}, & 3 \leqslant x \leqslant 4, \\ 0, & \text{其他.} \end{cases}$$

(1) 确定常数 k；(2) 求 X 的分布函数；(3) 求 $P\left\{1 < X \leqslant \dfrac{7}{2}\right\}$.

解　(1) 由概率密度的规范性 $\int_{-\infty}^{+\infty} f(x)\mathrm{d}x = 1$ 得 $\int_0^3 kx\,\mathrm{d}x + \int_3^4 \left(2 - \dfrac{x}{2}\right)\mathrm{d}x = 1$，解得 $k = \dfrac{1}{6}$；

(2) 首先画出数轴(见图 2-4)，在数轴上标出概率密度函数的分段情况，将数轴分成 4 部分，然后分别讨论 x 落入各部分时，根据概率密度函数的不同将定积分 $\int_{-\infty}^x f(x)\mathrm{d}x$ 分成的几个定积分的和.

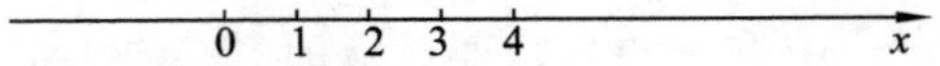

图 2-4

当 $x < 0$ 时，$f(x) = 0$，故

$$F(x) = P\{X \leqslant x\} = \int_{-\infty}^x f(x)\mathrm{d}x = \int_{-\infty}^x 0\,\mathrm{d}x = 0.$$

当 $0 \leqslant x < 3$ 时，在区间 $(-\infty, x)$，概率密度函数分为 2 部分，即 $x < 0$ 时，$f(x) = 0$；$0 \leqslant x < 3$ 时，$f(x) = \dfrac{x}{6}$，故

$$F(x) = P\{X \leqslant x\} = \int_{-\infty}^x f(x)\mathrm{d}x = \int_{-\infty}^0 0\,\mathrm{d}x + \int_0^x \dfrac{x}{6}\mathrm{d}x = \dfrac{x^2}{12}.$$

当 $3 \leqslant x < 4$ 时，在区间 $(-\infty, x)$，概率密度函数分为 3 部分，即 $x < 0$ 时，$f(x) = 0$；$0 \leqslant x < 3$ 时，$f(x) = \dfrac{x}{6}$；$3 \leqslant x < 4$ 时，$f(x) = 2 - \dfrac{x}{2}$，故

$$F(x) = P\{X \leqslant x\} = \int_{-\infty}^x f(x)\mathrm{d}x = \int_{-\infty}^0 0\,\mathrm{d}x + \int_0^3 \dfrac{x}{6}\mathrm{d}x + \int_3^x \left(2 - \dfrac{x}{2}\right)\mathrm{d}x$$

$$= -\dfrac{x^2}{4} + 2x - 3.$$

同理，当 $x \geqslant 4$ 时，

$$F(x) = P\{X \leqslant x\} = \int_{-\infty}^x f(x)\mathrm{d}x = \int_{-\infty}^0 0\,\mathrm{d}x + \int_0^3 \dfrac{x}{6}\mathrm{d}x + \int_3^4 \left(2 - \dfrac{x}{2}\right)\mathrm{d}x + \int_4^x 0\,\mathrm{d}x = 1.$$

故分布函数 $F(x)$ 为

$$F(x) = \begin{cases} 0, & x < 0, \\ \dfrac{x^2}{12}, & 0 \leqslant x < 3, \\ -\dfrac{x^2}{4} + 2x - 3, & 3 \leqslant x < 4, \\ 1, & x \geqslant 4. \end{cases}$$

（3）方法一 $P\left\{1 < X \leqslant \dfrac{7}{2}\right\} = F\left(\dfrac{7}{2}\right) - F(1) = \dfrac{41}{48}$；

方法二 $P\left\{1 < X \leqslant \dfrac{7}{2}\right\} = \displaystyle\int_{1}^{\frac{7}{2}} f(x)\mathrm{d}x = \int_{1}^{3} \dfrac{x}{6}\mathrm{d}x + \int_{3}^{\frac{7}{2}}\left(2 - \dfrac{x}{2}\right)\mathrm{d}x = \dfrac{41}{48}$.

二、几种常见的连续型分布

1. 均匀分布

定义 2 若 X 的概率密度为

$$f(x) = \begin{cases} \dfrac{1}{b-a}, & a \leqslant x \leqslant b, \\ 0, & \text{其他}, \end{cases}$$

则称 X 服从区间 $[a,b]$ 上的均匀分布，记为 $X \sim U[a,b]$.

均匀分布是最简单的连续型分布.

1）均匀分布的意义

若 $X \sim U[a,b]$，则落在区间 $[a,b]$ 的子区间的概率与子区间长度成正比，而与该区间的位置无关，即对于 $[c,d] \subset [a,b]$，有

$$P(c < X < d) = \int_{c}^{d} \dfrac{1}{b-a}\mathrm{d}x = \dfrac{d-c}{b-a}.$$

特殊地，落在区间 $[a,b]$ 中任意等长度的子区间内的可能性是相同的.

易知 X 的分布函数为

$$F(x) = \begin{cases} 0, & x < a, \\ \dfrac{x-a}{b-a}, & a \leqslant x < b, \\ 1, & x \geqslant b. \end{cases}$$

均匀分布密度 $f(x)$ 的图形和分布函数 $F(x)$ 的图形如图 2-5 所示.

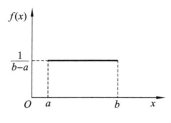

图 2-5

2）均匀分布的应用

可用均匀分布描述的实例如下.

（1）随机数四舍五入的误差.

（2）每隔一段时间有一辆车通过车站，乘客随机到达车站的时间.

（3）在区间 $[a,b]$ 中随机取出一个数.

⋮

通过这些例子，我们发现服从均匀分布的随机变量有个共同的特点就是随机性.

例 2 设电阻值 R 是一个随机变量，均匀分布在 $900 \sim 1100\ \Omega$. 求 R 的概率密度及 R 落在

$950 \sim 1050 \ \Omega$ 的概率.

解　R 的概率密度为

$$f(r) = \begin{cases} \dfrac{1}{1100-900} = \dfrac{1}{200}, & 900 < r < 1100, \\ 0, & 其他, \end{cases}$$

则 R 落在 $950 \sim 1050 \ \Omega$ 的概率为

$$P\{950 < R < 1050\} = \int_{950}^{1050} \frac{1}{200} \mathrm{d}r = 0.5.$$

例3　设随机变量 X 在 $[2,5]$ 上服从均匀分布,现对 X 进行 3 次独立观测,试求至少有 2 次观测的观测值大于 3 的概率.

解　X 的概率密度为

$$f(x) = \begin{cases} \dfrac{1}{3}, & 2 \leqslant x \leqslant 5, \\ 0, & 其他, \end{cases}$$

$$P(X > 3) = \int_{3}^{5} \frac{1}{3} \mathrm{d}x = \frac{2}{3}.$$

设 Y 表示 3 次独立观测中观测值大于 3 的次数,则 $Y \sim b\left(3, \dfrac{2}{3}\right)$,且有

$$P\{Y \geqslant 2\} = P\{Y = 2\} + P\{Y = 3\} = \mathrm{C}_3^2 \left(\frac{2}{3}\right)^2 \left(\frac{1}{3}\right)^1 + \mathrm{C}_3^3 \left(\frac{2}{3}\right)^3 \left(\frac{1}{3}\right)^0 = \frac{20}{27}.$$

2. 指数分布

定义3　若 X 的概率密度为

$$f(x) = \begin{cases} \lambda \mathrm{e}^{-\lambda x}, & x > 0, \\ 0, & x \leqslant 0, \end{cases} (\lambda > 0),$$

则称 X 服从参数为 λ 的指数分布,记为 $X \sim E(\lambda)$.

由定义 3 易知 X 的分布函数为

$$F(x) = \begin{cases} 1 - \mathrm{e}^{-\lambda x}, & x > 0, \\ 0, & x \leqslant 0. \end{cases}$$

显然有

(1) $f(x) \geqslant 0$.

(2) $\displaystyle\int_{-\infty}^{+\infty} f(x)\mathrm{d}x = \int_{0}^{+\infty} \lambda \mathrm{e}^{-\lambda x} \mathrm{d}x = -\left. \mathrm{e}^{-\lambda x} \right|_0^{+\infty} = 1.$

某些元件或设备的寿命服从指数分布,例如无线电元件的寿命、电力设备的寿命等都服从指数分布.电话的通话时间、排队时所需要的等待时间都可用指数分布描述.因此,指数分布在生存分析、可靠性理论和排队论中有广泛的应用.

例4　设某类日光灯管的使用寿命 X(单位:h)服从参数为 1/2000 的指数分布.

(1) 任取一只这种灯管,求能正常使用 1000 h 以上的概率;

(2) 有一只这种灯管已经正常使用了 1000 h 以上,求还能使用 1000 h 以上的概率.

解　X 的分布函数为

$$F(x) = \begin{cases} 1 - \mathrm{e}^{-\frac{1}{2000}x}, & x > 0, \\ 0, & x \leqslant 0, \end{cases}$$

（1）$P\{X > 1000\} = 1 - F(1000) = \mathrm{e}^{-\frac{1}{2}}$；

（2）$P\{X > 2000 \mid X > 1000\} = \dfrac{P\{X > 2000, X > 1000\}}{P\{X > 1000\}}$

$$= \dfrac{P\{X > 2000\}}{P\{X > 1000\}} = \dfrac{1 - F(2000)}{1 - F(1000)} = \mathrm{e}^{-\frac{1}{2}}.$$

无记忆性是指数分布的重要性质. 对于任意的 $s, t > 0$，有

$$P\{X > s + t \mid X > s\} = P\{X > t\}.$$

证明

$$P\{X > s + t \mid X > s\} = \dfrac{P\{X > s + t \bigcap X > s\}}{P\{X > s\}} = \dfrac{P\{X > s + t\}}{P\{X > s\}}$$

$$= \dfrac{1 - F(s + t)}{1 - F(s)} = \dfrac{\mathrm{e}^{-\lambda(s+t)}}{\mathrm{e}^{-\lambda s}} = \mathrm{e}^{-\lambda t} = P\{X > t\}.$$

如果某一元件的寿命 X 服从指数分布，那么根据指数分布的无记忆性可知：已知元件已使用 s 小时，那么它至少还能使用 t 小时的概率等于从开始使用算起，至少使用 t 小时的概率. 也就是说，元件对它已使用时间没有记忆. 因此，指数分布通常又称为"永远年轻分布". 指数分布是唯一一个具有这种特性的连续型分布.

3. 正态分布（或高斯分布）

1）一般正态分布

正态分布是应用最广、最重要的一个分布.

正态分布是由英国数学家棣莫弗于 1734 年首次提出的. 他在考虑二项分布的极限分布时，用阶乘的近似公式导出了正态分布的概率密度曲线.

德国数学家高斯率先将正态分布应用于误差分布与最小二乘法，且此工作对现代数理统计学影响极大，故正态分布又称为高斯分布. 德国人甚至在 10 马克的纸币上印上高斯的头像及正态分布密度函数曲线来纪念高斯对正态分布的突出贡献.

正态分布是最重要的分布. 一方面，在自然界中，取值受众多微小独立因素综合影响的随机变量一般都服从正态分布，如测量的误差、质量指数、农作物的收获量、身高体重、用电量、考试成绩、炮弹落点的分布等，因此有大量的随机变量服从正态分布；另一方面，许多分布又可以用正态分布来近似或导出，无论在理论上还是在生产实践中，正态分布都有着极其广泛的应用.

定义 4 若 X 的概率密度为 Gauss 函数

$$f(x) = \dfrac{1}{\sqrt{2\pi}\sigma} \mathrm{e}^{-\frac{(x-\mu)^2}{2\sigma^2}}, x \in \mathbf{R},$$

则称 X 服从参数为 $\mu, \sigma(\sigma > 0)$ 的正态分布，记为 $X \sim N(\mu, \sigma^2)$.

正态分布密度函数的图形是钟形曲线（见图 2-6）.

（1）曲线 $y = f(x)$ 与 x 轴之间所夹的面积为 1，即

$$\int_{-\infty}^{+\infty} \dfrac{1}{\sqrt{2\pi}\sigma} \mathrm{e}^{-\frac{(x-\mu)^2}{2\sigma^2}} \mathrm{d}x = \int_{-\infty}^{+\infty} \dfrac{1}{\sqrt{2\pi}} \mathrm{e}^{-\frac{u^2}{2}} \mathrm{d}u = 1.$$

这个积分称为概率积分，又称高斯积分.

（2）曲线 $y = f(x)$ 的图形关于直线 $x = \mu$ 对称，且

$$P\{X > \mu\} = P\{X < \mu\} = 0.5,$$

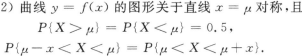

$$P\{\mu - x < X < \mu\} = P\{\mu < X < \mu + x\}.$$

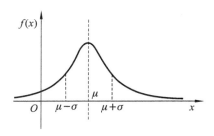

图 2-6

（3）曲线 $y = f(x)$ 的图形在 $x = \mu$ 时取到最大值 $\dfrac{1}{\sqrt{2\pi}\sigma}$（最高点），两侧逐渐降低，有渐近线 $y = 0$（x 轴），在 $x = \mu \pm \sigma$ 处有拐点.

（4）当 σ 固定而 μ 变动时，曲线 $y = f(x)$ 的图形沿着 x 轴左、右平移，但形状不变，故称 μ 为位置参数；当 μ 不变而 σ 变动时，因面积恒定为 1，故 σ 越大（小），曲线越平坦（陡峭），因此称 σ^2 为形状参数（见图 2-7）.

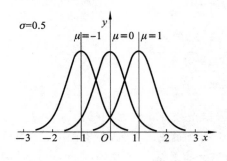 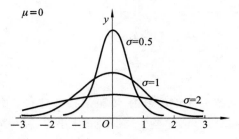

图 2-7

正态分布变量取值具有对称性，且概率分布具有中间大、两头小的特征，因此人的身高、考试成绩、测量误差、热噪声等均可以看成正态分布.

2）标准正态分布

对于 $X \sim N(\mu, \sigma^2)$，当 $\mu = 0$，$\sigma = 1$ 时，称 X 服从标准正态分布，记为 $X \sim N(0, 1)$，概率密度为

$$\varphi(x) = \frac{1}{\sqrt{2\pi}} \mathrm{e}^{-\frac{x^2}{2}} \quad (\varphi(x) \text{ 是专用记号}).$$

曲线 $y = \varphi(x)$ 的图形的对称性、最高点、拐点、渐近线如图 2-8 所示.

标准正态分布 $X \sim N(0, 1)$ 的分布函数为

$$\Phi(x) = \int_{-\infty}^{x} \varphi(t)\,\mathrm{d}t = \int_{-\infty}^{x} \frac{1}{\sqrt{2\pi}} \mathrm{e}^{-\frac{t^2}{2}}\,\mathrm{d}t = P\{X \leqslant x\},$$

其中，$\Phi(x)$ 是标准正态分布的分布函数，是专用记号. $\Phi(x)$ 也称为拉普拉斯函数. 易知，$\Phi(x)$ 具有以下性质.

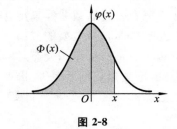

图 2-8

（1）$\Phi(0) = 0.5$.

（2）$\Phi(+\infty) = 1$.

（3）对任意的实数 x，有 $\Phi(-x) = 1 - \Phi(x)$.

已编制了 $\Phi(x)$ 的函数值表，但表中只有 $x \geqslant 0$ 的数值. $x < 0$ 时，$\Phi(x)$ 的值可以利用上述性质（3）得到.

通过查表可以求出以下各种概率.

（1）$P\{X < x\} = \Phi(x)$.

（2）$P\{c \leqslant X \leqslant d\} = \Phi(d) - \Phi(c)$.

（3）$P\{X > c\} = 1 - \Phi(c)$.

例 5　设 $X \sim N(0, 1)$，求：（1）$P\{1 < X < 2\}$；（2）$P\{-1 < X \leqslant 2\}$；（3）$P\{|X| > 1\}$；（4）$P\{X > -2.5\}$；（5）$P\{X < -1.3\}$.

解　(1) $P\{1 < X < 2\} = \Phi(2) - \Phi(1) = 0.9773 - 0.8413 = 0.136$;

(2) $P\{-1 < X \leqslant 2\} = \Phi(2) - \Phi(-1) = \Phi(2) - (1 - \Phi(1))$

$$= 0.9773 + 0.8413 - 1 = 0.8186;$$

(3) $P\{|x| > 1\} = 1 - P\{|x| \leqslant 1\} = 1 - P\{-1 \leqslant X \leqslant 1\} = 1 - [\Phi(1) - \Phi(-1)]$

$$= 1 - [\Phi(1) - (1 - \Phi(1))] = 2 \times (1 - 0.8413) = 0.3174;$$

(4) $P\{X > -2.5\} = 1 - \Phi(-2.5) = \Phi(2.5) = 0.9938;$

(5) $P\{X < -1.3\} = \Phi(-1.3) = 1 - \Phi(1.3) = 1 - 0.9032 = 0.0968.$

注　若已知 $X \sim N(0,1)$,且 $P\{X > a\} = 0.025$,则可知 $P\{X \leqslant a\} = 0.975$,即 $\Phi(a) = 0.975$,查 $\Phi(x)$ 的函数值表可得 $a = 1.96.$

3) 一般正态分布的概率计算

对于一般正态分布,可通过线性变换将一般正态分布转化为标准正态分布来处理.

引理　设 $X \sim N(\mu,\sigma^2)$,则有 $Y = \dfrac{X - \mu}{\sigma} \sim N(0,1).$

设 $X \sim N(\mu,\sigma^2)$,则有如下计算公式.

(1) $P\{X < x\} = P\left\{\dfrac{X - \mu}{\sigma} < \dfrac{x - \mu}{\sigma}\right\} = P\left\{Y < \dfrac{x - \mu}{\sigma}\right\} = \Phi\left(\dfrac{x - \mu}{\sigma}\right).$

(2) $P\{c \leqslant X \leqslant d\} = \Phi\left(\dfrac{d - \mu}{\sigma}\right) - \Phi\left(\dfrac{c - \mu}{\sigma}\right).$

(3) $P\{X > c\} = 1 - \Phi\left(\dfrac{c - \mu}{\sigma}\right).$

注　这些公式很重要,应牢记!

例 6　设 $X \sim N(1,4)$,求以下概率.

(1) $P\{X < 3\}$;(2) $P\{0 < X < 1.6\}$;(3) $P\{X > 2\}$;(4) $P\{|X| > 1\}.$

解　(1) $P\{X < 3\} = \Phi\left(\dfrac{3 - 1}{2}\right) = \Phi(1) = 0.8413;$

(2) $P\{0 < X < 1.6\} = \Phi\left(\dfrac{1.6 - 1}{2}\right) - \Phi\left(\dfrac{0 - 1}{2}\right) = \Phi(0.3) - \Phi(-0.5)$

$$= \Phi(0.3) - [1 - \Phi(0.5)] = 0.6179 + 0.6915 - 1 = 0.3094;$$

(3) $P\{X > 2\} = 1 - \Phi\left(\dfrac{2 - 1}{2}\right) = 1 - \Phi(0.5) = 1 - 0.6915 = 0.3085;$

(4) $P\{|X| > 1\} = P\{X > 1\} + P\{X < -1\} = \left[1 - \Phi\left(\dfrac{1 - 1}{2}\right)\right] + \Phi\left(\dfrac{-1 - 1}{2}\right)$

$$= 0.5 + [1 - \Phi(1)] = 0.5 + 1 - 0.8413 = 0.6587.$$

例 7　设 $X \sim N(\mu,\sigma^2)$,求以下概率.

(1) $P\{|X - \mu| < \sigma\}$;(2) $P\{|X - \mu| < 2\sigma\}$;(3) $P\{|X - \mu| < 3\sigma\}.$

解　(1) $P\{|X - \mu| < \sigma\} = P\left\{\left|\dfrac{X - \mu}{\sigma}\right| < 1\right\} = 2\Phi(1) - 1 = 0.6826;$

(2) $P\{|X - \mu| < 2\sigma\} = 2\Phi(2) - 1 = 0.9546;$

(3) $P\{|X - \mu| < 3\sigma\} = 2\Phi(3) - 1 = 0.9974.$

例 7 中的(3)被称为"3σ"原则(或三倍标准差原则):正态变量有 99.74% 的机会落入以 3σ 为半径的区间 $(\mu - 3\sigma, \mu + 3\sigma)$ 内,因此,可以说正态变量几乎都在区间 $(\mu - 3\sigma, \mu + 3\sigma)$ 内取值.

在统计学的快速分析中经常会用到"3σ"原则.

例 8　将一温度调节器放置在贮存着某种液体的容器内,调节器整定在 d ℃,液体的温度 X(单位:℃) 是一个随机变量,且 $X \sim N(d, 0.5^2)$.

(1) 若 $d = 90$ ℃,求 X 小于 89 ℃ 的概率;

(2) 若要求保持液体的温度至少为 80 ℃ 的概率不低于 0.99,问 d 至少为多少?

解　(1) 所求概率为

$$P\{X < 89\} = \Phi\left(\frac{89-90}{0.5}\right) = \Phi(-2) = 1 - \Phi(2) = 1 - 0.9773 = 0.0227;$$

(2) 按题意知,d 满足

$$0.99 \leqslant P\{X \geqslant 80\} = 1 - P\left\{\frac{X-d}{0.5} < \frac{80-d}{0.5}\right\} = 1 - \Phi\left(\frac{80-d}{0.5}\right),$$

即

$$\Phi\left(\frac{80-d}{0.5}\right) \leqslant 1 - 0.99 = 1 - \Phi(2.325) = \Phi(-2.325),$$

亦即 $\dfrac{80-d}{0.5} \leqslant -2.325$,故 $d \geqslant 81.1625$.

习题 2.3

1. 设随机变量 X 的密度函数为 $f(x) = \begin{cases} x, & 0 \leqslant x < 1, \\ k-x, & 1 \leqslant x < 2, \\ 0, & \text{其他}, \end{cases}$ 求:(1) 参数 k;

(2) $P\left\{X \leqslant \dfrac{1}{2}\right\}$;(3) $P\left\{X = \dfrac{1}{2}\right\}$;(4) X 的分布函数 $F(x)$.

2. 设随机变量 $X \sim U(0,5)$,求方程 $x^2 + Xx + 1 = 0$ 有实根的概率.

3. 某仪器装有三个独立工作的相同元件,其寿命 $X \sim E\left(\dfrac{1}{600}\right)$(单位:h),求该仪器最初使用 200 h 内至少有一个元件损坏的概率.

4. 公共汽车的车门是按男子与车门碰头的机会在 0.01 以下来设计的. 设男子身高(单位:cm)$X \sim N(172,36)$.问应如何设计车门的高度?

5. 设 $X \sim N(1,4)$,且 $P\{X > c\} = P\{X \leqslant c\}$,求:(1) 常数 c;(2) $P\{X > 5\}$;(3) $P\{|X - 3| < 2\}$.

6. 连续型随机变量 X 的分布函数 $F(x) = \begin{cases} 0, & x \leqslant -a, \\ A + B\arcsin \dfrac{x}{a}, & -a < x \leqslant a, \\ 1, & x > a, \end{cases}$ 求:(1) 系数 A, B 的值;(2) $P\left\{-a < X < \dfrac{a}{2}\right\}$;(3) 随机变量 X 的密度函数.

第四节 随机变量函数的分布

一、随机变量函数的定义

引例 在测量中由于误差的存在,某轴承的直径 X 是一个随机变量,可以得到它的分布,但是我们关心的是轴承横截面积 $Y = \dfrac{1}{4}\pi X^2$,由于直径是随机变量,那么横截面积 Y 也是一个随机变量,具有一定的分布,可以由 Y 与 X 的函数关系和 X 的分布唯一确定,则 Y 的分布即为随机变量 X 函数的分布.

定义1 X 是一个随机变量,$g(x)$ 为连续实函数,则 $Y = g(X)$ 称为一维随机变量的函数,显然 Y 也是一个随机变量.

二、随机变量函数的分布的求法

1. 离散型随机变量函数分布的求法

由离散型随机变量的定义可知,当 X 是离散型随机变量时,其函数 $Y = g(X)$ 也是离散型随机变量.

对于离散型随机变量而言,只需要关注其可能取值和其对应的概率.

首先将 X 的取值 $x_i(i = 1,2,\cdots)$ 代入函数关系式,求出随机变量 Y 相应的取值 $y_i = g(x_i),i = 1,2,\cdots$. 如果 $y_i(i = 1,2,\cdots)$ 的值各不相等,则 Y 的概率分布律为 $P\{Y = y_i\} = P\{X = x_i\} = p_i$,即

Y	y_1	y_2	$\cdots$	y_i	$\cdots$
P	p_1	p_2	$\cdots$	p_i	$\cdots$

如果 $y_i(i = 1,2,\cdots)$ 中出现相同的函数值,则把相同值合并,并将其对应的概率相加. 比如 $y_i = g(x_i) = g(x_k)(i \neq k)$,则在 Y 的概率分布律中,Y 取 y_i 的概率为

$$P\{Y = y_i\} = P\{X = x_i\} + P\{X = x_k\} = p_i + p_k.$$

例1 设随机变量 X 的概率分布为

X	-1	0	1	2
P	0.25	0.25	0.25	0.25

求 $Y = 2X + 1$ 和 $Z = X^2$ 的概率分布律.

解 由 X 的取值,得 $Y = 2X + 1$ 相应的取值为 $-1,1,3,5$. 又由 $Y = 2X + 1$ 中 Y 与 X 是一一对应关系,因此 Y 与 X 的概率对应相等. 可得 Y 的分布律为

Y	-1	1	3	5
P	0.25	0.25	0.25	0.25

$Z = X^2$ 可能取的值为 $0,1,4$. 相应的概率值为

$$P\{Z = 0\} = P\{X = 0\} = 0.25;$$

$$P\{Z=1\} = P\{X=-1\} + P\{X=1\} = 0.25 + 0.25 = 0.5;$$
$$P\{Z=4\} = P\{X=2\} = 0.25.$$

即 Z 的分布律为

Z	0	1	4
P	0.25	0.5	0.25

2. 连续型随机变量函数分布的求法

设 X 是连续型随机变量, 已知 X 的概率密度函数 $f_X(x)$, 如何求其函数 $Y = g(X)$ 的概率密度函数 $f_Y(y)$ 呢?

利用分布函数法求解的步骤如下:

第一步: 求 $Y = g(X)$ 的分布函数 $F_Y(y)$.

$F_Y(y) = P\{Y \leqslant y\}$, 由于 Y 的概率密度和分布都未知, 因此此式无法计算, 就要转化为已知的 X 的形式, 即

$$F_Y(y) = P\{Y \leqslant y\} = P\{g(X) \leqslant y\} = P\{X \in D\} = \int_{X \in D} f_X(x) \mathrm{d}x,$$

其中, $X \in D$ 是从 $g(X) \leqslant y$ 中解出的 X, 是恒等变形. 因此 $\{X \in D\}$ 与 $\{g(X) \leqslant y\}$ 是等价的.

第二步: 对 $F_Y(y)$ 求导, 得 Y 的概率密度 $f_Y(y)$. 对 $\int_{X \in D} f_X(x) \mathrm{d}x$ 求导, 这是关于 y 的积分上 (下) 限函数, 利用高等数学中的变上限积分求导即可.

例 2　设 X 的概率密度 $f_X(x)$ 为

$$f_X(x) = \begin{cases} \dfrac{x}{8}, & 0 < x < 4, \\ 0, & \text{其他,} \end{cases}$$

求随机变量 $Y = 2X + 8$ 的概率密度.

解　用 $F_Y(y)$ 来表示随机变量 Y 的分布函数, 由分布函数的定义得

$$F_Y(y) = P\{Y \leqslant y\} = P\{2X + 8 \leqslant y\} = P\left\{X \leqslant \frac{y-8}{2}\right\} = \int_{-\infty}^{\frac{y-8}{2}} f_X(x) \mathrm{d}x.$$

利用积分上限函数求导得

$$f_Y(y) = F_Y'(y) = \left[\int_{-\infty}^{\frac{y-8}{2}} f_X(x) \mathrm{d}x\right]' = f_X\left(\frac{y-8}{2}\right)\left(\frac{y-8}{2}\right)',$$

代入得

$$f_Y(y) = \begin{cases} \dfrac{y-8}{32}, & 8 < y < 16, \\ 0, & \text{其他.} \end{cases}$$

例 3　设 X 的概率密度为 $f_X(x), x \in \mathbf{R}$, 求随机变量 $Y = X^2$ 的概率密度.

解　用 $F_Y(y)$ 来表示随机变量 Y 的分布函数, 由分布函数的定义得

$$F_Y(y) = P\{Y \leqslant y\} = P\{X^2 \leqslant y\}.$$

当 $y \leqslant 0$ 时, $\{X^2 \leqslant y\}$ 是不可能事件, 因此 $F_Y(y) = 0, f_Y(y) = 0.$

当 $y > 0$ 时, $F_Y(y) = P\{X^2 \leqslant y\} = P\{-\sqrt{y} \leqslant X \leqslant \sqrt{y}\} = \int_{-\sqrt{y}}^{\sqrt{y}} f_X(x) \mathrm{d}x.$

利用积分上限函数求导得

$$f_Y(y) = F'_Y(y) = \left[\int_{-\sqrt{y}}^{\sqrt{y}} f_X(x)\mathrm{d}x\right]' = f_X(\sqrt{y})(\sqrt{y})' - f_X(-\sqrt{y})(-\sqrt{y})'$$
$$= \frac{1}{2\sqrt{y}}[f_X(\sqrt{y}) + f_X(-\sqrt{y})].$$

因此

$$f_Y(y) = \begin{cases} \dfrac{1}{2\sqrt{y}}[f_X(\sqrt{y}) + f_X(-\sqrt{y})], & y > 0, \\ 0, & y \leqslant 0. \end{cases}$$

此结果可以作为一个公式.

例如,若 $X \sim N(0,1)$,其概率密度为 $\varphi(x) = \dfrac{1}{\sqrt{2\pi}}\mathrm{e}^{-\frac{x^2}{2}}$,可得 $Y = X^2$ 的概率密度为

$$f_Y(y) = \begin{cases} \dfrac{1}{\sqrt{2\pi}} y^{-\frac{1}{2}} \mathrm{e}^{-\frac{y}{2}}, & y > 0, \\ 0, & y \leqslant 0. \end{cases}$$

定理 1　设 X 的分布密度为 $f_X(x)$,其中,$x \in \mathbf{R}$,又设函数 $y = g(x)$ 处处可导,且恒有 $g'(x) > 0$(或恒有 $g'(x) < 0$),则有 $Y = g(X)$ 是连续型随机变量,其概率密度为

$$f_Y(y) = \begin{cases} f_X[h(y)] \,|\, h'(y) \,|, & \alpha < y < \beta, \\ 0, & \text{其他,} \end{cases}$$

其中,$\alpha = \min\{g(-\infty), g(+\infty)\}, \beta = \max\{g(-\infty), g(+\infty)\}, x = h(y)$ 是 $y = g(x)$ 的反函数.

注

(1)定理 1 只适用于处处可导且单调的函数.

(2)定理 1 条件不满足时求概率密度可以用分布函数法.

例 4　设随机变量 $X \sim N(\mu, \sigma^2)$,证明:X 的线性函数 $Y = aX + b (a \neq 0)$ 也服从正态分布.

证明　X 的概率密度为

$$f(x) = \frac{1}{\sqrt{2\pi}\sigma}\mathrm{e}^{-\frac{(x-\mu)^2}{2\sigma^2}}, x \in \mathbf{R}.$$

其反函数为 $X = \dfrac{Y-b}{a}$.

由定理 1 得

$$f_Y(y) = \frac{1}{\sqrt{2\pi}\sigma}\mathrm{e}^{-\frac{(\frac{y-b}{a}-\mu)^2}{2\sigma^2}} \cdot \left|\left(\frac{y-b}{a}\right)'\right| = \frac{1}{\sqrt{2\pi}\,|\,a\,|\,\sigma}\mathrm{e}^{-\frac{(y-b-a\mu)^2}{2(a\sigma)^2}},$$

即 $Y \sim N(b + a\mu, a^2\sigma^2)$.

注　设 $y = g(x)$ 是连续函数,若 X 是离散型随机变量,则 $Y = g(X)$ 也是离散型随机变量.若 X 是连续型随机变量,则 $Y = g(X)$ 不一定是连续型随机变量.

例 5　设 $X \sim U(0,2)$,又设连续函数 $y = g(x) = \begin{cases} x, & 0 \leqslant x \leqslant 1, \\ 1, & 1 < x \leqslant 2, \end{cases}$ 求 $Y = g(X)$ 的分布函数.

解　$Y = g(X)$ 的值域为 $[0,1]$.当 $y < 0$ 时,$F_Y(y) = 0$;当 $y > 1$ 时,$F_Y(y) = P\{Y \leqslant y\} = 1$;当 $0 \leqslant y \leqslant 1$ 时,

$$F_Y(y) = P\{Y \leqslant y\} = P\{g(X) \leqslant y\} = \int_{-\infty}^{y} f_X(x)\mathrm{d}x = \int_{0}^{y} \frac{1}{2}\mathrm{d}x = \frac{y}{2}.$$

故 $Y = g(X)$ 的分布函数为

$$F_Y(y) = \begin{cases} 0, y < 0, \\ \dfrac{y}{2}, 0 \leqslant y \leqslant 1, \\ 1, y > 1. \end{cases}$$

因为 $F_Y(y)$ 在 $y = 1$ 处间断,故 $Y = g(X)$ 不是连续型随机变量.又因为 $F_Y(y)$ 不是阶梯函数,故 $Y = g(X)$ 也不是离散型随机变量.

习题 2.4

1. 已知随机变量 X 的分布律,求 $Y = 2X + 1$ 和 $Z = X^2$ 的分布律.

X	-2	-1	0	1	2	3
P	0.05	0.15	0.20	0.25	0.2	0.15

2. 已知随机变量 X 的概率分布,求 $Y = |X|$ 的分布律.

X	-2	-1	0	1	3
P	1/5	1/6	1/5	1/15	11/30

3. 设随机变量 X 的概率密度为 $f_X(x) = \begin{cases} 2x, & 0 < x < 1, \\ 0, & 其他, \end{cases}$ $Y = 3X - 1$,求 Y 的概率密度.

4. 设 $X \sim U(0,1)$,求 $Y = 1 - X$ 的概率密度.

5. 设随机变量 X 的概率密度为 $f_X(x) = \begin{cases} \dfrac{2x}{\pi}, & 0 < x < \pi, \\ 0, & 其他, \end{cases}$ $Y = \sin X$,求 Y 的概率密度.

6. 设 $X \sim N(0,1)$,求 $Y = \mathrm{e}^X$ 的概率密度.

实验 2　常用分布的概率计算在 Excel 中的实现

利用 Excel 软件可以比较简单方便地计算常用分布的概率.

一、常用离散型随机变量的概率计算

1. 二项分布 $b(n,p)$

(1) 计算 $P\{X = k\}$ 的值的方法是直接在 Excel 表格中输入"$= \mathrm{BINOMDIST}(k,n,p,$ $\mathrm{FALSE})$",按回车键即得结果.

例 1　已知 $X \sim b(15,0.1)$,求 $P\{X = 5\}$.

解　在 Excel 表格中输入"= BINOMDIST(5,15,0.1,FALSE)",按回车键即得结果 0.0105.

(2) 计算 $P\{X \leqslant k\}$ 的值的方法是在 Excel 表格中输入"= BINOMDIST(k,n,p, TRUE)",按回车键即得结果.

例 2　已知 $X \sim b(15,0.1)$,求 $P\{X \leqslant 5\}$.

解　在 Excel 表格中输入"= BINOMDIST(5,15,0.1,TRUE)",按回车键即得结果 0.9978.

2. 泊松分布 $P(\lambda)$

(1) 计算 $P\{X = k\}$ 的值的方法是在 Excel 表格中输入"= POISSON(k,λ,FALSE)",按回车键即得结果.

例 3　已知 $X \sim P(6)$,求 $P\{X = 5\}$.

解　在 Excel 表格中输入"= POISSON(5,6,FALSE)",按回车键即得结果 0.1606.

(2) 计算 $P\{X \leqslant k\}$ 的值的方法是在 Excel 表格中输入"= POISSON(k,λ,TRUE)",按回车键即得结果.

例 4　已知 $X \sim P(6)$,求 $P\{X \leqslant 5\}$.

解　在 Excel 表格中输入"= POISSON(5,6,TRUE)",按回车键即得结果 0.4457.

二、常用连续型随机变量的概率计算

1. 指数分布 $E(\lambda)$

计算 $P\{X \leqslant k\}$ 的值的方法是在 Excel 表格中输入"= EXPONDIST(k,λ,TRUE)",按回车键即得结果.

例 5　已知 $X \sim E(0.0005)$,求 $P\{X \leqslant 1000\}$.

解　在 Excel 表格中输入"= EXPONDIST(1000,0.0005,TRUE)",按回车键即得结果 0.3935.

2. 正态分布 $N(\mu,\sigma^2)$

计算 $P\{X \leqslant k\}$ 的值的方法是在 Excel 表格中输入"= NORMDIST(k,μ,σ,TRUE)",按回车键即得结果.

例 6　已知 $X \sim N(90,0.5^2)$,求 $P\{X \leqslant 89\}$.

解　在 Excel 表格中输入"= NORMDIST(89,90,0.5,TRUE)",按回车键即得结果 0.0228.

应用案例 3——交通事故次数

考察 1 年内某路口发生的交通事故次数. 取足够大的 n,把 1 年时间等分为 n 小段 $\left[0,\dfrac{1}{n}\right)$, $\left[\dfrac{1}{n},\dfrac{2}{n}\right)$, $\left[\dfrac{2}{n},\dfrac{3}{n}\right)$, $\cdots$, $\left[\dfrac{n-1}{n},1\right)$,为了研究的方便做出如下假设.

假设 1:在每段时间内,恰好发生一次事故的概率与时间的长度 $\dfrac{1}{n}$ 成正比,比例系数为 $\dfrac{\lambda}{n}$.

假设 2：在每段时间内，发生两次以上的事故是不可能的.

假设 3：各段时间内是否发生事故是相互独立的.

若在每段时间内关注事件 $A = \{$发生事故$\}$ 出现与否，则根据前面的三条假设可知，这是一个 n 重伯努利试验. 若考虑一年内该路口发生的交通事故次数 X，它是随机变量，服从二项分布 $b\left(n, \dfrac{\lambda}{n}\right)$，则有

$$P\{X = k\} = \mathrm{C}_n^k \left(\frac{\lambda}{n}\right)^k \left(1 - \frac{\lambda}{n}\right)^{n-k}, k = 0, 1, 2, \cdots, n.$$

当 n 趋于无穷大时，由上式得

$$P(X = k) = \frac{\lambda^k \mathrm{e}^{-\lambda}}{k!}, k = 0, 1, 2, \cdots.$$

应用案例 4—— 指数分布与泊松分布的关系

服从参数为 λt 的泊松分布的例子如下.

（1）某地区一年中的暴雨次数.

（2）某医院每月收治的意外摔伤的病人数.

（3）某网站每小时访问次数.

$\vdots$

参数为 λt 的泊松分布描述的是某段时间 t 内，事件次数的概率为

$$P\{N(t) = n\} = \frac{(\lambda t)^n \mathrm{e}^{-\lambda t}}{n!}.$$

服从参数为 λ 的指数分布的例子如下.

（1）暴雨发生的时间间隔.

（2）收治的意外摔伤病人的时间间隔.

（3）网站访问的时间间隔.

$\vdots$

参数为 λt 的指数分布描述的是事件的时间间隔 X 的概率.

我们可以把寿命看成元件损坏的时间间隔，因此寿命可以看成指数分布，且事件 $\{X > t\}$ 等价于 $\{N(t) = 0\}$.

$$P\{X > t\} = P\{N(t) = 0\} = \frac{(\lambda t)^0 \mathrm{e}^{-\lambda t}}{0!} = \mathrm{e}^{-\lambda t}.$$

故 $P\{X \leqslant t\} = 1 - \mathrm{e}^{-\lambda t}$，因此事件的时间间隔 X 服从参数为 λ 的指数分布.

第三章 多维随机变量及其分布

我们在第二章讨论了一维随机变量及其分布,然而在实际应用中,只用一个变量研究问题是远远不够的,还需要研究多个随机变量的分布及其相互关系.在本章,我们主要介绍二维随机变量及其分布,然后推广到多维随机变量的情形.

第一节 二维随机变量及其分布

一、二维随机变量的引入

在很多实际问题中,试验结果需要用两个或两个以上的随机变量才能描述,而且这些随机变量之间往往都有一定的联系.例如,研究儿童的生长发育状况,儿童的身高 X 和体重 Y 是两个随机变量,并且 X 与 Y 之间又有一定的相关性,因而我们有必要将 X 与 Y 放在一起,作为一个整体进行研究.

1. 二维随机变量的定义

定义 1 在同一随机试验 E 中,样本空间为 $\Omega = \{\omega\}$.设 $X = X(\omega), Y = Y(\omega)$ 是定义在同一样本空间 $\Omega = \{\omega\}$ 上的两个一维随机变量,则称由这两个一维随机变量构成的向量 $(X(\omega), Y(\omega))$ 为 Ω 上的二维随机向量或二维随机变量,简记为 (X, Y).

例 1 炮弹发射试验.

此随机试验的样本空间 Ω 是地面上所有点构成的集合.以目标点为坐标原点,建立直角坐标系,则对地面上任意一个样本点 $\omega \in \Omega$,都对应两个坐标值 $X(\omega)$(简记为 X)和 $Y(\omega)$(简记为 Y).X 与 Y 是 Ω 上的两个一维随机变量,故 (X, Y) 是定义在 Ω 上的二维随机变量.

注

(1)二维随机变量的性质不仅与 X 的性质和 Y 的性质有关,还与这两个随机变量之间的相互关系有关.因此必须将 (X, Y) 作为一个整体来研究.

(2)定义 1 可以推广到 n 维随机变量的定义:设随机试验 E 的样本空间为 $\Omega, X_1, X_2, \cdots, X_n$ 为定义在 Ω 上的 n 个一维随机变量,则称由这 n 个一维随机变量构成的向量 $(X_1, X_2, \cdots, X_n)$ 为 Ω 上的 n 维随机变量.

2. 联合分布函数的定义

定义 2 设 (X, Y) 是二维随机变量,对于任意实数 x, y,称二元函数
$$F(x, y) = P\{X \leqslant x, Y \leqslant y\}$$
为二维随机变量 (X, Y) 的联合分布函数或随机变量 X 与 Y 的分布函数.它表示随机事件 $\{X \leqslant x\}$ 与 $\{Y \leqslant y\}$ 同时发生的概率.

注　定义 2 可以推广到 n 维随机变量分布函数的定义：n 维随机变量 $(X_1, X_2, \cdots, X_n)$ 的联合分布函数为

$$F(x_1, x_2, \cdots, x_n) = P\{X_1 \leqslant x_1, X_2 \leqslant x_2, \cdots, X_n \leqslant x_n\},$$

其中，$x_1, x_2, \cdots, x_n$ 为 n 个任意实数.

3. 联合分布函数的几何意义

若将二维随机变量 (X, Y) 看成平面上随机点 (X, Y) 的坐标，则分布函数 $F(x, y)$ 就表示随机点 (X, Y) 落在以点 (x, y) 为顶点的左下方的无限矩形域内的概率（见图 3-1）.

4. 联合分布函数的性质

（1）偏单调性：$F(x, y)$ 分别对于变量 x, y 具有单调不减性，即 $x_1 < x_2, F(x_1, y) \leqslant F(x_2, y)$；$y_1 < y_2, F(x, y_1) \leqslant F(x, y_2)$.

（2）有界性：$0 \leqslant F(x, y) \leqslant 1$，且 $F(-\infty, y) = \lim\limits_{x \to -\infty} F(x, y) = 0, F(x, -\infty) = \lim\limits_{y \to -\infty} F(x, y) = 0, F(-\infty, -\infty) = 0, F(+\infty, +\infty) = 1.$（由概率性质可得）

（3）偏右连续性：$F(x, y)$ 分别对于变量 x, y 为右连续函数，即

$$\lim_{x \to x_0^+} F(x, y) = F(x_0, y), \lim_{y \to y_0^+} F(x, y) = F(x, y_0).$$

（4）非负性：对任意的 $x_1 < x_2, y_1 < y_2$，随机点 (X, Y) 落入区域 $D = \{(x, y) \mid x_1 < x \leqslant x_2, y_1 < y \leqslant y_2\}$（见图 3-2）内的概率为

$$P\{x_1 < x \leqslant x_2, y_1 < y \leqslant y_2\} = F(x_2, y_2) - F(x_2, y_1) - F(x_1, y_2) + F(x_1, y_1),$$

故有 $F(x_2, y_2) - F(x_2, y_1) - F(x_1, y_2) + F(x_1, y_1) \geqslant 0.$

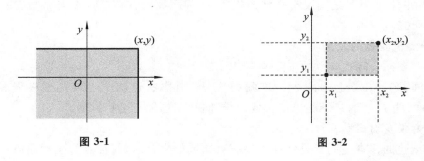

图 3-1　　　　　　　　　　　　　　　图 3-2

注

（1）上述四条性质是二维随机变量联合分布函数的最基本的性质，即任何二维随机变量的联合分布函数都具有这四条性质；更进一步地，我们还可以证明：如果某一、二元函数具有这四条性质，那么它一定是某一、二维随机变量的分布函数.

（2）凡是 $F(x, y)$ 中有未知参数需要求解时，要利用上述性质.

与一维随机变量一样，二维随机变量也可以分为离散型随机变量、连续型随机变量以及其他随机变量.下面只讨论二维离散型随机变量和二维连续型随机变量.

二、二维离散型随机变量

1. 二维离散型随机变量及联合分布律的定义

定义 3　如果二维随机变量 (X, Y) 可能取的值为有限对或无限可列多对数值，则称 (X, Y) 为二维离散型随机变量.

注　(X, Y) 为二维离散型随机变量的充要条件是 X 与 Y 都是离散型随机变量.

定义 4　设二维离散型随机变量 (X,Y) 所有可能的取值为 (x_i,y_j)，$i,j=1,2,\cdots$，且对应的概率为

$$P\{X=x_i,Y=y_j\}=P\{X=x_i\bigcap Y=y_j\}=p_{ij},i,j=1,2,\cdots.$$

称上式为二维随机变量 (X,Y) 的分布律或 X 与 Y 的联合分布律.

二维离散型随机变量 (X,Y) 的分布律为

X＼Y	y_1	y_2	$\cdots$	y_j	$\cdots$
x_1	p_{11}	p_{12}	$\cdots$	p_{1j}	$\cdots$
x_2	p_{21}	p_{22}	$\cdots$	p_{2j}	$\cdots$
$\vdots$	$\vdots$	$\vdots$	$\cdots$	$\vdots$	
x_i	p_{i1}	p_{i2}	$\cdots$	p_{ij}	$\cdots$
$\vdots$	$\vdots$	$\vdots$	$\cdots$	$\vdots$	

注　类似地，可以定义 n 维离散型随机变量及其分布律.

2. 二维离散型随机变量的联合分布律的性质

由概率的定义可知 p_{ij} 具有以下两条性质.

（1）非负性：$p_{ij}\geqslant 0,i,j=1,2,\cdots$.

（2）归一性：$\displaystyle\sum_{i=1}^{+\infty}\sum_{j=1}^{+\infty}p_{ij}=1$.

注　联合分布律中有未知的概率 p_{ij} 时，需要利用概率的归一性来求解.

3. 二维离散型随机变量的分布律

求二维离散型随机变量的分布律的步骤如下：

（1）写出 (X,Y) 所有可能取到的数对.

（2）求出 (X,Y) 所有可能取到的数对所对应的概率.

例 2　设随机变量 X 在 $1,2,3,4$ 这四个整数中等可能地取值，另一个随机变量 Y 在 $1\sim X$ 中等可能地取一个整数值. 求 (X,Y) 的联合分布律及概率 $P\{X\leqslant 2,Y<2\}$，$P\{X=2\}$.

解　$\{X=i,Y=j\}$ 的取值情况是 $i=1,2,3,4$，j 取不大于 i 的正整数. 由乘法公式得

$$P\{X=i,Y=j\}=P\{X=i\}P\{Y=j\mid X=i\}=\frac{1}{4}\times\frac{1}{i},i=1,2,3,4,j\leqslant i.$$

于是 (X,Y) 的联合分布律为

Y＼X	1	2	3	4
1	$\dfrac{1}{4}$	$\dfrac{1}{8}$	$\dfrac{1}{12}$	$\dfrac{1}{16}$
2	0	$\dfrac{1}{8}$	$\dfrac{1}{12}$	$\dfrac{1}{16}$
3	0	0	$\dfrac{1}{12}$	$\dfrac{1}{16}$
4	0	0	0	$\dfrac{1}{16}$

$$P\{X \leqslant 2, Y < 2\} = P\{X = 2, Y = 1\} + P\{X = 1, Y = 1\} = \frac{1}{8} + \frac{1}{4} = \frac{3}{8},$$

$$P\{X = 2\} = \sum_{j=1}^{4} P\{X = 2, Y = j\} = \frac{1}{8} + \frac{1}{8} + 0 + 0 = \frac{1}{4}.$$

4. 二维离散型随机变量的联合分布函数

二维离散型随机变量的联合分布函数为

$$F(x, y) = P\{X \leqslant x, Y \leqslant y\} = \sum_{x_i \leqslant x} \sum_{y_j \leqslant y} p_{ij}.$$

例3(二维两点分布)　用剪刀随机地去剪一次悬挂有小球的绳子. 剪中的概率为 $p(0 < p < 1)$. 设 X 表示剪中绳子的次数, Y 表示小球下落的次数. 求 (X, Y) 的联合分布函数.

解　很显然 X, Y 的可能取值都为 $0, 1$, 且 $\{X = 0\} \Leftrightarrow \{Y = 0\}$, 故 $P\{X = 0, Y = 0\} = P\{X = 0\} = 1 - p$; $\{X = 1\} \Leftrightarrow \{Y = 1\}$, 故 $P\{X = 1, Y = 1\} = P\{X = 1\} = p$. 于是 (X, Y) 的联合分布律为

X ＼ Y	0	1
0	$1 - p$	0
1	0	p

当 $x < 0$ 或 $y < 0$ 时, $F(x, y) = P\{X \leqslant x, Y \leqslant y\} = 0$;

当 $0 \leqslant x < 1$ 且 $y \geqslant 0$ 时,

$$F(x, y) = P\{X \leqslant x, Y \leqslant y\} = P\{X = 0, Y = 0\} = 1 - p;$$

当 $0 \leqslant y < 1$ 且 $x \geqslant 0$ 时,

$$F(x, y) = P\{X \leqslant x, Y \leqslant y\} = P\{X = 0, Y = 0\} = 1 - p;$$

当 $x \geqslant 1$ 且 $y \geqslant 1$ 时,

$$F(x, y) = P\{X \leqslant x, Y \leqslant y\} = P\{X = 0, Y = 0\} + P\{X = 1, Y = 1\} = 1.$$

故 (X, Y) 的联合分布函数为

$$F(x, y) = \begin{cases} 0, & x < 0 \text{ 或 } y < 0, \\ 1 - p, & 0 \leqslant x < 1 \text{ 且 } y \geqslant 0 \text{ 或 } 0 \leqslant y < 1 \text{ 且 } x \geqslant 0, \\ 1, & x \geqslant 1 \text{ 且 } y \geqslant 1. \end{cases}$$

三、二维连续型随机变量

1. 二维连续型随机变量及其分布的定义

定义 5　设二维随机变量 (X, Y) 的分布函数为 $F(x, y)$, 如果存在非负的二元函数 $f(x, y)$, 对任意实数 x, y, 有

$$F(x, y) = \int_{-\infty}^{x} \int_{-\infty}^{y} f(u, v) \mathrm{d}u \mathrm{d}v,$$

则称 (X, Y) 为二维连续型随机变量, 称函数 $f(x, y)$ 为二维连续型随机变量 (X, Y) 的联合概率密度或随机变量 X 与 Y 的概率密度.

注　类似地, 可以定义 n 维连续型随机变量; 对于 n 维变量 $(X_1, X_2, \cdots, X_n)$, 如果存在 n 元非负函数 $f(x_1, x_2, \cdots, x_n)$, 对任意 n 个实数 $x_1, x_2, \cdots, x_n$, 有

$$F(x_1, x_2, \cdots, x_n) = \int_{-\infty}^{x_n} \cdots \int_{-\infty}^{x_2} \int_{-\infty}^{x_1} f(u_1, u_2, \cdots, u_n) \mathrm{d}u_1 \mathrm{d}u_2 \cdots \mathrm{d}u_n$$

成立,则称 $(X_1, X_2, \cdots, X_n)$ 为 n 维连续型随机变量,称 $f(x_1, x_2, \cdots, x_n)$ 为 $(X_1, X_2, \cdots, X_n)$ 的联合概率密度函数,简称概率密度.

2. 二维连续型随机变量的联合概率密度的性质

(1) 非负性:$f(x, y) \geqslant 0$.(根据定义 5 可得)

(2) 归一性:$\int_{-\infty}^{+\infty} \int_{-\infty}^{+\infty} f(x, y) \mathrm{d}x \mathrm{d}y = 1$.(根据 $F(+\infty, +\infty) = 1$ 可得)

(3) 若 $f(x, y)$ 在点 (x, y) 处连续,则有 $\dfrac{\partial^2 F(x, y)}{\partial x \partial y} = f(x, y)$.(根据高等数学中变上限积分函数的性质可得)

(4) 设 D 是 xOy 平面上任一区域,则点 (x, y) 落在 D 内的概率为

$$P\{(X, Y) \in D\} = \iint_D f(x, y) \mathrm{d}x \mathrm{d}y.$$

在几何上 $z = f(x, y)$ 表示空间的一个曲面,$P\{(X, Y) \in D\}$ 的值等于以 D 为底、以曲面 $z = f(x, y)$ 为顶的曲顶柱体的体积.

注

(1) 联合概率密度一定满足非负性和归一性这两条性质.

(2) 非负性和归一性这两条性质是判断一个二元函数是否是联合概率密度的标准.

(3) 当联合概率密度 $f(x, y)$ 中有未知参数需要求解时,可以利用归一性求得.

3. 二维连续型随机变量的计算

例 4 设二维随机变量 (X, Y) 的概率密度为

$$f(x, y) = \begin{cases} 2\mathrm{e}^{-(2x+y)}, & x > 0, y > 0, \\ 0, & 其他. \end{cases}$$

(1) 求分布函数 $F(x, y)$;(2) 求概率 $P\{Y \leqslant X\}$.

解 (1) 由连续型随机变量分布函数的定义有

$$F(x, y) = \int_{-\infty}^{y} \int_{-\infty}^{x} f(x, y) \mathrm{d}x \mathrm{d}y = \begin{cases} \int_0^y \int_0^x 2\mathrm{e}^{-(2x+y)} \mathrm{d}x \mathrm{d}y, & x > 0, y > 0, \\ 0, & 其他, \end{cases}$$

得

$$F(x, y) = \begin{cases} (1 - \mathrm{e}^{-2x})(1 - \mathrm{e}^{-y}), & x > 0, y > 0, \\ 0, & 其他, \end{cases}$$

(2) $P\{Y \leqslant X\} = P\{(X, Y) \in G\} = \iint_G f(x, y) \mathrm{d}x \mathrm{d}y$

$$= \int_0^{+\infty} \mathrm{d}y \int_y^{+\infty} 2\mathrm{e}^{-(2x+y)} \mathrm{d}x = \frac{1}{3}.$$

例 5 设二维随机变量 (X, Y) 的概率密度为

$$f(x, y) = \begin{cases} Cxy, & 0 \leqslant x \leqslant 1, 0 \leqslant y \leqslant 1; \\ 0, & 其他. \end{cases}$$

求:(1) 常数 C;(2) $P\{X + Y < 1\}$;(3) $P\{X > Y\}$.

解 (1) 由二维随机变量概率密度的归一性,有

$$\int_{-\infty}^{+\infty} \int_{-\infty}^{+\infty} f(x, y) \mathrm{d}x \mathrm{d}y = \int_0^1 \mathrm{d}x \int_0^1 Cxy \mathrm{d}y = \frac{C}{4} = 1,$$

得 $C = 4$；

(2) $P\{X+Y < 1\} = \int_0^1 \mathrm{d}x \int_0^{1-x} 4xy\,\mathrm{d}y = \dfrac{1}{6}$；

(3) $P\{X > Y\} = \int_0^1 \mathrm{d}x \int_0^x 4xy\,\mathrm{d}y = \dfrac{1}{2}$.

4. 二维均匀分布

定义 6（二维均匀分布）　设 D 是平面上有界可求面积的区域,其面积为 S_D,若二维随机变量 (X,Y) 的联合概率密度为

$$f(x,y) = \begin{cases} \dfrac{1}{S_D}, & (x,y) \in D, \\ 0, & (x,y) \notin D. \end{cases}$$

则称 (X,Y) 服从区域 D 上的二维均匀分布.

推广　设 G 为空间上的有界区域,其体积为 V_G,若三维随机变量 (X,Y,Z) 的联合概率密度为

$$f(x,y,z) = \begin{cases} \dfrac{1}{V_G}, & (X,Y,Z) \in G, \\ 0, & 其他. \end{cases}$$

则称 (X,Y,Z) 服从区域 G 上的三维均匀分布.

例 6　已知随机变量 (X,Y) 在 D 上服从二维均匀分布,试求 (X,Y) 的联合概率密度及 $P\{-0.5 < X < 0, 0 < Y < 0.5\}$.其中,$D$ 为 x 轴、y 轴及直线 $y = x+1$ 所围成的三角形区域.

解　区域 D 的面积为 $\dfrac{1}{2} \times 1 \times 1 = \dfrac{1}{2}$.联合概率密度为

$$f(x,y) = \begin{cases} 2, & (x,y) \in D, \\ 0, & (x,y) \notin D. \end{cases}$$

设 $G = \{(X,Y) \mid -0.5 < X < 0, 0 < Y < 0.5\}$,则

$$P\{-0.5 < X < 0, 0 < Y < 0.5\} = P\{(X,Y) \in G\}$$
$$= \iint_G f(x,y)\,\mathrm{d}x\mathrm{d}y = \int_{-0.5}^0 \mathrm{d}x \int_0^{0.5} 2\,\mathrm{d}y = 0.5.$$

5. 二维正态分布

定义 7（二维正态分布）　设二维随机变量 (X,Y) 的联合概率密度为

$$f(x,y) = \frac{1}{2\pi\sigma_1\sigma_2\sqrt{1-\rho^2}} \mathrm{e}^{-\frac{1}{2(1-\rho^2)}\left[\frac{(x-\mu_1)^2}{\sigma_1^2} - 2\rho\frac{(x-\mu_1)(y-\mu_2)}{\sigma_1\sigma_2} + \frac{(y-\mu_2)^2}{\sigma_2^2}\right]},$$
$$-\infty < x < +\infty, \ -\infty < y < +\infty,$$

其中,$\mu_1, \mu_2, \sigma_1, \sigma_2, \rho$ 均为常数,且 $\sigma_1 > 0, \sigma_2 > 0, -1 < \rho < 1$,则称 (X,Y) 为具有参数 $\mu_1, \mu_2, \sigma_1, \sigma_2, \rho$ 的二维正态随机变量,记作 $(X,Y) \sim N(\mu_1, \mu_2, \sigma_1^2, \sigma_2^2, \rho)$.

二维正态分布概率密度的图形很像一顶向四周无限延伸的草帽,其中心点在 (μ_1, μ_2) 处(见图 3-3).

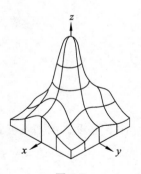

图 3-3

习题 3.1

1. 设二维离散型随机变量(X,Y)的联合分布律如下.

X＼Y	0	1	2	3
0	$\dfrac{1}{8}$	$\dfrac{1}{6}$	$\dfrac{1}{24}$	$\dfrac{1}{6}$
1	$\dfrac{1}{16}$	$\dfrac{1}{12}$	$\dfrac{1}{48}$	$\dfrac{1}{12}$
2	$\dfrac{1}{16}$	$\dfrac{1}{12}$	$\dfrac{1}{48}$	c

求：(1) 常数c；(2) $P\{X \leqslant 1\}$；(3) $P\{X=Y\}$.

2. 袋中有 2 只黑球、2 只白球、3 只红球，从中任取 2 只球. 用 X 表示取到黑球的只数，用 Y 表示取到白球的只数. 求(X,Y)的联合分布律及 $P\{X+Y \geqslant 2\}$.

3. 设二维随机变量(X,Y)的联合概率密度为$f(x,y) = \begin{cases} cx^2y, & x^2 \leqslant y \leqslant 1; \\ 0, & 其他. \end{cases}$ 求常数c.

4. 设二维随机变量(X,Y)的联合概率密度为$f(x,y) = \begin{cases} 4xy, & 0 \leqslant x \leqslant 1, 0 \leqslant y \leqslant 1; \\ 0, & 其他. \end{cases}$ 求(X,Y)的联合分布函数.

5. 设二维随机变量(X,Y)的联合概率密度为：
$$f(x,y) = \begin{cases} k(6-x-y), & 0 < x < 2, 2 < y < 4; \\ 0, & 其他. \end{cases}$$
求：(1) 常数k；(2) $P\{X<1, Y<3\}$；(3) $P\{X+Y \leqslant 4\}$.

6. 设二维随机变量(X,Y)服从区域$D\{0 \leqslant x \leqslant 2; 0 \leqslant y \leqslant 2\}$上的二维均匀分布，求$P\{|X-Y| \leqslant 1\}$.

第二节　边　缘　分　布

1. 边缘分布的意义

二维随机变量(X,Y)作为一个整体，有它的概率分布，无论是二维离散型随机变量还是二维连续型随机变量，都可以用联合分布函数$F(x,y)$来刻画. 此外，分量X和Y也是随机变量，有其各自的概率分布.

2. 边缘分布的分布函数

定义 1　记X和Y的分布函数分别为$F_X(x)$和$F_Y(y)$，分别称为二维随机变量(X,Y)关于X和关于Y的边缘分布函数.

边缘分布函数可以由 (X,Y) 的联合分布函数 $F(x,y)$ 来确定,即

$$F_X(x) = P\{X \leqslant x\} = P\{X \leqslant x, Y < +\infty\} = F(x, +\infty) = \lim_{y \to +\infty} F(x,y).$$

同理
$$F_Y(y) = F(+\infty, y) = \lim_{x \to +\infty} F(x,y).$$

注

(1) 二维随机变量 (X,Y) 关于 X 或关于 Y 的边缘分布函数实质上就是一维随机变量 X 或 Y 的分布函数.边缘分布函数是相对于 (X,Y) 的联合分布而言的.同样地,(X,Y) 的联合分布函数 $F(x,y)$ 是相对于 (X,Y) 的分量 X 和 Y 的分布而言的.

(2) 由联合分布函数可以确定两个边缘分布函数,但由两个边缘分布函数一般不能确定联合分布函数.

例 1 设 (X,Y) 的联合分布函数 $F(x,y)$ 为

$$F(x,y) = A\left(B + \arctan \frac{x}{2}\right)\left(C + \arctan \frac{y}{3}\right), \ -\infty < x < +\infty, \ -\infty < y < +\infty.$$

试求:(1) 常数 A, B, C;(2) X 与 Y 的边缘分布函数.

解 (1) 由分布函数的性质,得

$$\begin{cases} 1 = F(+\infty, +\infty) = A\left(B + \dfrac{\pi}{2}\right)\left(C + \dfrac{\pi}{2}\right), \\ 0 = F(x, -\infty) = A\left(B + \arctan \dfrac{x}{2}\right)\left(C - \dfrac{\pi}{2}\right), \\ 0 = F(-\infty, y) = A\left(B - \dfrac{\pi}{2}\right)\left(C + \arctan \dfrac{y}{3}\right), \end{cases}$$

由上述三个式子解得 $A = \dfrac{1}{\pi^2}, B = \dfrac{\pi}{2}, C = \dfrac{\pi}{2}$;

(2) X 与 Y 的边缘分布函数为

$$F_X(x) = \lim_{y \to +\infty} F(x,y) = \lim_{y \to +\infty} \frac{1}{\pi^2}\left(\frac{\pi}{2} + \arctan \frac{x}{2}\right)\left(\frac{\pi}{2} + \arctan \frac{y}{3}\right)$$

$$= \frac{1}{\pi}\left(\frac{\pi}{2} + \arctan \frac{x}{2}\right) = \frac{1}{\pi}\arctan \frac{x}{2} + \frac{1}{2} \ (-\infty < x < +\infty),$$

$$F_Y(y) = \lim_{x \to +\infty} F(x,y) = \lim_{x \to +\infty} \frac{1}{\pi^2}\left(\frac{\pi}{2} + \arctan \frac{x}{2}\right)\left(\frac{\pi}{2} + \arctan \frac{y}{3}\right)$$

$$= \frac{1}{\pi}\arctan \frac{y}{3} + \frac{1}{2} \ (-\infty < y < +\infty).$$

3. 二维离散型随机变量的边缘分布律

定义 2 对于二维离散型随机变量 (X,Y),其联合分布律为

$$P\{X = x_i, Y = y_j\} = p_{ij}, i, j = 1, 2, \cdots.$$

称 $P\{X = x_i\} = P\{X = x_i, Y < +\infty\} = \sum_{j=1}^{+\infty} P\{X = x_i, Y = y_j\} = \sum_{j=1}^{\infty} p_{ij} = p_{i\cdot}$ 为 (X,Y) 关于 X 的边缘分布律;称 $P\{Y = y_j\} = P\{X < +\infty, Y = y_j\} = \sum_{i=1}^{+\infty} P\{X = x_i, Y = y_j\} = \sum_{i=1}^{\infty} p_{ij} = p_{\cdot j}$ 为 (X,Y) 关于 Y 的边缘分布律.

注

(1) 对于联合分布律的表格形式,在表格最下面加一行,将表格各列元素对应相加,写在对应最下端,第一行和最后一行合起来就是第一行变量的边缘分布律;在最右端加一列,将表

格各行元素整行相加,写在对应最右列,第一列和最后一列合起来就得到第一列变量的边缘分布律. 这就是边缘分布律名称的由来.

（2）根据联合分布律可以确定两个边缘分布律,反之,一般不成立.

4. 离散型随机变量的边缘分布律的计算

例 2　已知(X,Y)的联合分布律,求其边缘分布律.

Y ＼ X	0	1	$p._{j}$
0	$\dfrac{12}{42}$	$\dfrac{12}{42}$	$\dfrac{12}{42}+\dfrac{12}{42}=\dfrac{4}{7}$
1	$\dfrac{12}{42}$	$\dfrac{6}{42}$	$\dfrac{12}{42}+\dfrac{6}{42}=\dfrac{3}{7}$
$p_{i.}$	$\dfrac{4}{7}$	$\dfrac{3}{7}$	

解　在联合分布律的最下面加一行,最右端加一列,然后将列元素对应相加放在最下面一行对应位置,将行元素对应相加放在最右列对应位置,根据题意得,X 与 Y 的边缘分布律为

X	0	1
P	$\dfrac{4}{7}$	$\dfrac{3}{7}$

Y	0	1
P	$\dfrac{4}{7}$	$\dfrac{3}{7}$

从例 2 中可以看到,边缘分布 $p_{i.}$ 和 $p._{j}$ 分别是联合分布律中第 j 列和第 i 行各元素之和.

5. 二维连续型随机变量的边缘概率密度

设(X,Y) 为二维连续型随机变量,它的分布函数为 $F(x,y)$,概率密度为 $f(x,y)$,则 X 的边缘分布函数为

$$F_X(x) = F(x,+\infty) = \int_{-\infty}^{x}\left[\int_{-\infty}^{+\infty}f(x,y)\mathrm{d}y\right]\mathrm{d}x,$$

对 x 求导得其概率密度为

$$f_X(x) = \int_{-\infty}^{+\infty}f(x,y)\mathrm{d}y.$$

同理,Y 的边缘分布函数为

$$F_Y(y) = F(+\infty,y) = \int_{-\infty}^{y}\left[\int_{-\infty}^{+\infty}f(x,y)\mathrm{d}x\right]\mathrm{d}y,$$

对 y 求导得其概率密度为

$$f_Y(y) = \int_{-\infty}^{+\infty}f(x,y)\mathrm{d}x.$$

定义 3　设二维连续型随机变量(X,Y) 的概率密度为 $f(x,y)$,称

$$f_X(x) = \int_{-\infty}^{+\infty}f(x,y)\mathrm{d}y \text{ 与 } f_Y(y) = \int_{-\infty}^{+\infty}f(x,y)\mathrm{d}x$$

分别为(X,Y) 关于 X 和 Y 的边缘概率密度.

注　对于二维连续型随机变量,由联合概率密度可以确定两个边缘概率密度,反之,一般不成立.

6. 二维连续型随机变量的边缘概率密度的计算

计算边缘概率密度的方法类似高等数学中二重积分化累次定积分的方法.

例 3 设随机变量(X,Y)的联合概率密度为

$$f(x,y) = \begin{cases} 8xy, & 0 \leqslant x \leqslant y \leqslant 1, \\ 0, & \text{其他.} \end{cases}$$

试求(X,Y)分别关于X和Y的边缘概率密度$f_X(x)$和$f_Y(y)$.

解 如图 3-4 所示,(X,Y)的联合概率密度在阴影处不为零.

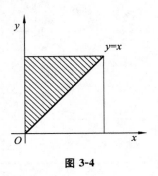

图 3-4

(X,Y)关于X的边缘概率密度$f_X(x) = \displaystyle\int_{-\infty}^{+\infty} f(x,y)\mathrm{d}y$.

当$0 \leqslant x \leqslant 1$时,$f_X(x) = \displaystyle\int_x^1 8xy\mathrm{d}y = 4x(1-x^2)$;当$x < 0$或$x > 1$时,$f(x,y) = 0$,故$f_X(x) = 0$,即

$$f_X(x) = \begin{cases} 4x(1-x)^2, & 0 \leqslant x \leqslant 1, \\ 0, & \text{其他.} \end{cases}$$

同理,(X,Y)关于Y的边缘概率密度$f_Y(y) = \displaystyle\int_{-\infty}^{+\infty} f(x,y)\mathrm{d}x$.当$0 \leqslant y \leqslant 1$时,$f_Y(y) = \displaystyle\int_0^y 8xy\mathrm{d}x = 4y^3$;当$y < 0$或$y > 1$时,$f(x,y) = 0$,故$f_Y(y) = 0$.即

$$f_Y(y) = \begin{cases} 4y^3, & 0 \leqslant y \leqslant 1, \\ 0, & \text{其他.} \end{cases}$$

7. 二维正态分布的边缘分布

例 4 设$(X,Y) \sim N(\mu_1, \mu_2, \sigma_1^2, \sigma_2^2, \rho)$,求$(X,Y)$关于$X$和$Y$的边缘概率密度$f_X(x)$和$f_Y(y)$.

解 由(X,Y)关于X的边缘密度函数$f_X(x) = \displaystyle\int_{-\infty}^{+\infty} f(x,y)\mathrm{d}y$得

$$f_X(x) = \frac{1}{2\pi\sigma_1\sigma_2\sqrt{1-\rho^2}} \mathrm{e}^{-\frac{(x-\mu_1)^2}{2\sigma_1^2}} \int_{-\infty}^{+\infty} \mathrm{e}^{-\frac{1}{2(1-\rho^2)}\left[\frac{y-\mu_2}{\sigma_2} - \rho\frac{x-\mu_1}{\sigma_1}\right]^2} \mathrm{d}y.$$

令$t = \dfrac{1}{\sqrt{1-\rho^2}}\left(\dfrac{y-\mu_2}{\sigma_2} - \rho\dfrac{x-\mu_1}{\sigma_1}\right)$,则有

$$f_X(x) = \frac{1}{2\pi\sigma_1} \mathrm{e}^{-\frac{(x-\mu_1)^2}{2\sigma_1^2}} \int_{-\infty}^{+\infty} \mathrm{e}^{-\frac{t^2}{2}} \mathrm{d}t = \frac{1}{\sqrt{2\pi}\sigma_1} \mathrm{e}^{-\frac{(x-\mu_1)^2}{2\sigma_1^2}}, \ -\infty < x < +\infty.$$

这说明$X \sim N(\mu_1, \sigma_1^2)$.同理,$Y \sim N(\mu_2, \sigma_2^2)$.

注

(1) 二维正态随机变量的两个边缘分布都是一维正态分布,且都不依赖参数ρ,亦即对给定的$\mu_1, \mu_2, \sigma_1^2, \sigma_2^2$,不同的$\rho$对应不同的二维正态分布,但它们的边缘分布是相同的.因此,一般来说,仅由关于X和Y的边缘分布是不能确定二维随机变量(X,Y)的联合分布的.

(2) 非二维正态分布的边缘分布可能为一维正态分布.例如,(X,Y)的联合概率密度为

$$f(x,y) = \frac{1}{2\pi} \mathrm{e}^{-\frac{x^2+y^2}{2}}(1 + \sin x \sin y).$$

习题 3.2

1. 设 (X,Y) 的联合分布函数 $F(x,y)$ 为

$$F(x,y) = \frac{1}{\pi^2}\left(\frac{\pi}{2}+\arctan x\right)\left(\frac{\pi}{2}+\arctan y\right), -\infty < x < +\infty, -\infty < y < +\infty.$$

试求 (X,Y) 关于 X 与 Y 的边缘分布函数.

2. 设 (X,Y) 的联合分布函数 $F(x,y)$ 为

$$F(x,y) = \begin{cases} 1-\mathrm{e}^{-x}-\mathrm{e}^{-y}+\mathrm{e}^{-x-y}, & x>0, y>0, \\ 0, & \text{其他}. \end{cases}$$

试求 (X,Y) 关于 X 与 Y 的边缘分布函数.

3. 已知 (X,Y) 的联合分布律为

Y \ X	0	1
0	0.3	0.3
1	0.3	0.1

求其边缘分布律.

4. 设二维离散型随机变量 (X,Y) 的分布律为

X \ Y	1	2	3
1	1/16	3/8	1/16
2	1/4	1/6	1/12

求其边缘分布律.

5. 设随机变量 (X,Y) 的概率密度为 $f(x,y) = \begin{cases} 1, & 0 \leqslant x \leqslant 1, |y| < x, \\ 0, & \text{其他}. \end{cases}$ 试求 (X,Y) 关于 X 和 Y 的边缘概率密度 $f_X(x)$ 和 $f_Y(y)$.

6. 设二维随机变量 (X,Y) 在由 $y=x^2$ 及 $y=x$ 所围成的闭区域 G 上服从二维均匀分布. 求:(1) (X,Y) 的联合概率密度 $f(x,y)$;(2) (X,Y) 分别关于 X 和 Y 的边缘概率密度 $f_X(x)$ 和 $f_Y(y)$.

第三节 随机变量的独立性

1. 随机变量独立性的定义

定义 1 设二维随机变量 (X,Y) 具有分布函数 $F(x,y)$,关于 X 和 Y 的边缘分布函数分别为 $F_X(x)$,$F_Y(y)$,如果对于任意的实数 x 和 y,事件 $\{X \leqslant x\}$ 与 $\{Y \leqslant y\}$ 相互独立,即

$$P\{X \leqslant x, Y \leqslant y\} = P\{X \leqslant x\} \cdot P\{Y \leqslant y\},$$

也就是 $F(x,y) = F_X(x) \cdot F_Y(y)$，则称随机变量 X 与 Y 是相互独立的.

2. 离散型随机变量的相互独立的充要条件

定理 1　如果 (X,Y) 是二维离散型随机变量，联合概率及边缘概率分别为

$$p_{ij} = P\{X = x_i, Y = y_j\}, \quad p_{i\cdot} = P\{X = x_i\}, \quad p_{\cdot j} = P\{Y = y_j\}, \quad i,j = 1,2,\cdots,$$

则随机变量 X 与 Y 相互独立的充分必要条件是，对 (X,Y) 的所有可能取值 (x_i, y_j) 均有

$$P\{X = x_i, Y = y_j\} = P\{X = x_i\} \cdot P\{Y = y_j\}, \quad i,j = 1,2,\cdots,$$

即 $p_{ij} = p_{i\cdot} \cdot p_{\cdot j}, i,j = 1,2,\cdots$.

3. 连续型随机变量独立的等价性定理

定理 2　如果二维随机变量 (X,Y) 的联合概率密度为 $f(x,y)$，边缘概率密度分别为 $f_X(x)$ 和 $f_Y(y)$，则随机变量 X 与 Y 相互独立的充要条件是 $f(x,y) = f_X(x) \cdot f_Y(y)$ 在平面上几乎处处成立.

注　"几乎处处成立"是指除了平面上面积为零的点集外，上式处处成立.

例 1　某电子仪器由两部件构成，以 X 和 Y 分别表示两部件的寿命，已知 X 和 Y 的联合分布函数为

$$F(x,y) = \begin{cases} 1 - e^{-0.5x} - e^{-0.5y} + e^{-0.5(x+y)}, & x > 0, y > 0, \\ 0, & \text{其他.} \end{cases}$$

问 X 与 Y 是否相互独立.

解　(X,Y) 关于 X 的边缘分布函数为

$$F_X(x) = \lim_{y \to +\infty} F(x,y) = \begin{cases} \lim_{y \to +\infty}(1 - e^{-0.5x} - e^{-0.5y} + e^{-0.5(x+y)}) = 1 - e^{-0.5x}, & x > 0, \\ 0, & \text{其他.} \end{cases}$$

(X,Y) 关于 Y 的边缘分布函数为

$$F_Y(y) = \lim_{x \to +\infty} F(x,y) = \begin{cases} \lim_{x \to +\infty}(1 - e^{-0.5x} - e^{-0.5y} + e^{-0.5(x+y)}) = 1 - e^{-0.5y}, & y > 0, \\ 0, & \text{其他.} \end{cases}$$

显然，对于任意的 x,y，均有 $F(x,y) = F_X(x) \cdot F_Y(y)$，故 X 与 Y 相互独立.

例 2　如果二维随机变量 (X,Y) 的联合分布律为

X＼Y	1	2	3
1	1/6	1/9	1/18
2	1/3	α	β

那么当 α,β 取什么值时，X 与 Y 才能相互独立？

解　根据 (X,Y) 联合分布律计算出 X 与 Y 的边缘分布律

X＼Y	1	2	3	$p_{i\cdot}$
1	$\dfrac{1}{6}$	$\dfrac{1}{9}$	$\dfrac{1}{18}$	$\dfrac{1}{3}$
2	$\dfrac{1}{3}$	α	β	$\dfrac{1}{3} + \alpha + \beta$
$p_{\cdot j}$	0.5	$\dfrac{1}{9} + \alpha$	$\dfrac{1}{18} + \beta$	

若 X 与 Y 相互独立,则对于所有的 i,j,都有 $p_{ij} = p_{i.} \cdot p_{.j}$,因此

$$P\{X=1, Y=2\} = P\{X=1\} \cdot P\{Y=2\} = \frac{1}{3} \cdot \left(\frac{1}{9} + \alpha \right) = \frac{1}{9},$$

$$P\{X=1, Y=3\} = P\{X=1\} \cdot P\{Y=3\} = \frac{1}{3} \cdot \left(\frac{1}{18} + \beta \right) = \frac{1}{18},$$

由以上两式联立可解得

$$\alpha = \frac{2}{9}, \beta = \frac{1}{9}.$$

例 3　设随机变量 X 与 Y 相互独立,并且 X 服从 $N(a, \sigma^2)$,Y 在 $[-b, b]$ 上服从均匀分布,求 (X, Y) 的联合概率密度.

解　因为 X 与 Y 相互独立,所以

$$f(x, y) = f_X(x) \cdot f_Y(y),$$

又 $f_X(x) = \dfrac{1}{\sqrt{2\pi}\sigma} \mathrm{e}^{-\frac{(x-a)^2}{2\sigma^2}}, -\infty < x < +\infty, f_Y(y) = \begin{cases} \dfrac{1}{2b}, & -b \leqslant y \leqslant b, \\ 0, & \text{其他}, \end{cases}$ 得

$$f(x, y) = \begin{cases} \dfrac{1}{2b} \cdot \dfrac{1}{\sqrt{2\pi}\sigma} \mathrm{e}^{-\frac{(x-a)^2}{2\sigma^2}}, & -\infty < x < +\infty, -b \leqslant y \leqslant b, \\ 0, & \text{其他}. \end{cases}$$

例 4　已知 (X, Y) 的联合概率密度为

$$f(x, y) = \begin{cases} 8xy, & 0 \leqslant x \leqslant y \leqslant 1, \\ 0, & \text{其他}. \end{cases}$$

试问 X 与 Y 是否相互独立.

解　X 与 Y 的边缘概率密度分别为

$$f_X(x) = \begin{cases} 4x(1-x)^2, & 0 \leqslant x \leqslant 1, \\ 0, & \text{其他} \end{cases} \text{与} f_Y(y) = \begin{cases} 4y^3, & 0 \leqslant y \leqslant 1, \\ 0, & \text{其他}, \end{cases}$$

且

$$f(x, y) \neq f_X(x) \cdot f_Y(y),$$

故 X 与 Y 不相互独立.

习题 3.3

1. 设 (X, Y) 的联合分布函数 $F(x, y)$ 为

$$F(x, y) = \begin{cases} 1 - \mathrm{e}^{-x} - \mathrm{e}^{-y} + \mathrm{e}^{-x-y}, & x > 0, y > 0, \\ 0, & \text{其他}. \end{cases}$$

试问 X 与 Y 是否相互独立.

2. 设随机变量 X 和 Y 的联合分布律为

Y ＼ X	1	2	3
1	a	1/9	c
2	1/9	b	1/3

若 X 和 Y 相互独立,求参数 a,b,c 的值.

　　3. 设 X 和 Y 的联合分布律为

X ╲ Y	-1	0	2
0	0.1	0.2	0
1	0.3	0.05	0.1
2	0.15	0	0.1

试问 X 与 Y 是否相互独立.

　　4. 设随机变量 (X,Y) 的联合概率密度为 $f(x,y) = \begin{cases} 1, & 0 \leqslant x \leqslant 1, |y| < x, \\ 0, & 其他. \end{cases}$ 试问 X 与 Y 是否独立?

　　5. 设随机变量 X 与 Y 相互独立,其边缘概率密度分别为

$$f_X(x) = \begin{cases} \mathrm{e}^{-x}, & x > 0, \\ 0, & 其他, \end{cases} 与 f_Y(y) = \begin{cases} 2\mathrm{e}^{-2y}, & y > 0, \\ 0, & y \leqslant 0. \end{cases}$$

求 (X,Y) 的联合概率密度.

　　6. 设 $(X,Y) \sim N(\mu_1,\mu_2,\sigma_1^2,\sigma_2^2,\rho)$,证明:$X$ 与 Y 相互独立的充要条件是 $\rho = 0$.

第四节　　多维随机变量函数的分布

　　在实际问题中,有些随机变量往往是两个或两个以上随机变量的函数.例如,考察某地区 50 岁以上的人群,用 X 与 Y 分别表示一个人的年龄和体重,Z 表示这个人的血压,且已知 Z 与 X、Y 的函数关系式 $Z = g(X,Y)$,则我们希望通过 (X,Y) 的分布来确定 Z 的分布.

一、二维离散型随机变量函数的分布

　　设 (X,Y) 是二维离散型随机变量,其联合分布律为
$$P\{X = x_i, Y = y_j\} = p_{ij}, i,j = 1,2,\cdots.$$

　　又因为 $g(x,y)$ 是一个二元函数,则 $Z = g(X,Y)$ 就是一个一维离散型随机变量.设 $Z = g(X,Y)$ 的所有可能取值为 $z_k, k = 1,2,\cdots$,则 Z 的分布律为

$$P\{Z = z_k\} = P\{g(X,Y) = z_k\} = \sum_{g(x_i,y_j)=z_k} P_{ij}, k = 1,2,\cdots,$$

若有一些 (x_i,y_j) 使 $g(x_i,y_j) = z_k$,则 $\sum\limits_{g(x_i,y_j)=z_k} P_{ij}$ 为对应的概率相加.

　　例 1　设随机变量 (X,Y) 的联合分布律为

Y ╲ X	-2	-1	0
-1	0.1	0.2	0.1
3	0.3	0.1	0.2

求 $Z_1 = X + Y$ 和 $Z_2 = |X - Y|$ 的分布律.

解　第一步:根据随机变量 (X,Y) 的联合分布律可得如表 3-1 所示的形式.

表 3-1

P	0.1	0.2	0.1	0.3	0.1	0.2
(X,Y)	$(-1,-2)$	$(-1,-1)$	$(-1,0)$	$(3,-2)$	$(3,-1)$	$(3,0)$
$Z_1 = X + Y$	-3	-2	-1	1	2	3
$Z_2 = \|X - Y\|$	1	0	1	5	4	3

第二步:将表 3-1 第二行中的数据分别代入 $Z_1 = X + Y$ 与 $Z_2 = |X - Y|$ 中得到表 3-1 的第三、四行中的数据.

第三步:若第三、四行中数据都各不相同,则它们的概率即为第一行的概率,若有相同的, 则将对应概率相加,即可得 $Z_1 = X + Y$ 与 $Z_2 = |X - Y|$ 的分布律.

$Z_1 = X + Y$	-3	-2	-1	1	2	3
P	0.1	0.2	0.1	0.3	0.1	0.2

$Z_2 = \|X - Y\|$	0	1	3	4	5
P	0.2	0.2	0.2	0.1	0.3

例 2　若 X 与 Y 相互独立,它们分别服从参数为 λ_1 与 λ_2 的泊松分布,证明:$Z = X + Y$ 服从参数为 $\lambda_1 + \lambda_2$ 的泊松分布.

证明　由题意知,

$$P\{X = i\} = \frac{\lambda_1^i \mathrm{e}^{-\lambda_1}}{i!}, i = 0,1,2\cdots, P\{Y = j\} = \frac{\lambda_2^j \mathrm{e}^{-\lambda_2}}{j!}, j = 0,1,2\cdots,$$

则 $Z = X + Y$ 的取值为 $0,1,2,\cdots$,且

$$P\{Z = k\} = P\{X + Y = k\} = \sum_{i=0}^{k} P\{X = i, Y = k - i\}$$

$$= \sum_{i=0}^{k} P\{X = i\} \cdot P\{Y = k - i\} = \sum_{i=0}^{k} \frac{\lambda_1^i \mathrm{e}^{-\lambda_1}}{i!} \cdot \frac{\lambda_2^{(k-i)} \mathrm{e}^{-\lambda_2}}{(k-i)!}$$

$$= \frac{\mathrm{e}^{-(\lambda_1 + \lambda_2)}}{k!} \sum_{i=0}^{k} \frac{k!}{i! \cdot (k-i)!} \lambda_1^i \cdot \lambda_2^{(k-i)} = \frac{\mathrm{e}^{-(\lambda_1 + \lambda_2)}}{k!} (\lambda_1 + \lambda_2)^k, k = 0,1,2,\cdots.$$

即 $Z = X + Y$ 服从参数为 $\lambda_1 + \lambda_2$ 的泊松分布.

例 3　设 X 与 Y 相互独立,且 $X \sim b(n_1, p)$,$Y \sim b(n_2, p)$. 证明:$Z = X + Y \sim b(n_1 + n_2, p)$.

证明　由题意知,

$$P\{X = i\} = \mathrm{C}_{n_1}^i p^i (1 - p)^{n_1 - i}, i = 0,1,2\cdots,n_1;$$

$$P\{Y = j\} = \mathrm{C}_{n_2}^j p^j (1 - p)^{n_2 - j}, j = 0,1,2\cdots,n_2.$$

则

$$P\{Z=k\} = P\{X+Y=k\} = \sum_{i=0}^{k} P\{X=i, Y=k-i\}$$

$$= \sum_{i=0}^{k} P\{X=i\} \cdot P\{Y=k-i\} = \sum_{i=0}^{k} C_{n_1}^{i} p^i (1-p)^{n_1-i} \cdot C_{n_2}^{k-i} p^{k-i} (1-p)^{n_2-k+i}$$

$$= p^k (1-p)^{n_1+n_2-k} \sum_{i=0}^{k} C_{n_1}^{i} \cdot C_{n_2}^{k-i} = C_{n_1+n_2}^{k} p^k (1-p)^{n_1+n_2-k}, k=0,1,\cdots,n_1+n_2.$$

故 $Z = X+Y \sim b(n_1+n_2, p)$.

注　　如果服从同一分布的相互独立随机变量的和仍服从此类分布,则称此类分布具有可加性.

二、二维连续型随机变量函数的分布

设 (X,Y) 是二维连续型随机变量,其联合概率密度为 $f(x,y)$,令 $z=g(x,y)$ 为一个二元连续函数,则 $Z=g(X,Y)$ 是一维连续随机变量,可用类似于求一维随机变量函数分布的分布函数法来求 $Z=g(X,Y)$ 的分布,步骤如下.

第一步:求分布函数 $F_Z(z)$.

$$F_Z(z) = P\{Z \leqslant z\} = P\{g(X,Y) \leqslant z\} = P\{(X,Y) \in D_z\} = \iint_{D_z} f(x,y) \mathrm{d}x \mathrm{d}y,$$

其中,积分区域 D_z 是由 xOy 平面内不等式 $g(x,y) \leqslant z$ 所确定的,即

$$D_z = \{(x,y) \mid g(x,y) \leqslant z\}.$$

第二步:求概率密度 $f_Z(z)$.对所有的 z,

$$f_Z(z) = [F_Z(z)]' = \frac{\mathrm{d}}{\mathrm{d}z} \iint_{D_z} f(x,y) \mathrm{d}x \mathrm{d}y.$$

下面用分布函数法推导三个简单函数 $Z=X+Y, M=\max\{X,Y\}$ 及 $N=\min\{X,Y\}$ 的概率密度.

1. $Z=X+Y$ 的概率密度

设 (X,Y) 是二维连续型随机变量,其联合概率密度为 $f(x,y)$,则 $Z=X+Y$ 的分布函数为

$$F_Z(z) = P\{Z \leqslant z\} = P\{X+Y \leqslant z\} = \iint_{D} f(x,y) \mathrm{d}x \mathrm{d}y.$$

上式的积分区域 $D = \{(x,y) \mid x+y \leqslant z\}$ 是直线 $x+y=z$ 左下方的半平面(见图 3-5),即

$$F_Z(z) = \iint_{x+y \leqslant z} f(x,y) \mathrm{d}x \mathrm{d}y,$$

利用广义二重积分有

$$F_Z(z) = \int_{-\infty}^{+\infty} \mathrm{d}y \left[\int_{-\infty}^{z-y} f(x,y) \mathrm{d}x \right].$$

对内层积分进行变量代换,固定 y, z,令 $x=u-y$,得

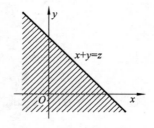

图 3-5

$$F_Z(z) = \int_{-\infty}^{+\infty} \mathrm{d}y \left[\int_{-\infty}^{z} f(u-y, y) \mathrm{d}u \right]$$

$$= \int_{-\infty}^{z} \left[\int_{-\infty}^{+\infty} f(u-y, y) \mathrm{d}y \right] \mathrm{d}u.$$

上式是变上限积分,对 z 求导可得 $Z = X + Y$ 的概率密度为

$$f_Z(z) = F_Z'(z) = \int_{-\infty}^{+\infty} f(z - y, y) \mathrm{d}y.$$

X 与 Y 对称,因此也有

$$f_Z(z) = \int_{-\infty}^{+\infty} f(x, z - x) \mathrm{d}x.$$

特别地,当 X 与 Y 相互独立时,因为对于所有 x 和 y 有

$$f(x, y) = f_X(x) f_Y(y),$$

其中,$f_X(x), f_Y(y)$ 分别是 (X, Y) 关于 X 与 Y 的边缘概率密度,所以

$$f_Z(z) = \int_{-\infty}^{+\infty} f(z - y, y) \mathrm{d}y = \int_{-\infty}^{+\infty} f_X(z - y) f_Y(y) \mathrm{d}y,$$

$$f_Z(z) = \int_{-\infty}^{+\infty} f(x, z - x) \mathrm{d}x = \int_{-\infty}^{+\infty} f_X(x) f_Y(z - x) \mathrm{d}x.$$

以上两个公式称为卷积公式,记作 $f_X * f_Y$.

例 4　设两个相互独立的随机变量 X 与 Y 都服从标准正态分布,求 $Z = X + Y$ 的概率密度.

解　由题意知,

$$f_X(x) = \frac{1}{\sqrt{2\pi}} \mathrm{e}^{-\frac{x^2}{2}}, -\infty < x < +\infty, f_Y(y) = \frac{1}{\sqrt{2\pi}} \mathrm{e}^{-\frac{y^2}{2}}, -\infty < y < +\infty,$$

由于 X 与 Y 相互独立,可由公式 $f_Z(z) = \int_{-\infty}^{+\infty} f_X(x) f_Y(z - x) \mathrm{d}x$ 得

$$f_Z(z) = \int_{-\infty}^{+\infty} \frac{1}{2\pi} \mathrm{e}^{-\frac{x^2}{2}} \mathrm{e}^{-\frac{(z-x)^2}{2}} \mathrm{d}x = \frac{1}{2\pi} \mathrm{e}^{-\frac{z^2}{4}} \int_{-\infty}^{+\infty} \mathrm{e}^{-\left(x - \frac{z}{2}\right)^2} \mathrm{d}x$$

$$\overset{\diamondsuit t = x - \frac{z}{2}}{=} \frac{1}{2\pi} \mathrm{e}^{-\frac{z^2}{4}} \int_{-\infty}^{+\infty} \mathrm{e}^{-t^2} \mathrm{d}t = \frac{1}{2\sqrt{\pi}} \mathrm{e}^{-\frac{z^2}{4}},$$

即 $Z = X + Y$ 服从 $N(0, 2)$ 分布.

一般,设 X 与 Y 相互独立,且 $X \sim N(\mu_1, \sigma_1^2), Y \sim N(\mu_2, \sigma_2^2)$,则 $Z = X + Y$ 仍然服从正态分布,且有 $Z \sim N(\mu_1 + \mu_2, \sigma_1^2 + \sigma_2^2)$.

对于 n 个相互独立的随机变量 $X_1, X_2, \cdots, X_n$,其中 $c_1, c_2, \cdots, c_n$ 为 n 个任意常数,且 $X_i \sim N(\mu_i, \sigma_i^2), i = 1, 2, \cdots, n$,则有

$$Z = c_1 X_1 + c_2 X_2 + \cdots + c_n X_n$$
$$\sim N(c_1 \mu_1 + c_2 \mu_2 + \cdots + c_n \mu_n, c_1^2 \sigma_1^2 + c_2^2 \sigma_2^2 + \cdots + c_n^2 \sigma_n^2).$$

2. $M = \max\{X, Y\}$ 及 $N = \min\{X, Y\}$ 的分布

设 X 与 Y 是两个相互独立的随机变量,它们的分布函数分别为 $F_X(x)$ 和 $F_Y(y)$,则有

$$F_{\max}(z) = P\{M \leqslant z\} = P\{X \leqslant z, Y \leqslant z\} = P\{X \leqslant z\} P\{Y \leqslant z\} = F_X(z) F_Y(z),$$

$$F_{\min}(z) = P\{N \leqslant z\} = 1 - P\{N > z\} = 1 - P\{X > z, Y > z\}$$
$$= 1 - P\{X > z\} \cdot P\{Y > z\} = 1 - [1 - P\{X \leqslant z\}] \cdot [1 - P\{Y \leqslant z\}]$$
$$= 1 - [1 - F_X(z)][1 - F_Y(z)].$$

若 $X_1, X_2, \cdots, X_n$ 相互独立,且具有相同的分布函数 $F(x)$,则

$$F_{\max}(z) = [F(z)]^n, F_{\min}(z) = 1 - [1 - F(z)]^n.$$

若 $X_1, X_2, \cdots, X_n$ 是相互独立的连续型随机变量,且具有相同的分布函数 $F(x)$,相同的概

率密度为 $f(x)$，则对 $F_{\max}(z) = [F(z)]^n$ 和 $F_{\min}(z) = 1 - [1 - F(z)]^n$ 分别对 z 求导得到

$$f_{\max}(z) = n[F(z)]^{n-1}f(z) \text{ 和 } f_{\min}(z) = n[1 - F(z)]^{n-1}f(z).$$

例 5 设系统 L 由两个相互独立的子系统 L_1, L_2 连接而成，连接的方式分别为：(1) 串联；(2) 并联；(3) 备用（当系统 L_1 损坏时，系统 L_2 开始工作）（见图 3-6）. 设 L_1, L_2 的寿命分别为 X, Y，已知它们的概率密度分别为

$$f_X(x) = \begin{cases} \alpha e^{-\alpha x}, & x > 0, \\ 0, & x \leqslant 0, \end{cases} \quad f_Y(y) = \begin{cases} \beta e^{-\beta y}, & y > 0, \\ 0, & y \leqslant 0. \end{cases}$$

其中，$\alpha > 0, \beta > 0$ 且 $\alpha \neq \beta$. 试分别就以上三种连接方式写出 L 的寿命 Z 的概率密度.

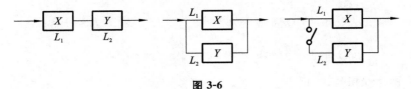

图 3-6

解 (1) 串联的情况.

当 L_1, L_2 中有一个损坏时，系统 L 就停止工作，所以这时 L 的寿命为 $Z = \min\{X, Y\}$.

由题设知，X, Y 的分布函数为

$$F_X(x) = \begin{cases} 1 - e^{-\alpha x}, & x > 0, \\ 0, & x \leqslant 0, \end{cases} \quad F_Y(y) = \begin{cases} 1 - e^{-\beta y}, & y > 0, \\ 0, & y \leqslant 0. \end{cases}$$

于是，$Z = \min\{X, Y\}$ 的分布函数为

$$F_Z(z) = 1 - [1 - F_X(z)][1 - F_Y(z)] = \begin{cases} 1 - e^{-(\alpha+\beta)z}, & z > 0, \\ 0, & z \leqslant 0. \end{cases}$$

所以 $Z = \min\{X, Y\}$ 的概率密度为

$$f_Z(z) = \begin{cases} (\alpha + \beta)e^{-(\alpha+\beta)z}, & z > 0, \\ 0, & z \leqslant 0. \end{cases}$$

(2) 并联的情况.

当且仅当 L_1, L_2 都损坏时，系统 L 才停止工作，所以这时 L 的寿命为 $Z = \max\{X, Y\}$. 于是，Z 的分布函数为

$$F_Z(z) = F_X(z)F_Y(z) = \begin{cases} (1 - e^{-\alpha z})(1 - e^{-\beta z}), & z > 0, \\ 0, & z \leqslant 0, \end{cases}$$

从而 $Z = \max\{X, Y\}$ 的概率密度为

$$f_Z(z) = F_Z'(z) = \begin{cases} \alpha e^{-\alpha z} + \beta e^{-\beta z} - (\alpha + \beta)e^{-(\alpha+\beta)z}, & z > 0, \\ 0, & z \leqslant 0. \end{cases}$$

(3) 备用的情况.

当系统 L_1 损坏时，系统 L_2 才开始工作，这时整个系统 L 的寿命 Z 是 L_1 和 L_2 两者寿命之和，即 $Z = X + Y$. X 和 Y 相互独立，Z 的概率密度为

$$f_Z(z) = \int_{-\infty}^{\infty} f_X(z - y)f_Y(y)\mathrm{d}y.$$

当 $z \leqslant 0$ 时，$f_Z(z) = 0$；当 $z > 0$ 时，有

$$f_Z(z) = \int_{-\infty}^{\infty} f_X(z-y)f_Y(y)\mathrm{d}y = \int_0^z \alpha e^{-\alpha(z-y)}\beta e^{-\beta y}\mathrm{d}y$$

$$= \alpha\beta e^{-\alpha z}\int_0^z e^{-(\beta-\alpha)y}\mathrm{d}y = \frac{\alpha\beta}{\beta-\alpha}[e^{-\alpha z} - e^{-\beta z}].$$

于是 $Z = X+Y$ 的概率密度为

$$f(z) = \begin{cases} \dfrac{\alpha\beta}{\beta-\alpha}[e^{-\alpha z} - e^{-\beta z}], & z > 0, \\ 0, & z \leqslant 0. \end{cases}$$

习题 3.4

1. 设随机变量 (X,Y) 的联合分布律为

X＼Y	-1	0	1
1	0.1	0.1	0.1
2	0.2	0	0.1
3	0	0.3	0.1

求 $Z_1 = XY$ 和 $Z_2 = \max\{X,Y\}$ 的分布律.

2. 已知 $P\{X=k\} = \dfrac{a}{k}, P\{Y=-k\} = \dfrac{b}{k^2}, k=1,2,3,$ 且 X 与 Y 相互独立.(1) 确定 a, b 的值;(2) 求 (X,Y) 的联合分布律;(3) 求 $Z = X+Y$ 的分布律.

3. 设两个相互独立的随机变量 X 与 Y 都服从相同的几何分布 $P\{X=k\} = p(1-p)^{k-1}$, $k=1,2,\cdots$,求 $Z = \max\{X,Y\}$ 的分布律.

4. 设两个相互独立的随机变量 X 与 Y 都服从 $[0,1]$ 上的均匀分布,求 $Z = X+Y$ 的概率密度.

5. 设 X 与 Y 是两个相互独立的随机变量,$X \sim U[0,1]$,$Y \sim E(1)$,求 $Z = X+Y$ 的概率密度.

6. 设 X 与 Y 的联合概率密度为 $f(x,y) = \begin{cases} 12e^{-3x-4y}, & x>0, y>0, \\ 0, & \text{其他}, \end{cases}$ 分别求下列概率密度:(1) $Z = X+Y$;(2) $Z = \max\{X,Y\}$;(3) $Z = \min\{X,Y\}$.

实验 3 利用 Excel 软件产生随机数

利用软件提供的随机数发生器可以让我们对抽样分布进行计算机模拟,可以让我们对抽样分布有更加直观的理解.Excel 软件的分析工具库中有一个"随机数发生器"模块,它可以产生服从大多数常用分布的模拟数据.

一、用 Excel 软件产生离散分布随机数

用 Excel 软件产生离散分布随机数的实验步骤如下.

第一步：假设已有 2,3,4,5 这 4 个值，其中概率分别为 0.1,0.2,0.3,0.5，将这些数据输入新工作表，并命名为“离散分布随机数”(见图 3-7).

第二步：选择“工具”“数据”“数据分析”“随机数发生器”，单击“确定”按钮.

第三步：出现“随机数发生器”对话框，设“变量个数”为 4，“随机数个数”为 20，“分布”为“离散”，“数值与概率输入区域”为($A$1:$B$4)，在“输出选项”栏中选择“新工作表组”，并将工作表命名为“离散分布数据”.

第四步：单击“确定”按钮，结果如图 3-8 所示，在图 3-8 中的 80 个值里，5 出现的次数最多，因为总体内 5 的概率最高.

	A	B
1	2	0.1
2	3	0.2
3	4	0.3
4	5	0.5

图 3-7

	A	B	C	D
1	5	4	4	3
2	5	2	2	5
3	5	4	5	3
4	2	5	3	5
5	5	3	5	3
6	5	5	5	5
7	3	3	5	5
8	5	2	3	3
9	5	4	5	5
10	2	2	5	3
11	5	2	3	5
12	5	5	4	5
13	4	5	5	4
14	5	3	3	5
15	5	3	3	2
16	5	2	5	5
17	3	2	2	2
18	4	5	3	4
19	5	5	5	5
20	3	3	4	5

图 3-8

例 1　利用 Excel 软件生成二项分布随机数.

第一步：选择“工具”“数据”“数据分析”“随机数发生器”，单击“确定”按钮.

第二步：出现“随机数发生器”对话框，设“变量个数”为 5，“随机数个数”为 20，“分布”为“二项式”，“参数”为 p(A) = 0.7，“试验次数”为 100，在“输出选项”栏中选择“新工作表组”，如图 3-9 所示，并将工作表命名为“二项分布随机数”.

第三步：单击“确定”按钮，结果如图 3-10 所示. 图中呈现二项分布所产生的 100 个随机数，发现在这 100 个数值中，越接近 70，数值出现次数越多.

二、用 Excel 软件产生连续分布随机数

例 2　利用 Excel 软件生成均匀分布随机数.

第一步：选择“工具”“数据”“数据分析”“随机数发生器”，单击“确定”按钮.

第二步：出现“随机数发生器”对话框，设“变量个数”为 2，“随机数个数”为 100，“分布”为“均匀”，“参数”介于 0 与 1 之间，在“输出选项”栏中选择“新工作表组”，如图 3-11 所示，并将工作表命名为“均匀分布随机数”.

第三步：单击“确定”按钮，结果如图 3-12 所示. 图 3-12 中呈现均匀分布所产生的 100 个随机数.

对照选择“分布”中的类型，可得到符合泊松分布、正态分布、指数分布等分布规律的随机数，然后就可以进行模拟试验.

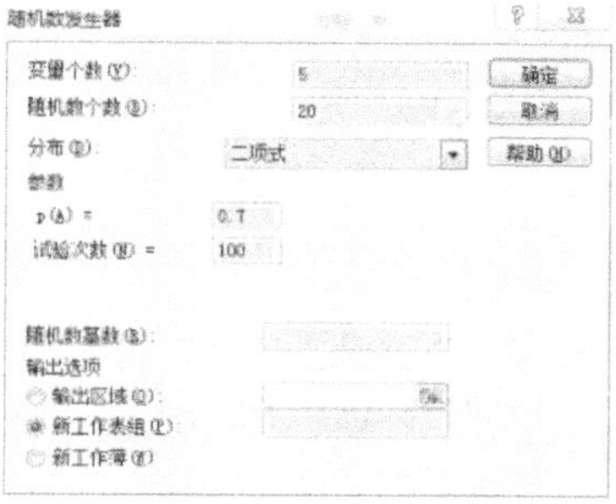

图 3-9

	A	B	C	D	E
1	69	70	70	77	67
2	78	70	75	64	69
3	80	69	72	69	69
4	73	64	73	68	73
5	65	77	64	72	69
6	69	71	73	70	66
7	67	62	69	64	72
8	71	69	76	73	70
9	77	74	69	72	69
10	69	66	65	63	71
11	67	71	64	69	63
12	70	67	65	72	63
13	66	70	71	74	65
14	77	70	77	71	68
15	64	77	66	69	70
16	70	75	64	74	68
17	73	62	75	66	76
18	70	67	75	68	67
19	72	68	67	75	74
20	66	65	67	66	74

图 3-10

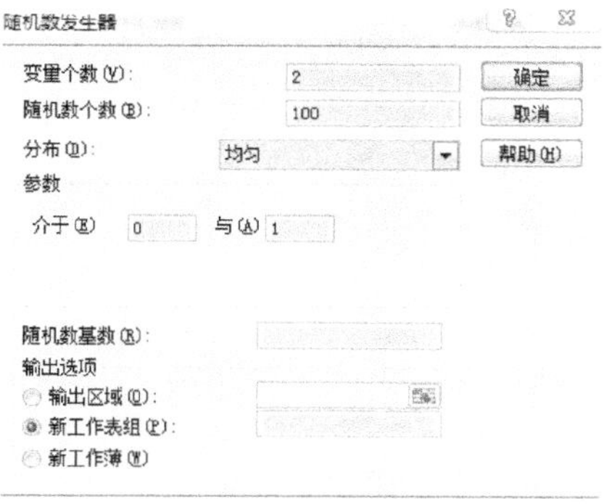

图 3-11

	A	B	C	D
1	0.928282	0.077914	0.313028	0.465957
2	0.098086	0.25071	0.620411	0.683981
3	0.791528	0.758415	0.312326	0.270425
4	0.833522	0.94995	0.465835	0.372997
5	0.268288	0.731773	0.563524	0.57973
6	0.321696	0.403455	0.296518	0.763512
7	0.726035	0.187048	0.269662	0.252022
8	0.620746	0.060274	0.635975	0.490585
9	0.446944	0.889492	0.408918	0.202918
10	0.099643	0.319956	0.687185	0.596057
11	0.213507	0.048647	0.40318	0.024537
12	0.958312	0.596942	0.599902	0.351817
13	0.239875	0.149663	0.773034	0.646016
14	0.859035	0.051241	0.614795	0.452559
15	0.104984	0.778497	0.685141	0.315806
16	0.575518	0.266396	0.24073	0.108341
17	0.843959	0.972777	0.798608	0.687918
18	0.06592	0.65569	0.121677	0.06943
19	0.854122	0.12888	0.316385	0.292642
20	0.875668	0.878414	0.749229	0.113559
21	0.771447	0.99762	0.648	0.173498
22	0.27665	0.046815	0.676992	0.027497
23	0.974242	0.798059	0.58974	0.971221
24	0.049257	0.00569	0.393384	0.614124
25	0.869747	0.982788	0.428999	0.236396

图 3-12

应用案例 5—— 随机数模拟掷硬币

历史上有很多统计学家做过掷硬币试验，掷硬币试验是很烦琐的，我们可以利用 Excel 软件生成随机数来完成此试验. 步骤如下.

第一步：先在 Excel 表中制作一个记录硬币正反面情况的表格，单击“文件”，选择“编辑”“填充”“序列”，弹出“序列”对话框(见图 3-13)，使用序列填充第一列编号到 1000.

第二步：选择“数据分布”，在弹出的“数据分布”对话框里面选择“随机数生成器”，单击“确定”按钮.

第三步：在出现的“随机数发生器”对话框中，设“变量个数”为 1，“随机数个数”为 1000，“分布”为“柏努利”，“参数”为 p(A) = 0.5，“输出区域”为 $B$2，单击“确定”按钮(见图 3-14).

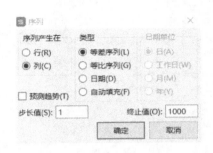 

图 3-13　　　　　　　　　　　　　　　　　图 3-14

第四步:在 B 列已经产生了模拟的结果,即 0 和 1,用 1 表示正面,0 表示反面.在 C 列输入 B 列对应的正面或反面,在 D 列进行结果统计,在 D2 中输入"= COUNTIF(B2:B1001,1)",得到正面数为 482;在 D3 中输入"= COUNTIF(B2:B1001,0)",得到反面数为 518(截取一部分,如图 3-15 所示).

	A	B	C	D
1	编号	正反面情况		结果统计
2	1	1	正面	482
3	2	1	正面	518
4	3	1	正面	
5	4	0	反面	
6	5	0	反面	
7	6	1		
8	7	0		
9	8	1		
10	9	0		
11	10	0		
12	11	0		
13	12	1		
14	13	1		
15	14	0		
16	15	0		
17	16	1		
18	17	0		

图 3-15

应用案例 6—— 随机数模拟掷骰子

下面利用 Excel 软件生成随机数,然后模拟掷骰子试验.步骤如下.

第一步:制作表头.在单元格 A1 中输入文本"试验",在单元格 B1 中输入文本"投掷结果".

第二步:生成 1～6 的随机整数.用 RAND() 生成随机数.因为骰子有六个面,每个面分别对应 1,2,3,4,5,6,所以我们生成的随机数范围是 1～6.在单元格 A2 中输入"= INT(RAND()＊6)＋1",RAND() 会随机生成 0～1 的任意数,乘以 6 之后,会生成 0～6 的任意数,经过 INT() 取整后再加 1,就会生成 1～7 的任意整数(大于等于 1 且小于 7 的随机整数),这是就在 A2 单元格中随机生成 1～6 中的一个数.

第三步:序列填充.若要进行 1000 次随机试验,则可以选择单元格 A2 到 A1001,然后利用"填充"功能,打开"序列"对话框,设置序列填充的位置为"列",填充的类型为"自动填充",然后单击"确定"按钮,就得到 1000 个 1～6 的随机整数,相当于做了 1000 次投掷试验(部分结果如图 3-16 所示).

第四步：数据转换. 单元格 A2 到 A1001 内的随机数的格式是公式,不方便数据处理,需要转换为数值. 方法是利用"选择性粘贴"将单元格 A2 到 A1001 内的随机数进行复制,然后粘贴到单元格 B2 到 B1001 内,粘贴的类型设置为"数值".

第五步：排序. 将表格按投掷结果进行升序排列.

第六步：分类汇总. 利用"数据"菜单的"分类汇总"对话框,设置"分类字段"为"投掷结果","汇总方式"为"计数"(见图 3-17),然后单击"确定"按钮,得到三级分类汇总的结果(结果如图 3-18 所示). 单击分类汇总的分类级别控制按钮(图 3-18 中左上角按钮),可以演示各级分类汇总情况.

图 3-16

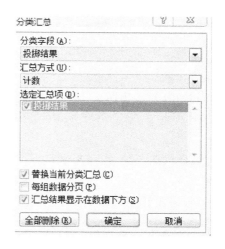

图 3-17

第七步：计算频率. 在单元格 D1 中输入文本"频率",在单元格 D2 中输入"＝C161/C1008"(C161 表示点数 1 出现的频数,C1008 表示总计数),按回车键后得到点数 1 出现的频率,同样的方法可以得到其他点数的频率(结果如图 3-19 所示).

图 3-18　　　　　　　　　　　　　　　　　　　　　　图 3-19

试验次数越多,我们会发现各个点数的频率越稳定.

第四章　　随机变量的数字特征

分布函数在概率意义上给随机变量以完整的刻画,但在许多实际问题的研究中,要确定某一随机变量的概率分布往往并不容易.就某些实际问题而言,我们更关心能够代表随机变量主要统计特征的数字.举例说明:在研究水稻品种的优劣时,往往关心的是稻穗的平均稻谷粒数;在评价两名射手的射击水平时,通常是通过比较两名射手在多次射击试验中命中环数的平均值来区别水平高低.

我们把一些与随机变量的概率分布密切相关且能反映随机变量某些方面重要特征的数值称为随机变量的数字特征.

第一节　　数 学 期 望

例1　分赌本问题(产生背景).

A、B两人赌技相同,各出赌金100元,并约定先胜三局者为胜,取得全部赌金200元.由于出现意外情况,在A胜2局、B胜1局时,不得不终止赌博,如果要分赌金,该如何分配才算公平?

分析　假设继续赌两局,则结果有以下四种情况.
$$AA \quad AB \quad BA \quad BB$$
把已赌过的三局与上述结果相结合,则A、B赌完五局,A、B最终获胜的可能性大小之比为$3:1$,即A应获得赌金的$\frac{3}{4}$,而B只能获得赌金的$\frac{1}{4}$.

因此,A能"期望"得到的数目应为
$$\left(200 \times \frac{3}{4} + 0 \times \frac{1}{4}\right) 元 = 150 \ 元.$$
而B能"期望"得到的数目为
$$\left(200 \times \frac{1}{4} + 0 \times \frac{3}{4}\right) 元 = 50 \ 元.$$

若设随机变量X为"在A胜2局、B胜1局的前提下,继续赌下去A最终所得的赌金",则有

X	200	0
P	$\frac{3}{4}$	$\frac{1}{4}$

因而,A期望所得的赌金即X的"期望"值等于

$$200 \times \frac{3}{4} + 0 \times \frac{1}{4} = 150 \text{ 元},$$

即 A 期望所得的赌金为 X 的可能值与其概率之积的累加.

一、数学期望的定义及计算

1. 离散型随机变量的数学期望的定义

定义 1　设离散型随机变量 X 的分布律为 $P\{X = x_i\} = p_i, i = 1, 2, \cdots$,若级数 $\sum\limits_{i=1}^{\infty} x_i p_i$ 绝

对收敛,则称 $\sum\limits_{i=1}^{\infty} x_i p_i$ 为随机变量 X 的数学期望或均值,记作 $E(X)$ 或 EX,即

$$E(X) = \sum_{i=1}^{\infty} x_i p_i.$$

如果级数 $\sum\limits_{i=1}^{\infty} |x_i| p_i$ 发散,则称 X 的数学期望不存在.

注

（1）$E(X)$ 是一个常量,而非变量,是以其所有可能值的概率为权重的一种加权平均. 与一般的平均值不同,它从本质上体现了随机变量 X 取所有可能值的真正的平均值,反映了随机变量取值的平均水平,也称为均值.

（2）级数的绝对收敛性保证了级数的和不随级数各项次序的改变而改变,之所以这样要求,是因为数学期望是反映随机变量 X 取可能值的平均值的,它不应随可能值的排列次序而改变.

（3）随机变量的数学期望与一般变量的算术平均值不同.

2. 离散型随机变量数学期望的计算

例 2　某两名射手在相同条件下进行射击,其命中环数 X 及其概率如表 4-1 所示,试问哪名射手的技术更好些?

表 4-1

X(命中环数)	8	9	10
甲	0.1	0.4	0.5
乙	0.3	0.3	0.4

解　甲、乙射手命中环数 X 的数学期望为
$$E(X_\text{甲}) = 8 \times 0.1 + 9 \times 0.4 + 10 \times 0.5 = 9.4,$$
$$E(X_\text{乙}) = 8 \times 0.3 + 9 \times 0.3 + 10 \times 0.4 = 9.1.$$

上述结果说明,若甲、乙进行多次射击,则甲的平均命中环数为 9.4 环,而乙的平均命中环数为 9.1 环,这说明甲的射击技术比乙好些.

例 3　如何确定投资决策方向?

某人有 10 万元现金,想投资某项目,预估成功的机会为 30%,可得利润 8 万元,失败的机会为 70%,将损失 2 万元. 若存入银行,同期间的利率为 5%. 问是否应该选择投资该项目?

解　设 X 为投资利润,则其分布律为

X/万元	8	-2
P	0.3	0.7

$$E(X) = (8 \times 0.3 - 2 \times 0.7) \text{ 万元} = 1 \text{ 万元},$$

存入银行的利息为 10 万元 $\times 5\% = 0.5$ 万元,故应该选择投资该项目.

例 4　若随机变量 X 的取值为 $x_k = (-1)^k \dfrac{2^k}{k}, k = 1, 2, \cdots$,其分布律为 $p_k = \dfrac{1}{2^k}, k = 1,$ $2, \cdots$. 证明:X 的数学期望不存在.

证明　$\displaystyle\sum_{k=1}^{\infty} |x_k| p_k = \sum_{k=1}^{\infty} \left| (-1)^k \dfrac{2^k}{k} \right| \dfrac{1}{2^k} = \sum_{k=1}^{\infty} \dfrac{1}{k}$ 是调和级数,是发散的,故 X 的数学期望不存在.

3. 连续型随机变量的数学期望的定义

定义 2　设连续型随机变量 X 的概率密度为 $f(x)$,若积分

$$\int_{-\infty}^{+\infty} x f(x) \mathrm{d}x$$

绝对收敛,则称积分 $\displaystyle\int_{-\infty}^{+\infty} x f(x) \mathrm{d}x$ 为 X 的数学期望或均值,记为 $E(X)$ 或 EX,即

$$E(X) = \int_{-\infty}^{+\infty} x f(x) \mathrm{d}x.$$

若积分 $\displaystyle\int_{-\infty}^{+\infty} |x| f(x) \mathrm{d}x$ 发散,则称 X 的数学期望不存在.

4. 连续型随机变量的数学期望定义的解释

连续型随机变量的数学期望 $E(X)$ 反映了随机变量 X 取值的"平均水平". 假如 X 表示寿命,则 $E(X)$ 就表示平均寿命;假如 X 表示重量,$E(X)$ 就表示平均重量. 从分布的角度看,数学期望是分布的中心位置.

5. 连续型随机变量数学期望的计算

例 5　已知随机变量 X 的概率密度为 $f(x) = \begin{cases} 2x, & 0 \leqslant x \leqslant 1, \\ 0, & \text{其他}, \end{cases}$ 求 X 的数学期望.

解　$E(X) = \displaystyle\int_{-\infty}^{+\infty} x f(x) \mathrm{d}x = \int_{0}^{1} x \cdot 2x \mathrm{d}x = \dfrac{2}{3}.$

例 6　已知随机变量 X 的概率密度为 $f(x) = \dfrac{1}{\pi(1+x^2)}$(即 X 服从柯西分布),证明:X 的数学期望不存在.

证明　$\displaystyle\int_{-\infty}^{+\infty} |x| f(x) \mathrm{d}x = 2 \int_{0}^{+\infty} x \dfrac{1}{\pi(1+x^2)} \mathrm{d}x = \dfrac{1}{\pi} \ln(1+x^2) \Big|_{0}^{+\infty} = +\infty$ 发散,故 X 的数学期望不存在.

6. 随机变量函数的数学期望

定理 1　设 $Y = g(X)$ 是随机变量 X 的函数,其中,$g(x)$ 为连续实函数.

(1) 若 X 是离散型随机变量,其分布律为 $P\{X = x_i\} = p_i, i = 1, 2, \cdots$,若级数 $\displaystyle\sum_{i=1}^{+\infty} g(x_i) p_i$ 绝对收敛,则 $E[g(X)]$ 存在,且

$$E(Y) = E[g(X)] = \sum_{i=1}^{+\infty} g(x_i) p_i.$$

（2）若 X 是连续型随机变量，其概率密度为 $f(x)$，若积分 $\int_{-\infty}^{+\infty} g(x) f(x) \mathrm{d}x$ 绝对收敛，则 $E[g(X)]$ 存在，且

$$E(Y) = E[g(X)] = \int_{-\infty}^{+\infty} g(x) f(x) \mathrm{d}x.$$

注　由定理 1 知，求 $Y = g(X)$ 的数学期望 $E(Y)$ 时，只需要知道 X 的概率密度即可，并不需要知道 Y 的概率密度.

定理 2　设 $Z = g(X, Y)$ 是二维随机变量 (X, Y) 的函数，其中，$g(x)$ 为连续实函数.

（1）若 (X, Y) 是二维离散型随机变量，其联合分布律为

$$P\{X = x_i, Y = y_j\} = p_{ij}, i, j = 1, 2, \cdots,$$

则当 $\sum_{j=1}^{+\infty} \sum_{i=1}^{+\infty} |g(x_i, y_j)| p_{ij}$ 收敛时，$E[g(X, Y)]$ 存在，且

$$E(Z) = E[g(X, Y)] = \sum_{j=1}^{+\infty} \sum_{i=1}^{+\infty} g(x_i, y_j) p_{ij}.$$

（2）若 (X, Y) 是二维连续型随机变量，其联合概率密度为 $f(x, y)$，则当 $\int_{-\infty}^{+\infty} \int_{-\infty}^{+\infty} |g(x, y)| f(x, y) \mathrm{d}x \mathrm{d}y$ 收敛时，$E[g(X, Y)]$ 存在，且

$$E(Z) = E[g(X, Y)] = \int_{-\infty}^{+\infty} \int_{-\infty}^{+\infty} g(x, y) f(x, y) \mathrm{d}x \mathrm{d}y.$$

注　由定理 2 知，求 $Z = g(X, Y)$ 的数学期望 $E(Z)$ 时，只需要知道 (X, Y) 的联合概率即可，并不需要知道 Z 的概率密度.

7. 随机变量函数的数学期望的计算

例 7　已知离散型随机变量 X 的分布律为

X	-1	0	1	2
P	0.2	0.3	0.3	0.2

求随机变量 $Y = X^2 + 1$ 的数学期望.

解　（方法一）先求 Y 的分布律为

Y	1	2	5
P	0.3	0.5	0.2

则 $Y = X^2 + 1$ 的数学期望为

$$E(Y) = 1 \times 0.3 + 2 \times 0.5 + 5 \times 0.2 = 2.3.$$

（方法二）$Y = X^2 + 1$ 的数学期望为

$$E(Y) = [(-1)^2 + 1] \times 0.2 + (0^2 + 1) \times 0.3 + (1^2 + 1) \times 0.3 + (2^2 + 1) \times 0.2 = 2.3.$$

例 8　设国际市场对我国某种出口商品的每年需求量是随机变量 X（单位：吨），它服从区间 $[2000, 4000]$ 上的均匀分布. 每销售出 1 吨商品，可为国家赚取外汇 3 万元；若销售不出，则每吨商品需贮存费 1 万元. 问应组织多少货源，才能使国家收益最大？

解　设组织 t 吨货源，显然应要求 $2000 \leqslant t \leqslant 4000$，国家收益 Y（单位：万元）是 X 的函数，$Y = g(X)$，表达式为

$$g(X) = \begin{cases} 3t, & X \geqslant t, \\ 4X - t, & X < t. \end{cases}$$

设 X 的概率密度函数为 $f(x)$,则

$$f(x) = \begin{cases} 1/2000, & 2000 \leqslant x \leqslant 4000, \\ 0, & \text{其他}. \end{cases}$$

于是 Y 的期望为

$$E(Y) = \int_{-\infty}^{+\infty} g(x)f(x)\mathrm{d}x = \int_{2000}^{4000} \frac{1}{2000}g(x)\mathrm{d}x$$

$$= \frac{1}{2000}\left[\int_{2000}^{t}(4x-t)\mathrm{d}x + \int_{t}^{4000}3t\mathrm{d}x\right] = \frac{1}{2000}(-2t^2 + 14\,000t - 8\times10^6)$$

记 $\varphi(t) = -2t^2 + 14\,000t - 8\times10^6$,则有

$$\frac{\mathrm{d}\varphi(t)}{\mathrm{d}t} = -4t + 14\,000 = 0,$$

解得 $t = 3500$,又 $\dfrac{\mathrm{d}^2\varphi(t)}{\mathrm{d}t^2} = -4 < 0$,故 $t = 3500$ 吨时,$E(Y)$ 取最大值,因此,组织 3500 吨货源,才能使用国家收益最大.

例 9 设 (X,Y) 的联合分布律为

X \ Y	−1	0	1
1	0.2	0.1	0.1
2	0.1	0	0.1
3	0	0.3	0.1

求数学期望 $E(X)$,$E(XY)$.

解 X 的分布律(边缘分布律)为

X	1	2	3
P	0.4	0.2	0.4

则 $\quad E(X) = 1\times0.4 + 2\times0.2 + 3\times0.4 = 2.$

XY 的分布律为

XY	−2	−1	0	1	2	3
P	0.1	0.2	0.4	0.1	0.1	0.1

则

$$E(XY) = (-2)\times0.1 + (-1)\times0.2 + 0\times0.4 + 1\times0.1 + 2\times0.1 + 3\times0.1 = 0.2.$$

例 10 设二维随机变量 (X,Y) 的概率密度为

$$f(x,y) = \begin{cases} \mathrm{e}^{-(x+y)}, & x>0, y>0, \\ 0, & \text{其他}, \end{cases}$$

求数学期望 $E(X)$,$E(XY)$.

解 记 $g(X,Y) = X$,则

$$E(X) = E[g(X,Y)] = \int_{-\infty}^{+\infty}\int_{-\infty}^{+\infty} g(x,y)f(x,y)\mathrm{d}x\mathrm{d}y$$

$$= \int_{0}^{+\infty}\int_{0}^{+\infty} x\mathrm{e}^{-(x+y)}\mathrm{d}x\mathrm{d}y = \int_{0}^{+\infty} x\mathrm{e}^{-x}\mathrm{d}x\int_{0}^{+\infty}\mathrm{e}^{-y}\mathrm{d}y = 1.$$

记 $g(X,Y) = XY$,则

$$E(XY) = E[g(X,Y)] = \int_{-\infty}^{+\infty}\int_{-\infty}^{+\infty} g(x,y)f(x,y)\mathrm{d}x\mathrm{d}y$$

$$= \int_0^{+\infty}\int_0^{+\infty} xy\mathrm{e}^{-(x+y)}\mathrm{d}x\mathrm{d}y = \int_0^{+\infty} x\mathrm{e}^{-x}\mathrm{d}x\int_0^{+\infty} y\mathrm{e}^{-y}\mathrm{d}x\mathrm{d}y = 1.$$

注　当已知二维随机变量 (X,Y) 的联合概率密度 $f(x,y)$,求 $E(X)$ 时,不必算出 X 的概率密度,只把 X 看成 $g(X,Y)$,利用 (X,Y) 的概率密度 $f(x,y)$ 来计算 $E(X)$ 即可.

二、数学期望的性质

数学期望的性质如下.

(1) 设 C 为任意一个常数,则 $E(C) = C$.

证明　可以将 C 看作一个特殊的随机变量,它只取值 C,因而它取 C 的概率为 1. 令 $X = C$,则 $P\{X = C\} = 1$,因此

$$E(X) = E(C) = 1 \times C = C.$$

注　因为 $E(X)$ 是常数,故 $E[E(X)] = E(X)$.

(2) 设 X 为一随机变量,且 $E(X)$ 存在,C 为常数,则有

$$E(CX) = CE(X).$$

证明　若 X 为离散型随机变量,其分布律为

$$P(X = x_k) = p_k, k = 1, 2, \cdots,$$

则 $E(CX) = \sum_k Cx_k p_k = C\sum_k x_k p_k = CE(X)$.

若 X 为连续型随机变量,其概率密度为 $f(x)$,则

$$E(CX) = \int_{-\infty}^{+\infty} Cxf(x)\mathrm{d}x = C\int_{-\infty}^{+\infty} xf(x)\mathrm{d}x = CE(X).$$

(3) 如果 X,Y 为随机变量,则有 $E(X+Y) = E(X) + E(Y)$.

证明　若 (X,Y) 为二维离散型随机变量,其联合分布律为

$$P(X = x_i, Y = y_j) = p_{ij}, i, j = 1, 2, \cdots,$$

则 $E(X+Y) = \sum_i \sum_j (x_i + y_j)p_{ij} = \sum_i \sum_j x_i p_{ij} + \sum_i \sum_j y_j p_{ij} = E(X) + E(Y)$.

若 (X,Y) 为二维连续型随机变量,其联合概率密度为 $f(x,y)$,则

$$E(X+Y) = \int_{-\infty}^{+\infty}\int_{-\infty}^{+\infty} (x+y)f(x,y)\mathrm{d}x\mathrm{d}y$$

$$= \int_{-\infty}^{+\infty}\int_{-\infty}^{+\infty} xf(x,y)\mathrm{d}x\mathrm{d}y + \int_{-\infty}^{+\infty}\int_{-\infty}^{+\infty} yf(x,y)\mathrm{d}x\mathrm{d}y = E(X) + E(Y).$$

注　性质(3)可推广到有限个随机变量之和的情形. 由性质(1)、(2)、(3)可得 $E(aX+b) = aE(X) + b(a,b$ 为任意常数). 显然,$E[X - E(X)] = 0$.

(4) 如果 X,Y 为相互独立的随机变量,则有 $E(XY) = E(X)E(Y)$.

证明　若 (X,Y) 为二维离散型随机变量,联合分布律及边缘分布律为

$$P\{X = x_i, Y = y_j\} = p_{ij}, P\{X = x_i\} = p_{i\cdot}, P\{Y = y_j\} = p_{\cdot j}, i, j = 1, 2, \cdots.$$

由 X,Y 相互独立得 $p_{ij} = p_{i\cdot} \cdot p_{\cdot j}$,则

$$E(XY) = \sum_i \sum_j x_i y_j p_{ij} = \sum_i \sum_j x_i y_j p_{i\cdot} p_{\cdot j} = \sum_i x_i p_{i\cdot} \sum_j y_j p_{\cdot j} = E(X)E(Y).$$

若 (X,Y) 为二维连续型随机变量,其联合概率密度为 $f(x,y)$,边缘概率密度为 $f_X(x)$,

$f_Y(y)$，由 X,Y 相互独立得 $f(x,y) = f_X(x) \cdot f_Y(y)$，则

$$E(XY) = \int_{-\infty}^{+\infty}\int_{-\infty}^{+\infty} xyf(x,y)\mathrm{d}x\mathrm{d}y = \int_{-\infty}^{+\infty}\int_{-\infty}^{+\infty} xyf_X(x)f_Y(y)\mathrm{d}x\mathrm{d}y$$

$$= \int_{-\infty}^{+\infty} xf_X(x)\mathrm{d}x \cdot \int_{-\infty}^{+\infty} yf_Y(y)\mathrm{d}y = E(X)E(Y).$$

注

（1）性质（4）可推广到有限个相互独立的随机变量之积的情形.

（2）由 $E(XY) = E(X)E(Y)$ 不一定能推出 X,Y 相互独立.

三、常用随机变量的数学期望

1. 常用离散型随机变量的数学期望

（1）一点分布（退化分布）.

随机变量 X 以概率 1 取某一常数 a，即 $P\{X = a\} = 1$，则称 X 服从点 a 处的退化分布（一点分布）.

数学期望 $E(X) = a$.

（2）两点分布（伯努利分布）.

若随机变量 X 只有两个可能的取值 0 和 1，其概率分布为

X	0	1
P	$1-p$	p

或　　　　　　　　　　　$P\{X = k\} = p^k(1-p)^{1-k}, k = 0,1,$

则称 X 服从参数为 $p(p > 0)$ 的两点分布（也称 0-1 分布），记作 $X \sim b(1,p)$.

数学期望 $E(X) = 1 \times p + 0 \times (1-p) = p$.

（3）二项分布.

设 X 表示 n 重伯努利试验中事件 A 发生的次数，则 X 所有可能的取值为 $0,1,\cdots,n$，且对应的概率为

$$P\{X = k\} = C_n^k p^k(1-p)^{n-k} = C_n^k p^k q^{n-k}, q = 1-p, k = 0,1,\cdots,n,$$

则称 X 服从参数为 n,p 的二项分布，记作 $X \sim b(n,p)$.

数学期望 $E(X) = np$.

证明　（方法一）X 可以看作 n 个两点分布的和，即 $X = X_1 + X_2 + \cdots + X_n$，其中

$$X_i \sim b(1,p), E(X_i) = p, i = 1,2,\cdots,n.$$

由数学期望性质得 $E(X) = E(X_1) + E(X_2) + \cdots + E(X_i) = np$.

（方法二）

$$E(X) = \sum_{k=0}^n k \cdot C_n^k p^k(1-p)^{n-k} = \sum_{k=1}^n k \cdot \frac{n!}{k!(n-k)!}p^k(1-p)^{n-k}$$

$$= np\sum_{k=1}^n \frac{(n-1)!}{(k-1)!(n-k)!}p^{k-1}(1-p)^{n-k} = np[p + (1-p)]^{n-1} = np.$$

（4）泊松分布.

若随机变量 X 的概率分布为

$$P\{X = k\} = \frac{\lambda^k}{k!}\mathrm{e}^{-\lambda}, k = 0,1,2,\cdots,$$

其中，$\lambda > 0$ 为参数，则称 X 服从参数为 λ 的泊松分布，记作 $X \sim p(\lambda)$.

数学期望

$$E(X) = \sum_{k=0}^{\infty} k \cdot \frac{\lambda^k}{k!} \mathrm{e}^{-\lambda} = \sum_{k=1}^{n} \frac{\lambda^k}{(k-1)!} \mathrm{e}^{-\lambda} = \lambda \mathrm{e}^{-\lambda} \sum_{k=1}^{n} \frac{\lambda^{k-1}}{(k-1)!} = \lambda \mathrm{e}^{-\lambda} \cdot \mathrm{e}^{\lambda} = \lambda.$$

2. 常见连续型随机变量的数学期望

（1）均匀分布.

如果随机变量 X 的概率密度为

$$f(x) = \begin{cases} \dfrac{1}{b-a}, & a \leqslant x \leqslant b, \\ 0, & \text{其他}, \end{cases}$$

则称 X 服从 $[a,b]$ 上的均匀分布，记作 $X \sim U[a,b]$.

数学期望 $E(X) = \displaystyle\int_{-\infty}^{+\infty} xf(x)\mathrm{d}x = \int_a^b x\,\frac{1}{b-a}\mathrm{d}x = \frac{a+b}{2}$.

（2）指数分布.

如果随机变量 X 的概率密度为

$$f(x) = \begin{cases} \lambda \mathrm{e}^{-\lambda x}, & x > 0, \\ 0, & x \leqslant 0, \end{cases}$$

其中，$\lambda > 0$ 为参数，则称 X 服从参数为 λ 的指数分布，记作 $X \sim E(\lambda)$.

$$\text{数学期望 } E(X) = \int_{-\infty}^{+\infty} xf(x)\mathrm{d}x = \int_0^{+\infty} x\lambda \mathrm{e}^{-\lambda x}\mathrm{d}x$$

$$= \int_0^{+\infty} x\mathrm{d}(-\mathrm{e}^{-\lambda x}) = -x\mathrm{e}^{-\lambda x}\Big|_0^{+\infty} + \int_0^{+\infty} \mathrm{e}^{-\lambda x}\mathrm{d}x = \frac{1}{\lambda}.$$

（3）正态分布.

如果连续型随机变量 X 的概率密度为

$$f(x) = \frac{1}{\sqrt{2\pi}\sigma} \mathrm{e}^{-\frac{(x-u)^2}{2\sigma^2}}, \quad -\infty < x < +\infty,$$

其中，μ, σ 为常数，$-\infty < \mu < +\infty$，$\sigma > 0$，则称 X 服从参数为 μ 和 σ^2 的正态分布，记作 $X \sim N(\mu, \sigma^2)$.

$$\text{数学期望 } E(X) = \int_{-\infty}^{+\infty} xf(x)\mathrm{d}x = \int_{-\infty}^{+\infty} x\,\frac{1}{\sqrt{2\pi}\sigma} \mathrm{e}^{-\frac{(x-u)^2}{2\sigma^2}}\mathrm{d}x$$

$$\overset{\diamondsuit t=\frac{x-\mu}{\sigma}}{=} \int_{-\infty}^{+\infty} (\mu+\sigma t)\,\frac{1}{\sqrt{2\pi}} \mathrm{e}^{-\frac{t^2}{2}}\mathrm{d}t = \int_{-\infty}^{+\infty} \mu\,\frac{1}{\sqrt{2\pi}} \mathrm{e}^{-\frac{t^2}{2}}\mathrm{d}t + \int_{-\infty}^{+\infty} \sigma t\,\frac{1}{\sqrt{2\pi}} \mathrm{e}^{-\frac{t^2}{2}}\mathrm{d}t$$

$$\overset{\text{第二项等于0(被积函数为奇函数)}}{=} \mu\int_{-\infty}^{+\infty} \frac{1}{\sqrt{2\pi}} \mathrm{e}^{-\frac{t^2}{2}}\mathrm{d}t = \mu.$$

习题 4.1

1. 设 X 的分布律为

X	0	1	2
P	$\dfrac{1}{10}$	$\dfrac{6}{10}$	$\dfrac{3}{10}$

求 $E[X-E(X)]^2$.

2. 已知随机变量 X 的概率密度为 $f(x)=\begin{cases}2x, & 0\leqslant x\leqslant 1,\\0, & \text{其他},\end{cases}$ 求 $E[X-E(X)]^2$.

3. 已知随机变量 X 的分布函数为 $F(x)=\begin{cases}0 & x<0,\\\dfrac{1}{2}x^2 & 0\leqslant x\leqslant 1,\\2x-\dfrac{1}{2}x^2-1 & 1<x\leqslant 2,\\1 & x>2,\end{cases}$ 求 $E(X)$.

4. 设 (X,Y) 的联合分布律为

X \ Y	1	2
1	0.3	0.2
2	0.1	0.4

求数学期望 $E(X^2-Y)$.

5. 设 (X,Y) 的概率密度为 $f(x,y)=\begin{cases}\dfrac{x+y}{3}, & 0\leqslant x\leqslant 2,0\leqslant y\leqslant 1,\\0, & \text{其他},\end{cases}$ 求数学期望 $E(Y),E(X+Y)$.

6. 设二维随机变量 (X,Y) 在区域 D 上服从二维均匀分布,其中 D 是由 x 轴,y 轴及直线 $x+y=1$ 所围成的区域. 求 $E(X),E(Y),E(2X+3Y),E(XY)$.

第二节　方　　差

数学期望是描述分布"位置"的数字特征,刻画了随机变量取值的平均水平,但无法反映随机变量取值的"波动"大小.

例 1　X 与 Y 的分布律为

X	−2	−1	0	1	2
P	0.2	0.2	0.2	0.2	0.2

Y	−200	−100	0	100	200
P	0.2	0.2	0.2	0.2	0.2

易知 $E(X)=E(Y)=0$,但 X 的分布偏离期望要比 Y 的分布偏离期望小,该如何度量呢? X 对于 $E(X)$ 的偏离 $X-E(X)$(称为 X 的离差)有正有负,且 $E[X-E(X)]=0$,为了不使正负偏离相互抵消,很自然想到用 $|X-E(X)|$ 表示. 又因为绝对值函数不方便计算,故一般用 $[X-E(X)]^2$ 来刻画. 又因为 $[X-E(X)]^2$ 是一个随机变量,所以用 $E[X-E(X)]^2$ 来刻画 X 对其分布中心 $E(X)$ 的平均偏离,这个量称为 X 的方差.

一、方差的定义

定义 1　设 X 是一个随机变量，如果 $E[X-E(X)]^2$ 存在，则称之为 X 的方差，记为 $D(X)$ 或 $\text{Var}(X)$，即

$$D(X) = \text{Var}(X) = E[X-E(X)]^2.$$

称 $\sqrt{D(X)}$ 为标准差或均方差，记为 $\sigma(X)$。

注

（1）方差和标准差的作用相同，都是用来描述随机变量取值的分散程度的。

（2）方差与标准差的值越大，表示 X 取值分散程度越大；方差与标准差的值越小，表示 X 的取值越集中。

（3）标准差与随机变量、数学期望具有相同的量纲，而方差与随机变量的量纲不同，因此在实际应用中，人们更多选用标准差，但标准差的计算需要借助方差。

（4）当随机变量 X 的数学期望存在时，X 的方差不一定存在；当 X 的方差存在时，X 的数学期望一定存在。

（5）由定义 1 知，若方差存在，则一定为非负。

二、方差的计算

若 X 为离散型随机变量，其分布律为 $P\{X=x_k\} = p_k, k=1,2,\cdots$，则

$$D(X) = \sum_k [x_k - E(X)]^2 p_k.$$

若 X 为连续型随机变量，其概率密度为 $f(x)$，则

$$D(X) = \int_{-\infty}^{+\infty} [x-E(X)]^2 f(x)\mathrm{d}x.$$

简便公式为

$$D(X) = E(X^2) - [E(X)]^2.$$

由数学期望的性质得

$$D(X) = E[X-E(X)]^2 = E\{X^2 - 2XE(X) + [E(X)]^2\}$$
$$= E(X^2) - 2E(X)E(X) + [E(X)]^2 = E(X^2) - [E(X)]^2.$$

注　由方差的简便公式得另一个常用的公式为 $E(X^2) = D(X) + [E(X)]^2$。

例 2　已知随机变量 X 的分布律为

X	-2	0	1	3
P	$\dfrac{1}{3}$	$\dfrac{1}{2}$	$\dfrac{1}{12}$	$\dfrac{1}{12}$

求 $D(X)$。

解　$E(X) = (-2)\times\dfrac{1}{3} + 0\times\dfrac{1}{2} + 1\times\dfrac{1}{12} + 3\times\dfrac{1}{12} = -\dfrac{1}{3}$，

$$E(X^2) = (-2)^2\times\dfrac{1}{3} + 0^2\times\dfrac{1}{2} + 1^2\times\dfrac{1}{12} + 3^2\times\dfrac{1}{12} = \dfrac{13}{6},$$

所以

$$D(X) = E(X^2) - [E(X)]^2 = \frac{13}{6} - \left(-\frac{1}{3}\right)^2 = \frac{37}{18}.$$

例 3　设连续型随机变量 X 的概率密度为

$$f(x) = \begin{cases} \cos x, & 0 \leqslant x \leqslant \dfrac{\pi}{2}, \\ 0, & \text{其他}, \end{cases}$$

求：$(1)D(X)$；$(2)\ D(X^2)$.

解　(1) $E(X) = \displaystyle\int_{-\infty}^{+\infty} x f(x) \mathrm{d}x = \int_0^{\frac{\pi}{2}} x\cos x \mathrm{d}x = \frac{\pi}{2} - 1$,

$$E(X^2) = \int_{-\infty}^{+\infty} x^2 f(x) \mathrm{d}x = \int_0^{\frac{\pi}{2}} x^2 \cos x \mathrm{d}x = \frac{\pi^2}{4} - 2,$$

所以　　　　$D(X) = E(X^2) - [E(X)]^2 = \dfrac{\pi^2}{4} - 2 - \left(\dfrac{\pi}{2} - 1\right)^2 = \pi - 3$;

(2) $E(X^2) = \displaystyle\int_{-\infty}^{+\infty} x^2 f(x) \mathrm{d}x = \int_0^{\frac{\pi}{2}} x^2 \cos x \mathrm{d}x = \frac{\pi^2}{4} - 2$,

$$E(X^4) = \int_{-\infty}^{+\infty} x^4 f(x) \mathrm{d}x = \int_0^{\frac{\pi}{2}} x^4 \cos x \mathrm{d}x = \frac{\pi^4}{16} - 3\pi^2 + 24,$$

由 $D(X) = E(X^2) - [E(X)]^2$ 可得

$$D(Y) = D(X^2) = E(X^4) - [E(X^2)]^2 = \frac{\pi^4}{16} - 3\pi^2 + 24 - \left(\frac{\pi^2}{4} - 2\right)^2 = 20 - 2\pi^2.$$

例 4　设二维连续型随机变量 (X,Y) 的概率密度为

$$f(x,y) = \begin{cases} 1, & 0 < x < 1, |y| < x, \\ 0, & \text{其他}, \end{cases}$$

求 $D(X)$.

解　记 D：$|y| < x, 0 < x < 1$,

$$E(X) = \int_{-\infty}^{+\infty}\int_{-\infty}^{+\infty} x f(x,y) \mathrm{d}x\mathrm{d}y = \iint\limits_{D} x \mathrm{d}x\mathrm{d}y = \int_0^1 \mathrm{d}x \int_{-x}^{x} x \mathrm{d}y = \frac{2}{3},$$

$$E(X^2) = \int_{-\infty}^{+\infty}\int_{-\infty}^{+\infty} x^2 f(x,y) \mathrm{d}x\mathrm{d}y = \iint\limits_{D} x^2 \mathrm{d}x\mathrm{d}y = \int_0^1 \mathrm{d}x \int_{-x}^{x} x^2 \mathrm{d}y = \frac{1}{2},$$

$$D(X) = E(X^2) - [E(X)]^2 = \frac{1}{18}.$$

三、方差的性质

性质 1　设 C 为常数，则 $D(C) = 0$.

证明　$D(C) = E(C^2) - [E(C)]^2 = C^2 - C^2 = 0$.

注　方差是反映随机变量分散程度的数字特征，而随机变量只取一个常数 C，没有波动，故其方差为零。

性质 2　如果 X 为随机变量，C 为常数，则 $D(CX) = C^2 D(X)$.

证明　$D(CX) = E(C^2 X^2) - [E(CX)]^2$

$$= C^2 E(X^2) - C^2 [E(X)]^2 = C^2 D(X).$$

性质 3　X, Y 为随机变量，且各自的方差都存在，则有

$$D(X \pm Y) = D(X) + D(Y) \pm 2E\{[X - E(X)][Y - E(Y)]\}$$
$$= D(X) + D(Y) \pm 2[E(XY) - E(X)E(Y)].$$

证明
$$D(X \pm Y) = E[(X \pm Y)^2] - [E(X \pm Y)]^2$$
$$= E(X^2 \pm 2XY + Y^2) - [E(X) \pm E(Y)]^2$$
$$= E(X^2) \pm 2E(XY) + E(Y^2) - \{[E(X)]^2 \pm 2E(X)E(Y) + [E(Y)]^2\}$$
$$= D(X) + D(Y) \pm 2[E(XY) - E(X)E(Y)].$$

推论 1 如果 X,Y 为相互独立的随机变量,且各自的方差都存在,则有 $D(X \pm Y) = D(X) + D(Y)$.

推论 2 如果 X 为随机变量,C 为常数,则 $D(X + C) = D(X)$.

推论 3 如果 X 为随机变量,a,b 为常数,则 $D(aX + b) = a^2 D(X)$.

注

(1) 推论 1 可以推广到有限个相互独立的随机变量的情形.

(2) 推论 2 说明对随机变量做平移不改变其方差.

性质 4 对任意常数 C,有
$$D(X) \leqslant E(X - C)^2,$$
当且仅当 $C = E(X)$ 时等号成立.

证明
$$E(X - C)^2 = E\{[X - E(X)] + [E(X) - C]\}^2$$
$$= E[X - E(X)]^2 + 2E[X - E(X)][E(X) - C] + [E(X) - C]^2$$
$$= D(X) + [E(X) - C]^2.$$

当 $C = E(X)$ 时,显然有 $D(X) = E(X - C)^2$;

当 $C \neq E(X)$ 时,$[E(X) - C]^2 > 0$,显然有 $D(X) < E(X - C)^2$.

综上所述,总有
$$D(X) \leqslant E(X - C)^2.$$

性质 5 $D(X) = 0$ 的充要条件是 $P\{X = C\} = 1$,其中 C 为常数.

例 5 已知随机变量 X 的分布律为

X	-2	0	1	3
P	$\dfrac{1}{3}$	$\dfrac{1}{2}$	$\dfrac{1}{12}$	$\dfrac{1}{12}$

求 $D(2X^3 + 5)$.

解 由方差的性质得
$$D(2X^3 + 5) = 4D(X^3) = 4[E(X^6) - E^2(X^3)],$$
$$E(X^6) = (-2)^6 \times \frac{1}{3} + 0^6 \times \frac{1}{2} + 1^6 \times \frac{1}{12} + 3^6 \times \frac{1}{12} = \frac{493}{6},$$
$$E(X^3) = (-2)^3 \times \frac{1}{3} + 0^3 \times \frac{1}{2} + 1^3 \times \frac{1}{12} + 3^3 \times \frac{1}{12} = -\frac{1}{3},$$
$$D(2X^3 + 5) = \frac{2954}{9}.$$

四、常见分布的方差

1. 一点分布(退化分布)

随机变量 X 以概率 1 取某一常数 C,即 $P\{X = C\} = 1$,则称 X 服从点 C 处的退化分布(一

点分布).

数学期望 $E(X) = C$,方差 $D(X) = 0$.

2. 两点分布(伯努利分布)

若随机变量 X 只有两个可能的取值 0 和 1,其概率分布为

X	0	1
P	$1 - p$	p

或
$$P(X = k) = p^k(1 - p)^{1-k}, k = 0, 1,$$
则称 X 服从参数为 $p(p > 0)$ 的两点分布(也称 0-1 分布).

数学期望 $E(X) = p$,方差 $D(X) = p(1 - p)$. 数学期望 $E(X^2) = p$,方差 $D(X) = E(X^2) - [E(X)]^2 = p - p^2 = p(1 - p)$.

3. 二项分布

设 X 表示 n 重伯努利试验中事件 A 发生的次数,则 X 所有可能的取值为 $0, 1, 2, \cdots, n$,且相应的概率为
$$P\{X = k\} = C_n^k p^k(1 - p)^{n-k}, k = 0, 1, 2, \cdots, n,$$
则称 X 服从参数为 n, p 的二项分布,记作 $X \sim b(n, p)$.

数学期望 $E(X) = np$,方差 $D(X) = np(1 - p)$.

证明　(方法一)可以将 X 看作 n 个相互独立的 0-1 分布的和,即 $X = X_1 + X_2 + \cdots + X_n$,其中,$X_i \sim b(1, p)$,$D(X_i) = p(1 - p)$,$i = 1, 2, \cdots, n$,由方差的性质得
$$D(X) = D(X_1) + D(X_2) + \cdots + D(X_i) = np(1 - p).$$

$$(方法二)E[X(X - 1)] = \sum_{k=0}^{n} k(k - 1) \cdot C_n^k p^k(1 - p)^{n-k}$$
$$= \sum_{k=2}^{n} k(k - 1) \cdot \frac{n!}{k!(n-k)!} p^k(1 - p)^{n-k}$$
$$= n(n - 1)p^2 \sum_{k=2}^{n} \frac{(n-2)!}{(k-2)!(n-k)!} p^{k-2}(1 - p)^{n-k}$$
$$= n(n - 1)p^2[p + (1 - p)]^{n-2} = n(n - 1)p^2,$$
$$E(X^2) = E[X(X - 1) + X] = E[X(X - 1)] + E(X) = n(n - 1)p^2 + np,$$
$$D(X) = E(X^2) - [E(X)]^2 = n(n - 1)p^2 + np - (np)^2 = np(1 - p).$$

4. 泊松分布

若随机变量 X 的概率分布为
$$P\{X = k\} = \frac{\lambda^k}{k!} e^{-\lambda}, k = 0, 1, 2, \cdots,$$
其中,$\lambda > 0$ 为参数,则称 X 服从参数为 λ 的泊松分布,记作 $X \sim P(\lambda)$.

数学期望 $E(X) = \lambda$,方差 $D(X) = \lambda$.

证明

$$E[X(X - 1)] = \sum_{k=0}^{\infty} k(k - 1) \cdot \frac{\lambda^k}{k!} e^{-\lambda} = \lambda^2 e^{-\lambda} \sum_{k=2}^{\infty} \frac{\lambda^{k-2}}{(k-2)!} = \lambda^2 e^{-\lambda} e^{\lambda} = \lambda^2,$$
$$E(X^2) = E[X(X - 1) + X] = E[X(X - 1)] + E(X) = \lambda^2 + \lambda,$$
$$D(X) = E(X^2) - [E(X)]^2 = \lambda^2 + \lambda - \lambda^2 = \lambda.$$

5. 均匀分布

如果随机变量 X 的概率密度为

$$f(x) = \begin{cases} \dfrac{1}{b-a}, & a \leqslant x \leqslant b, \\ 0, & \text{其他}, \end{cases}$$

则称 X 服从 $[a,b]$ 上的均匀分布，记作 $X \sim U[a,b]$.

数学期望 $E(X) = \dfrac{a+b}{2}$，方差 $D(X) = \dfrac{(b-a)^2}{12}$.

证明

$$E(X^2) = \int_{-\infty}^{+\infty} x^2 f(x) \mathrm{d}x = \int_a^b x^2 \frac{1}{b-a} \mathrm{d}x = \frac{a^2 + b^2 + ab}{3},$$

$$D(X) = E(X^2) - [E(X)]^2 = \frac{a^2 + b^2 + ab}{3} - \left(\frac{a+b}{2}\right)^2 = \frac{(b-a)^2}{12}.$$

6. 指数分布

如果随机变量 X 的概率密度为

$$f(x) = \begin{cases} \lambda \mathrm{e}^{-\lambda x}, & x > 0, \\ 0, & x \leqslant 0, \end{cases}$$

其中，$\lambda > 0$ 为参数，则称 X 服从参数为 λ 的指数分布，记作 $X \sim E(\lambda)$.

数学期望 $E(X) = \dfrac{1}{\lambda}$，方差 $D(X) = \dfrac{1}{\lambda^2}$.

证明

$$E(X^2) = \int_{-\infty}^{+\infty} x^2 f(x) \mathrm{d}x = \int_0^{+\infty} x^2 \lambda \mathrm{e}^{-\lambda x} \mathrm{d}x$$

$$= \int_0^{+\infty} x^2 \mathrm{d}(-\mathrm{e}^{-\lambda x}) = -x^2 \mathrm{e}^{-\lambda x} \Big|_0^{+\infty} + 2\int_0^{+\infty} x \mathrm{e}^{-\lambda x} \mathrm{d}x$$

$$= 2 \frac{1}{\lambda} \int_0^{+\infty} x \lambda \mathrm{e}^{-\lambda x} \mathrm{d}x = \frac{2}{\lambda} E(X) = \frac{2}{\lambda^2},$$

$$D(X) = E(X^2) - [E(X)]^2 = \frac{2}{\lambda^2} - \left(\frac{1}{\lambda}\right)^2 = \frac{1}{\lambda^2}.$$

7. 正态分布

如果连续型随机变量 X 的概率密度为

$$f(x) = \frac{1}{\sqrt{2\pi}\sigma} \mathrm{e}^{-\frac{(x-u)^2}{2\sigma^2}} \quad (-\infty < x < +\infty),$$

其中，μ, σ 为常数，$-\infty < \mu < +\infty$，$\sigma > 0$，则称 X 服从参数为 μ 和 σ^2 的正态分布，记作 $X \sim N(\mu, \sigma^2)$.

数学期望 $E(X) = \mu$，方差 $D(X) = \sigma^2$.

证明 $\quad D(X) = E[X - E(X)]^2 = E(X - \mu)^2$

$$= \int_{-\infty}^{+\infty} (x-\mu)^2 f(x) \mathrm{d}x = \int_{-\infty}^{+\infty} (x-\mu)^2 \frac{1}{\sqrt{2\pi}\sigma} \mathrm{e}^{-\frac{(x-u)^2}{2\sigma^2}} \mathrm{d}x$$

$$\xlongequal{\diamondsuit t = \frac{x-\mu}{\sigma}} \int_{-\infty}^{+\infty} (\sigma t)^2 \frac{1}{\sqrt{2\pi}} \mathrm{e}^{-\frac{t^2}{2}} \mathrm{d}t = \frac{\sigma^2}{\sqrt{2\pi}} \int_{-\infty}^{+\infty} t \mathrm{d}(-\mathrm{e}^{-\frac{t^2}{2}})$$

$$= \frac{\sigma^2}{\sqrt{2\pi}} (-t\mathrm{e}^{-\frac{t^2}{2}} \Big|_{-\infty}^{+\infty} + \int_{-\infty}^{+\infty} \mathrm{e}^{-\frac{t^2}{2}} \mathrm{d}t) = \frac{\sigma^2}{\sqrt{2\pi}} \int_{-\infty}^{+\infty} \mathrm{e}^{-\frac{t^2}{2}} \mathrm{d}t$$

$$= \sigma^2 \int_{-\infty}^{+\infty} \frac{1}{\sqrt{2\pi}} e^{-\frac{t^2}{2}} dt = \sigma^2.$$

习题 4. 2

1. 袋中有 5 只乒乓球，编号为 1,2,3,4,5，从袋中同时任取 3 只，记 X 为取出的 3 只球的最大编号，求 $D(X)$.

2. 已知随机变量 X 的概率密度为 $f(x) = \begin{cases} ax^2 + bx + c, & 0 \leqslant x \leqslant 1, \\ 0, & 其他, \end{cases}$ 又 $E(X) = 0.5$，$D(X) = 0.15$，求 a,b,c.

3. 已知随机变量 X 的概率密度为 $f(x) = \frac{1}{2} e^{-|x|}$，$x \in \mathbf{R}$，求 $D(X)$.

4. 设二维连续型随机变量 (X,Y) 的概率密度为

$$f(x,y) = \begin{cases} 3x, & 0 < x < 1, 0 < y < x, \\ 0, & 其他, \end{cases}$$

求 $D(X)$.

5. 设随机变量 X_1,X_2,X_3 相互独立，且 $X_1 \sim U(1,7)$，$X_2 \sim P(4)$，$X_3 \sim N(2,9)$，求 $D(X_1 + 2X_2 - 3X_3)$.

6. 设随机变量 $X_1,X_2,\cdots,X_n$ 是相互独立的随机变量，且有 $E(X_i) = \mu$，$D(X_i) = \sigma^2$，$i = 1,2,\cdots,n$. 记 $\overline{X} = \frac{1}{n} \sum_{i=1}^{n} X_i$，$S^2 = \frac{1}{n-1} \sum_{i=1}^{n} (X_i - \overline{X})^2$. 证明：(1) $E(\overline{X}) = \mu$，$D(\overline{X}) = \frac{\sigma^2}{n}$；(2) $S^2 = \frac{1}{n-1} \left(\sum_{i=1}^{n} X_i^2 - n\overline{X}^2 \right)$；(3) $E(S^2) = \sigma^2$.

第三节　　协方差与相关系数

由方差的性质可知，如果 X 与 Y 相互独立，则

$$D(X \pm Y) = D(X) + D(Y).$$

如果 X 与 Y 不相互独立，则

$$D(X \pm Y) = D(X) + D(Y) \pm 2E\{[X - E(X)][Y - E(Y)]\},$$

即如果 $E\{[X - E(X)][Y - E(Y)]\} \neq 0$，$X$ 与 Y 就不相互独立，也就是说 X 与 Y 之间存在一定的关系，即 $E\{[X - E(X)][Y - E(Y)]\}$ 的值可以判断 X 与 Y 之间是否有关系.

一、协方差

1. 协方差的定义

定义 1　设对于二维随机变量 (X,Y)，如果存在，则称 $E\{[X - E(X)][Y - E(Y)]\}$ 为随机变量 X 与 Y 的协方差，记作 $\mathrm{Cov}(X,Y)$，即

$$\mathrm{Cov}(X,Y) = E\{[X - E(X)][Y - E(Y)]\}.$$

协方差 $\text{Cov}(X,Y)$ 反映了随机变量 X 与 Y 的线性相关性.

（1）$\text{Cov}(X,Y) > 0$，称 X 与 Y 正相关.（正相关相当于 $Y = aX + b(a > 0)$，当 X 增大时，Y 也增大；当 X 减小时，Y 也减小）

（2）$\text{Cov}(X,Y) < 0$，称 X 与 Y 负相关.（负相关相当于 $Y = aX + b(a < 0)$，当 X 增大时，Y 减小；当 X 减小时，Y 增大）

（3）$\text{Cov}(X,Y) = 0$，称 X 与 Y 不相关.（不相关不是说 X 与 Y 没有关系，只是不能用 $Y = aX + b(a \neq 0)$ 表示，可能有其他除线性相关性之外的关系）

2. 协方差的计算公式

由协方差的定义知，协方差就是 $\{[X - E(X)][Y - E(Y)]\}$ 的数学期望，由数学期望的定义可得协方差的计算公式. 协方差的计算公式如下.

（1）若 (X,Y) 为二维离散型随机变量，其联合分布律为

$$P\{X = x_i, Y = y_j\} = p_{ij} \quad (i,j = 1,2,\cdots),$$

则

$$\text{Cov}(X,Y) = \sum_i \sum_j \{[x_i - E(X)][y_j - E(Y)]\} p_{ij}.$$

（2）若 (X,Y) 为二维连续型随机变量，其概率密度为 $f(x,y)$，则

$$\text{Cov}(X,Y) = \int_{-\infty}^{+\infty} \int_{-\infty}^{+\infty} [x - E(X)][y - E(Y)] f(x,y) \mathrm{d}x \mathrm{d}y.$$

（3）协方差的简单计算公式为

$$\text{Cov}(X,Y) = E(XY) - E(X)E(Y).$$

由数学期望的性质得

$$
\begin{aligned}
\text{Cov}(X,Y) &= E\{[X - E(X)][Y - E(Y)]\} \\
&= E(XY) - E(X)E(Y) - E(Y)E(X) + E(X)E(Y) \\
&= E(XY) - E(X)E(Y).
\end{aligned}
$$

例 1 已知二维离散型随机变量 (X,Y) 的联合分布律为

Y \ X	0	1
0	0.3	0.3
1	0.3	0.1

求 $\text{Cov}(X,Y)$.

解 容易求得 X、Y、XY 的边缘分布律为

X	0	1		Y	0	1		XY	0	1
P	0.6	0.4		P	0.6	0.4		P	0.9	0.1

则 $E(X) = E(Y) = 0.4, E(XY) = 0.1$，所以 $\text{Cov}(X,Y) = E(XY) - E(X)E(Y) = -0.06$.

3. 协方差的性质

设 X,Y,Z 为任意随机变量，a,b 为任意常数，且涉及的随机变量的方差、协方差都存在，则协方差的性质如下.

（1）$\text{Cov}(X,Y) = \text{Cov}(Y,X)$.

（2）$\text{Cov}(aX,bY) = ab\text{Cov}(Y,X)$.

（3）$\text{Cov}(Z,aX + bY) = a\text{Cov}(Z,X) + b\text{Cov}(Z,Y)$.

(4) 如果 X 与 Y 相互独立,则 $\text{Cov}(X,Y) = 0$.(此性质的逆命题不成立)

(5) $\text{Cov}(X,X) = D(X)$.

(6) $\text{Cov}(X,a) = 0$.

(7)(柯西 - 施瓦兹不等式)设 $D(X) > 0, D(Y) > 0$,则有

$$| \text{Cov}(X,Y) |^2 \leqslant D(X)D(Y),$$

当且仅当 $P\{Y - E(Y) = t_0[X - E(X)]\} = 0$ 时,等式成立.

用协方差的简单计算公式易证性质(1) $\sim$ (6),下面证明性质(7).

证明　对任意实数 t,有

$$
\begin{aligned}
0 \leqslant D(Y - tX) &= E[(Y - tX) - E(Y - tX)]^2 \\
&= E[(Y - E(Y)) - t(X - E(X))]^2 \\
&= E[(Y - E(Y))]^2 - 2tE[(Y - E(Y))(X - E(X))] + t^2 E[X - E(X)]^2 \\
&= t^2 D(X) - 2t\text{Cov}(X,Y) + D(Y).
\end{aligned}
$$

又 $D(X) > 0$,由二次函数的性质知 $\Delta = [-2\text{Cov}(X,Y)]^2 - 4D(X)D(Y) \leqslant 0$,即得证.

4. 方差与协方差的关系

方差与协方差的关系为

$$D(X \pm Y) = D(X) + D(Y) \pm 2\text{Cov}(X,Y).$$

协方差的大小在一定程度上反映了 X 与 Y 相互间的关系,但它还受 X 与 Y 各自的量纲的影响,可以改进为相关系数.

二、相关系数

协方差的量纲由 X 与 Y 的量纲共同决定,为了避免随机变量因量纲不同而影响它们相互关系的度量,将每个随机变量"标准化",即

$$X^* = \frac{X - E(X)}{\sqrt{D(X)}}, Y^* = \frac{Y - E(Y)}{\sqrt{D(Y)}}.$$

由协方差的定义可得,$\text{Cov}(X^*, Y^*) = \dfrac{\text{Cov}(X,Y)}{\sqrt{D(X)} \sqrt{D(Y)}}$. 将 $\text{Cov}(X^*, Y^*)$ 作为 X 与 Y 之间相互关系的一种度量,就消除了量纲.

1. 相关系数的定义

定义 2　设 $D(X) > 0, D(Y) > 0$,称

$$\rho_{XY} = \frac{\text{Cov}(X,Y)}{\sqrt{D(X)D(Y)}}$$

为随机变量 X 与 Y 的相关系数,简记为 ρ.

相关系数是无量纲的量.当相关系数的值等于零、大于零、小于零时,分别称随机变量 X 与 Y 不相关、正相关、负相关.

2. 相关系数的意义

问 a,b 如何选择,使 $aX + b$ 最接近 Y?接近的程度又应如何来衡量?

设 $e = E[(Y - (a + bX))^2]$,则 e 可用来衡量 $aX + b$ 近似表达 Y 的好坏程度. e 的值越小,表示 $aX + b$ 与 Y 的近似程度越好.

确定 a,b 的值,使 e 达到最小.

$$e = E[(Y-(a+bX))^2]$$
$$= E(Y^2) + b^2 E(X^2) + a^2 - 2bE(XY) + 2abE(X) - 2aE(Y).$$

将 e 分别对 a,b 求偏导数,并令它们等于 0,得

$$\begin{cases} \dfrac{\partial e}{\partial a} = 2a + 2bE(X) - 2E(Y) = 0, \\[3mm] \dfrac{\partial e}{\partial b} = 2bE(X^2) - 2E(XY) + 2aE(X) = 0, \end{cases}$$

解得

$$b = \frac{\text{Cov}(X,Y)}{D(X)}, a = E(Y) - E(X)\frac{\text{Cov}(X,Y)}{D(X)}.$$

将 a,b 代入 $e = E[(Y-(a+bX))^2]$ 中,得

$$\min_{a,b} e = E[(Y-(a+bX))^2] = (1-\rho_{XY}^2)D(Y).$$

由上式可知,ρ 刻画的是 X 与 Y 的线性关系的强弱. 当 $|\rho|$ 越大时,e 越小,表明 X 与 Y 的线性关系较紧密;当 $|\rho|$ 越小时,e 越大,表明 X 与 Y 的线性相关的程度较差;当 $|\rho|=1$ 时,X 与 Y 的线性关系最强;当 $\rho=0$ 时,称 X 与 Y 不相关.(不相关表示只是没有线性关系)

注

(1) 不相关的充要条件:

①X 与 Y 不相关 $\Leftrightarrow \rho_{XY} = 0$;

②X 与 Y 不相关 $\Leftrightarrow \text{Cov}(X,Y) = 0$;

③X 与 Y 不相关 $\Leftrightarrow E(XY) = E(X)E(Y)$.

如果要计算相关系数,就必须先算协方差,而协方差的计算又要用 $E(XY)-E(X)E(Y)$,因此主要用方法 ③ 来判定 X 与 Y 不相关.

(2) 不相关与相互独立的关系. 当 X 与 Y 相互独立时,X 与 Y 一定不相关,反之不一定成立.

①X 与 Y 不相关,仅针对 X 与 Y 之间不存在线性关系而言,并不能说明 X 与 Y 不具有其他关系;

②X 与 Y 相互独立,是就一般关系而言的,证明方法是:利用事件交的概率等于概率的乘积.

对于离散型随机变量而言,$P\{X=x_i, Y=y_j\} = P\{X=x_i\} \cdot P\{Y=y_j\}(i,j=1,2,\cdots)$,对于连续型随机变量而言,$f(x,y) = f_X(x) \cdot f_Y(y)$.

例 2　已知随机变量 X 的分布律为

X	-1	0	1
P	$\dfrac{1}{4}$	$\dfrac{1}{2}$	$\dfrac{1}{4}$

问 X 与 X^2 是否相关,是否相互独立?

解　易知 $E(X) = E(X^3) = 0, \text{Cov}(X,X^2) = E(X^3) - E(X)E(X^2) = 0$,故 X 与 X^2 不相关. 而 X 与 X^2 是有关系的,是不相互独立的,则有

$$\{X=0\} \Leftrightarrow \{X^2=0\}, P\{X=0, X^2=0\} = P\{X=0\} = \frac{1}{2},$$

$$\{X=1\}\Rightarrow\{X^2=1\},P\{X=1,X^2=1\}=P\{X=1\}=\frac{1}{4},$$

$$\{X=-1\}\Rightarrow\{X^2=1\},P\{X=-1,X^2=1\}=P\{X=-1\}=\frac{1}{4}.$$

它们的联合分布律及边缘分布律为

X^2 \ X	-1	0	1	$p_{i\cdot}$
0	0	$\frac{1}{2}$	0	$\frac{1}{2}$
1	$\frac{1}{4}$	0	$\frac{1}{4}$	$\frac{1}{2}$
$p_{\cdot j}$	$\frac{1}{4}$	$\frac{1}{2}$	$\frac{1}{4}$	

$$P\{X=-1,X^2=0\}=0\neq P\{X=-1\}\cdot P\{X^2=0\}=\frac{1}{4}\times\frac{1}{2}=\frac{1}{8}.$$

例 3　设 $(X,Y)\sim N(\mu_1,\mu_2,\sigma_1^2,\sigma_2^2,\rho)$，试求 X 与 Y 的相关系数.

解　由

$$f(x,y)=\frac{1}{2\pi\sigma_1\sigma_2\sqrt{1-\rho^2}}\exp\left\{\frac{-1}{2(1-\rho^2)}\left[\frac{(x-\mu_1)^2}{\sigma_1^2}-2\rho\frac{(x-\mu_1)(y-\mu_2)}{\sigma_1\sigma_2}+\frac{(y-\mu_2)^2}{\sigma_2^2}\right]\right\}$$

可得

$$f_X(x)=\frac{1}{\sqrt{2\pi}\sigma_1}e^{-\frac{(x-\mu_1)^2}{2\sigma_1^2}},f_Y(y)=\frac{1}{\sqrt{2\pi}\sigma_2}e^{-\frac{(y-\mu_2)^2}{2\sigma_2^2}},-\infty<x<+\infty,-\infty<y<+\infty,$$

可推出 $E(X)=\mu_1,E(Y)=\mu_2,D(X)=\sigma_1^2,D(Y)=\sigma_2^2.$ 而

$$\mathrm{Cov}(X,Y)=\int_{-\infty}^{+\infty}\int_{-\infty}^{+\infty}(x-\mu_1)(y-\mu_2)f(x,y)\mathrm{d}x\mathrm{d}y$$

$$=\frac{1}{2\pi\sigma_1\sigma_2\sqrt{1-\rho^2}}\int_{-\infty}^{+\infty}\int_{-\infty}^{+\infty}(x-\mu_1)(y-\mu_2)\cdot e^{-\frac{(x-\mu_1)^2}{2\sigma_1^2}}e^{-\frac{1}{2(1-\rho^2)}\left[\frac{y-\mu_2}{\sigma_2}-\rho\frac{x-\mu_1}{\sigma_1}\right]^2}\mathrm{d}y\mathrm{d}x.$$

令 $t=\frac{1}{\sqrt{1-\rho^2}}\left(\frac{y-\mu_2}{\sigma_2}-\rho\frac{x-\mu_1}{\sigma_1}\right),u=\frac{x-\mu_1}{\sigma_1},$

$$\mathrm{Cov}(X,Y)=\frac{1}{2\pi}\int_{-\infty}^{+\infty}\int_{-\infty}^{+\infty}(\sigma_1\sigma_2\sqrt{1-\rho^2}tu+\rho\sigma_1\sigma_2u^2)e^{-\frac{u^2}{2}-\frac{t^2}{2}}\mathrm{d}t\mathrm{d}u$$

$$=\frac{\rho\sigma_1\sigma_2}{2\pi}\left(\int_{-\infty}^{+\infty}u^2e^{-\frac{u^2}{2}}\mathrm{d}u\right)\left(\int_{-\infty}^{+\infty}e^{-\frac{t^2}{2}}\mathrm{d}t\right)+\frac{\sigma_1\sigma_2\sqrt{1-\rho^2}}{2\pi}\left(\int_{-\infty}^{+\infty}ue^{-\frac{u^2}{2}}\mathrm{d}u\right)\left(\int_{-\infty}^{+\infty}te^{-\frac{t^2}{2}}\mathrm{d}t\right)$$

$$=\frac{\rho\sigma_1\sigma_2}{2\pi}\sqrt{2\pi}\cdot\sqrt{2\pi},$$

故有 $\mathrm{Cov}(X,Y)=\rho\sigma_1\sigma_2$，于是 $\rho_{XY}=\dfrac{\mathrm{Cov}(X,Y)}{\sqrt{D(X)}\sqrt{D(Y)}}=\rho.$

（1）二维正态分布概率密度中，参数 ρ 代表了 X 与 Y 的相关系数.

（2）二维正态随机变量 X 与 Y 的相关系数为零等价于 X 与 Y 相互独立，即二维正态分布不相关等价于相互独立.

3. 相关系数的性质

相关系数的性质如下.

(1) $|\rho| \leqslant 1$.

证明 （方法一）利用柯西 - 施瓦兹不等式（协方差性质(7)）可证明.

（方法二）因为 $\min_{a,b} e = E[(Y-(a+bX))^2]$

$$= (1-\rho^2)D(Y) \geqslant 0,$$

得 $(1-\rho^2) \geqslant 0$,即得证.

(2) $|\rho| = 1$ 的充要条件为存在常数 $a,b(b \neq 0)$,使

$$P\{Y = a+bX\} = 1,$$

即 X 与 Y 以概率 1 线性相关.

可见,若 $\rho = \pm 1$,X 与 Y 严格线性关系. 当 $\rho = 1$ 时,$b>0$,X 与 Y 严格正相关;当 $\rho = -1$ 时,$b<0$,X 与 Y 严格负相关. 当 $\rho = 0$ 时,X 与 Y 无线性关系.

三、相关系数的计算

例 4 设二维随机变量 (X,Y) 在由 x 轴,y 轴及直线 $x+y-2=0$ 所围成的区域 G 上服从二维均匀分布,求 X 与 Y 的相关系数 ρ_{XY}.

解 (X,Y) 的概率密度为 $f(x,y) = \begin{cases} \dfrac{1}{2}, & (x,y) \in G, \\ 0, & \text{其他}, \end{cases}$ 则

$$E(X) = \int_{-\infty}^{+\infty}\int_{-\infty}^{+\infty} xf(x,y)\mathrm{d}x\mathrm{d}y = \iint_G \frac{1}{2}x\mathrm{d}x\mathrm{d}y = \frac{1}{2}\int_0^2 \mathrm{d}x\int_0^{2-x} x\mathrm{d}y = \frac{2}{3},$$

$$E(X^2) = \int_{-\infty}^{+\infty}\int_{-\infty}^{+\infty} x^2 f(x,y)\mathrm{d}x\mathrm{d}y = \iint_G \frac{1}{2}x^2\mathrm{d}x\mathrm{d}y = \frac{1}{2}\int_0^2 \mathrm{d}x\int_0^{2-x} x^2 \mathrm{d}y = \frac{2}{3},$$

$$D(X) = E(X^2) - [E(X)]^2 = \frac{2}{3} - \left(\frac{2}{3}\right)^2 = \frac{2}{9}.$$

同理 $E(Y) = \dfrac{2}{3}$,$E(Y^2) = \dfrac{2}{3}$,$D(Y) = \dfrac{2}{9}$,

$$E(XY) = \int_{-\infty}^{+\infty}\int_{-\infty}^{+\infty} xyf(x,y)\mathrm{d}x\mathrm{d}y = \iint_G \frac{1}{2}xy\mathrm{d}x\mathrm{d}y = \frac{1}{2}\int_0^2 x\mathrm{d}x\int_0^{2-x} y\mathrm{d}y = \frac{1}{3},$$

故

$$\mathrm{Cov}(X,Y) = E(XY) - E(X)E(Y) = \frac{1}{3} - \frac{2}{3}\times\frac{2}{3} = -\frac{1}{9}.$$

从而

$$\rho_{XY} = \frac{\mathrm{Cov}(X,Y)}{\sqrt{D(X)}\sqrt{D(Y)}} = -\frac{1}{2}.$$

例 5 已知随机变量 (X,Y) 分别服从 $N(1,3^2)$,$N(0,4^2)$,$\rho_{XY} = -1/2$,设 $Z = X/3+Y/2$.
(1) 求 Z 的数学期望和方差;(2) 求 X 与 Z 的相关系数;(3) 问 X 与 Z 是否相互独立?为什么?

解 (1) 由 $E(X) = 1$,$D(X) = 9$,$E(Y) = 0$,$D(Y) = 16$ 得

$$E(Z) = E\left(\frac{X}{3} + \frac{Y}{2}\right) = \frac{1}{3}E(X) + \frac{1}{2}E(Y) = \frac{1}{3},$$

$$D(Z) = D\left(\frac{X}{3}\right) + D\left(\frac{Y}{2}\right) + 2\mathrm{Cov}\left(\frac{X}{3}, \frac{Y}{2}\right) = \frac{1}{9}D(X) + \frac{1}{4}D(Y) + \frac{1}{3}\mathrm{Cov}(X,Y)$$

$$= \frac{1}{9}D(X) + \frac{1}{4}D(Y) + \frac{1}{3}\rho_{XY}\sqrt{D(X)}\sqrt{D(Y)} = 1+4-2 = 3;$$

(2) 因为 $\text{Cov}(X,Z) = \text{Cov}\left(X, \dfrac{X}{3} + \dfrac{Y}{2}\right) = \dfrac{1}{3}\text{Cov}(X,X) + \dfrac{1}{2}\text{Cov}(X,Y) = 0$,

故
$$\rho_{XZ} = \frac{\text{Cov}(X,Z)}{\sqrt{D(X)}\,\sqrt{D(Z)}} = 0.$$

（3）由二维正态随机变量相关系数为零和相互独立两者是等价的结论可知,X 与 Z 相互独立.

习题 4.3

1. 已知二维离散型随机变量(X,Y)的联合分布律为

X \ Y	-1	0	2
0	0.1	0.3	0.2
1	0.3	0	0.1

求 $\text{Cov}(X,Y)$,ρ_{XY}.

2. 已知二维随机变量(X,Y)的联合概率密度为 $f(x,y) = \begin{cases} 3, & (x,y) \in G, \\ 0, & 其他, \end{cases}$ 其中,G 由曲线 $y = x^2$ 与 $x = y^2$ 围成,求 $\text{Cov}(X,Y)$,ρ_{XY}.

3. 已知随机变量 X 与 Y 的 $D(X) = 25$,$D(Y) = 36$,$\rho_{XY} = 0.4$,求 $D(X+Y)$,$D(X-Y)$.

4. 已知二维随机变量(X,Y)的分布律为

Y \ X	-1	0	1
-1	$\dfrac{1}{8}$	$\dfrac{1}{8}$	$\dfrac{1}{8}$
0	$\dfrac{1}{8}$	0	$\dfrac{1}{8}$
1	$\dfrac{1}{8}$	$\dfrac{1}{8}$	$\dfrac{1}{8}$

证明:X 与 Y 不相关,但 X 与 Y 不相互独立.

5. 设 $X \sim N(0,4)$,$Y \sim U(0,4)$,且 X 与 Y 相互独立,求 $E(XY)$,$D(X+Y)$,$D(X-Y)$.

6. 设$(X,Y) \sim N(1,1;4,4;0.5)$,$Z = X+Y$,求 ρ_{XZ}.

第四节　　矩、协方差矩阵

一、原点矩和中心矩

数学期望、方差、协方差是常用的数字特征,它们都是一些特殊的矩,矩是最广泛使用的数

字特征. 最常用的矩有两种:原点矩和中心矩.

定义 1 设 X 与 Y 是随机变量,k,l 为正整数.

(1) 若 $E(X^k),k=1,2,\cdots$ 存在,则称其为随机变量 X 的 k 阶原点矩.

(2) 若 $E\{[X-E(X)]^k\},k=1,2,\cdots$ 存在,则称其为 X 的 k 阶中心矩.

(3) 若 $E(X^kY^l),k,l=1,2,3,\cdots$ 存在,则称其为 X 和 Y 的 $k+l$ 阶混合原点矩.

(4) 若 $E\{[X-E(X)]^k[Y-E(Y)]^l\},k,l=1,2,\cdots$ 存在,则称其为 X 和 Y 的 $k+l$ 阶混合中心矩.

注

(1) X 的数学期望 $E(X)$ 是 X 的一阶原点矩.

(2) X 的方差 $D(X)$ 是 X 的二阶中心矩.

(3) 协方差 $\text{Cov}(X,Y)$ 是 X 和 Y 的二阶混合中心矩.

例 1 设随机变量 $X \sim N(\mu,\sigma^2)$,求 X 的二阶原点矩,以及三阶中心距和四阶中心距.

解 由题意知,$E(X)=\mu,D(X)=\sigma^2$,故 $E(X^2)=D(X)+[E(X)]^2=\sigma^2+\mu^2$.

$$E\{[X-E(X)]^3\}=E[(X-\mu)^3]=\int_{-\infty}^{+\infty}x\frac{(x-\mu)^3}{\sqrt{2\pi}\sigma}\mathrm{e}^{-\frac{(x-\mu)^2}{2\sigma^2}}\mathrm{d}x$$

$$\overset{\frac{x-\mu}{\sigma}=t}{=}\frac{\sigma^3}{\sqrt{2\pi}}\int_{-\infty}^{+\infty}t^3\mathrm{e}^{-\frac{t^2}{2}}\mathrm{d}t=0(被积函数为奇函数).$$

$$E\{[X-E(X)]^4\}=E[(X-\mu)^4]=\int_{-\infty}^{+\infty}x\frac{(x-\mu)^4}{\sqrt{2\pi}\sigma}\mathrm{e}^{-\frac{(x-\mu)^2}{2\sigma^2}}\mathrm{d}x$$

$$\overset{\frac{x-\mu}{\sigma}=t}{=}\frac{\sigma^4}{\sqrt{2\pi}}\int_{-\infty}^{+\infty}t^4\mathrm{e}^{-\frac{t^2}{2}}\mathrm{d}t=\frac{\sigma^4}{\sqrt{2\pi}}\left\{[-t^3\mathrm{e}^{-\frac{t^2}{2}}]_{-\infty}^{+\infty}+3\int_{-\infty}^{+\infty}t^2\mathrm{e}^{-\frac{t^2}{2}}\mathrm{d}t\right\}$$

$$=\frac{3\sigma^4}{\sqrt{2\pi}}\int_{-\infty}^{+\infty}t^2\mathrm{e}^{-\frac{t^2}{2}}\mathrm{d}t=3\sigma^4.$$

二、协方差矩阵

定义 2 设二维随机变量 (X,Y) 关于 X 和 Y 的两个二阶中心矩和两个二阶混合中心矩都存在,即

$$c_{11}=E\{[X-E(X)]^2\},c_{12}=E\{[X-E(X)][Y-E(Y)]\},$$
$$c_{21}=E\{[Y-E(Y)][X-E(X)]\},c_{22}=E\{[Y-E(Y)]^2\},$$

则称矩阵 $\boldsymbol{C}=\begin{pmatrix}c_{11} & c_{12}\\c_{21} & c_{22}\end{pmatrix}$ (对称矩阵)为二维随机变量 (X,Y) 的协方差矩阵.

类似地,设 n 维随机变量 $(X_1,X_2,\cdots,X_n)$ 关于 $X_1,X_2,\cdots,X_n$ 的二阶中心矩和二阶混合中心矩 $c_{ij}=E\{[X_i-E(X_i)][X_j-E(X_j)]\},i,j=1,2,\cdots,n$ 都存在,则称矩阵

$$\boldsymbol{C}=\begin{pmatrix}c_{11} & c_{12} & \cdots & c_{1n}\\c_{21} & c_{22} & \cdots & c_{2n}\\\vdots & \vdots & & \vdots\\c_{n1} & c_{n2} & \cdots & c_{nn}\end{pmatrix}$$

为 $(X_1,X_2,\cdots,X_n)$ 的协方差矩阵. $\boldsymbol{C}$ 为对称矩阵.

例 2 设二维随机变量 $(X,Y) \sim N(\mu_1,\mu_2,\sigma_1,\sigma_2,\rho)$,写出 (X,Y) 的协方差矩阵.

解　因为 $X \sim N(\mu_1, \sigma_1^2), Y \sim N(\mu_2, \sigma_2^2)$，因此 $E(X) = \mu_1, E(Y) = \mu_2, D(X) = \sigma_1^2, D(Y) = \sigma_2^2, \mathrm{Cov}(X,Y) = \mathrm{Cov}(Y,X) = \rho\sigma_1\sigma_2$.

$$c_{11} = \sigma_1^2, c_{12} = \rho\sigma_1\sigma_2, c_{21} = \rho\sigma_1\sigma_2, c_{22} = \sigma_2^2,$$

所以 (X,Y) 的协方差矩阵为 $\boldsymbol{C} = \begin{bmatrix} \sigma_1^2 & \rho\sigma_1\sigma_2 \\ \rho\sigma_1\sigma_2 & \sigma_2^2 \end{bmatrix}$.

二维随机变量
$$f(x_1, x_2) = \frac{1}{2\pi\sigma_1\sigma_2\sqrt{1-\rho^2}} \exp\left\{ \frac{-1}{2(1-\rho^2)} \left[\frac{(x_1-\mu_1)^2}{\sigma_1^2} \right.\right.$$
$$\left.\left. - 2\rho\frac{(x_1-\mu_1)(x_2-\mu_2)}{\sigma_1\sigma_2} + \frac{(x_2-\mu_2)^2}{\sigma_2^2} \right] \right\}$$

引入列向量和矩阵

$$\boldsymbol{X} = \begin{bmatrix} x_1 \\ x_2 \end{bmatrix}, \boldsymbol{\mu} = \begin{bmatrix} \mu_1 \\ \mu_2 \end{bmatrix}, \boldsymbol{C} = \begin{bmatrix} c_{11} & c_{12} \\ c_{21} & c_{22} \end{bmatrix} = \begin{bmatrix} \sigma_1^2 & \rho\sigma_1\sigma_2 \\ \rho\sigma_1\sigma_2 & \sigma_2^2 \end{bmatrix},$$

其中，$c_{11} = \mathrm{Cov}(X_1, X_1), c_{12} = c_{21} = \mathrm{Cov}(X_1, X_2), c_{22} = \mathrm{Cov}(X_2, X_2)$，则称矩阵 $\boldsymbol{C}$ 为随机变量 (X_1, X_2) 的协方差矩阵.

$$|\boldsymbol{C}| = \sigma_1^2\sigma_2^2(1-\rho^2), \boldsymbol{C}^{-1} = \frac{1}{\sigma_1^2\sigma_2^2(1-\rho^2)}\begin{bmatrix} \sigma_2^2 & -\rho\sigma_1\sigma_2 \\ -\rho\sigma_1\sigma_2 & \sigma_1^2 \end{bmatrix},$$

经计算得

$$(\boldsymbol{X}-\boldsymbol{\mu})^{\mathrm{T}}\boldsymbol{C}^{-1}(\boldsymbol{X}-\boldsymbol{\mu}) = \frac{1}{(1-\rho^2)}\left[\frac{(x_1-\mu_1)^2}{\sigma_1^2} - 2\rho\frac{(x_1-\mu_1)(x_2-\mu_2)}{\sigma_1\sigma_2} + \frac{(x_2-\mu_2)^2}{\sigma_2^2} \right].$$

因此，随机变量 (X_1, X_2) 的联合概率密度可写成

$$f(x_1, x_2) = (2\pi)^{-\frac{2}{2}}|\boldsymbol{C}|^{-\frac{1}{2}}\exp\left\{ -\frac{1}{2}(\boldsymbol{X}-\boldsymbol{\mu})^{\mathrm{T}}\boldsymbol{C}^{-1}(\boldsymbol{X}-\boldsymbol{\mu}) \right\}.$$

实验 4　几种常用分布的数字特征在 Excel 中的实现

在 Excel 中可以很方便计算出数字特征，这样就减小了计算麻烦.

函数 SUMPRODUCT 的使用格式为 SUMPRODUCT(array1, array2, …)，功能为返回数相应区域 array1, array2, … 乘积之和.

例 1　已知离散型随机变量 X 的分布律为

X	-1	0	1	2
P	0.2	0.3	0.3	0.2

求 X 的数学期望和方差.

解　实验步骤如下.

（1）整理数据如图 4-1 所示.

（2）计算数学期望 $E(X)$，在单元格 B6 中输入公式"= SUMPRODUCT(A2:A5, B2:B5)"，得到 $E(X)$，如图 4-2 所示.

（3）为了计算方差，首先计算 $[X-E(X)]^2$，在单元格 C2 中输入公式"= (A2-B\$6)^2"，将公式复制到（下拉即可）单元格 C3:C5 中，如图 4-3 所示.

	A	B
1	X	P
2	-1	0.2
3	0	0.3
4	1	0.3
5	2	0.2
6	E(X)=	
7	D(X)=	

图 4-1

	A	B
1	X	P
2	-1	0.2
3	0	0.3
4	1	0.3
5	2	0.2
6	E(X)=	0.5
7	D(X)=	

图 4-2

(4) 计算方差，在单元格 B7 中输入公式"= SUMPRODUCT(C2:C5,B2:B5)"，得到 $D(X)$，如图 4-4 所示.

	A	B	C
1	X	P	[X-E(X)]^2
2	-1	0.2	2.25
3	0	0.3	0.25
4	1	0.3	0.25
5	2	0.2	2.25
6	E(X)=	0.5	
7	D(X)=		

图 4-3

	A	B	C
1	X	P	[X-E(X)]^2
2	-1	0.2	2.25
3	0	0.3	0.25
4	1	0.3	0.25
5	2	0.2	2.25
6	E(X)=	0.5	
7	D(X)=	1.05	

图 4-4

例 2　设 X 和 Y 分别表示在一分钟内通过某收费站的小汽车数量和卡车数量，X 和 Y 的联合概率分布律为

X \ Y	0	1	2	3	4
0	0.05	0.05	0.03	0	0
1	0.04	0.1	0.05	0.02	0
2	0.01	0.03	0.15	0.08	0.02
3	0	0.02	0.05	0.1	0.05
4	0	0	0.02	0.05	0.08

试求 $E(X)$、$E(Y)$、$E(XY)$、$D(X)$、$D(Y)$、$\mathrm{Cov}(X,Y)$、ρ_{XY}.

解　实验准备如下.

(1) 函数 SUMPRODUCT 的使用格式为 SUMPRODUCT(array1,array2,…)，功能为返回数相应区域 array1,array2,… 乘积之和.

(2) 函数 MMULT 的使用格式为 MMULT(array1,array2)，功能为返回两数组的矩阵乘积. 结果矩阵的行数与 array1 的行数相同，列数与 array2 的列数相同.

实验步骤如下.

(1) 整理数据如图 4-5 所示.

(2) 计算边缘概率 $P\{X=x_i\}$ 和 $P\{Y=y_i\}$. 在单元格 G2 中输入公式"= SUM(B2:F2)"，然后下拉得到 Y 的边缘概率；在单元格 B7 中输入公式"= SUM(B2:B6)"，然后往右拉得到 X 的边缘概率.

(3) 计算数学期望 $E(XY)$. 在单元格 B9 中输入公式"= MMULT(B1:F1,B2:F6)"，选中单元格区域 B9:F9 后，按 F2 键，再按组合键 Ctrl + Shift + Enter，得中间数组，然后在单元格

B10 中输入公式"= MMULT(B9:F9,A2:A6)",得数学期望 $E(XY)$,如图 4-6 所示.

图 4-5

图 4-6

（4）计算数学期望 $E(X)$、$E(Y)$ 和方差 $D(X)$、$D(Y)$. 在单元格 B11 中输入公式"= SUMPRODUCT(B1:F1,B7:F7)",在单元格 B12 中输入公式"= SUMPRODUCT(G2:G6,A2:A6)",在单元格 D11 中输入公式"= SUMPRODUCT(B1:F1,B1:F1,B7:F7)−B11^2",在单元格 D12 中输入公式"= SUMPRODUCT(A2:A6,A2:A6,G2:G6)−B12^2"

（5）计算协方差 $\mathrm{Cov}(X,Y)$ 和 ρ_{XY}.

在单元格 B14 中输入公式"= B10 − B11 * B12",在单元格 B15 中输入公式"= B14/SQRT(D11 * D12)".结果如图 4-7 所示.

图 4-7

应用案例 7——均值–方差投资组合模型

均值–方差投资组合模型是由哈里·马科维茨在 1952 年提出的风险度量模型.马科维茨把风险定义为期望收益率的波动率,首次将概率论与数理统计方法应用到投资组合选择的研究中.他的研究被认为是金融经济学理论前驱工作,被誉为"华尔街的第一次革命".马科维茨在金融经济学方面做出了开创性工作,与威廉·夏普和莫顿·米勒同时荣获 1990 年诺贝尔经济学奖.

设 R 表示投资 n 只股票的年收益率,R_i 表示第 i 只股票每股年收益率,s_i 表示投资比例系数.问投资者在一定风险条件下如何投资能使得收益最大?

建立的均值 - 方差模型如下

① 目标函数:$\max E(R) = E\left(\sum_{i=1}^{n} s_i R_i\right)$.

② 约束条件:$\begin{cases} D(R) = D\left(\sum_{i=1}^{n} s_i R_i\right) \leqslant \sigma_0^2, \\ \sum_{i=1}^{n} s_i = 1. \end{cases}$

应用案例 8—— 抽血化验方案

在一个人数很多的团体中普查某种疾病,为此要抽取 N 个人的血液,现有两种方案进行抽血.

方案一:逐个检查,即对每个人的样本逐个化验,共需要 N 次化验.

方案二:将采集的每个人的样本分成两份,然后取其中的一份,按 k 个人一组混合后进行化验(设 N 是 k 的倍数),若呈阴性反应,则认为 k 个人的血都是阴性,这时 k 个人的血只用化验一次;如果混合血液呈阳性反应,则需对 k 个人的另一份样本逐一进行化验,这时 k 个人的样本要化验 $k+1$ 次.

上述哪种方案更好?

假设所有人的血液呈阳性反应的概率都是 p,且各次化验结果是相互独立的.设 X 表示方案二下的总化验次数,X_i 表示第 i 个组的化验次数,则

$$X = \sum_{i=1}^{\frac{N}{k}} X_i, E(X) = \sum_{i=1}^{\frac{N}{k}} E(X_i),$$

其中,$E(X)$ 为方案二下总的平均化验次数,$E(X_i)$ 为第 i 个组的平均化验次数.

X_i 的分布律为

X_i	1	$k+1$
P	$(1-p)^k$	$1-(1-p)^k$

$$E(X_i) = (1-p)^k + (k+1)[1-(1-p)^k] = k+1-k(1-p)^k, i = 1,2,\cdots,\frac{N}{k},$$

$$E(X) = [k+1-k(1-p)^k]\frac{N}{k} = N\left[1+\frac{1}{k}-(1-p)^k\right].$$

只要 $E(X) < N$,即 $\frac{1}{k} < (1-p)^k$,就可使方案二减少化验次数;已知 p 时,若选 k 使 $1+\frac{1}{k}-(1-p)^k$ 取到最小值,就可使化验次数最少.求得 $\frac{1}{k^2} = -(1-p)^k\ln(1-p)$.

例如,当 $p = 0.1$ 时,可得 $k = 4$,此时 $E(X) = 0.5939N$,若 $N = 1000$,此时分 $k = 4$ 组,则按方案二平均只需要 594 次,比方案一中的 1000 次减少了 406 次,工作量将减少 40%.

第五章 大数定律与中心极限定理

概率论与数理统计是研究随机现象统计规律性的学科. 随机现象的规律性只有在相同的条件下进行大量重复试验时才会呈现出来. 也就是说,要从随机现象中去寻求必然的法则,应该研究大量随机现象. 研究大量的随机现象时,常常采用极限形式,由此需要对极限定理进行研究. 极限定理的内容很广泛,其中最重要的有两种:大数定律和中心极限定理. 大数定律是描述一系列随机变量的和的平均结果的稳定性;中心极限定理是描述满足一系列随机变量和的分布以正态分布为极限.

第一节 大数定律

引例 1 频率稳定性的问题.

在相同条件下进行 n 次重复试验,事件 A 发生的频率 $f_n(A) = \dfrac{n_A}{n}$ 总是在 $[0,1]$ 上的一个确定的常数 p 附近摆动,并且随着试验次数 n 的增大,越来越稳定地趋于 p. 如何从理论上说明这一现象?

引例 2 在精密测量时要反复测量,然后再取平均值,这样做的理论依据是什么?

对于引例 1,要说明频率 $f_n(A)$ 趋于常数 p,自然会想到极限概念. 如果能证明 $\lim\limits_{n \to \infty} f_n(A) = p$,引例 1 中的问题就能得以解决,即对任意的 $\varepsilon > 0$,存在正整数 N,对于 $n > N$,有 $|f_n(A) - p| < \varepsilon$.

$f_n(A)$ 是随机变量,其随机性使不论 N 取多大的值,也不可能保证对一切的 $n > N$,有 $|f_n(A) - p| < \varepsilon$ 成立. 因此,只能求证 $\lim\limits_{n \to \infty} P\{|f_n(A) - p| < \varepsilon\} = 1$ 成立.

在实践中,我们发现大量的随机现象的平均结果具有稳定性,这种用极限方法研究大量独立随机试验的规律性的一系列定律称为大数定律. 大数定律是由法国数学家泊松(Poisson)于 1937 年给出的.

1. 切比雪夫不等式

19 世纪,俄国数学家切比雪夫在研究统计规律时,论证并用标准差表达了一个不等式,这个不等式具有普通的意义,被称作切比雪夫不等式.

定理 1 设随机变量 X 的数学期望 $E(X)$,方差 $D(X)$ 存在,则对任意 $\varepsilon > 0$,有

$$P\{|X - E(X)| \geqslant \varepsilon\} \leqslant \frac{D(X)}{\varepsilon^2} \text{ 或 } P\{|X - E(X)| < \varepsilon\} \geqslant 1 - \frac{D(X)}{\varepsilon^2}.$$

此公式称为切比雪夫不等式.

证明 当 X 是离散型随机变量时,设 X 的分布律为 $P\{X = x_k\} = p_k, k = 1, 2, \cdots$,则有

$$P\{\mid X-E(X)\mid\geqslant\varepsilon\}=\sum_{\mid x_k-E(X)\mid\geqslant\varepsilon}p_k\leqslant\sum_{\mid x_k-E(X)\mid\geqslant\varepsilon}\frac{\mid x_k-E(X)\mid^2}{\varepsilon^2}p_k\leqslant\sum_{k=1}^{\infty}\frac{[x_k-E(X)]^2}{\varepsilon^2}p_k,$$

$$\sum_{k=1}^{\infty}\frac{[x_k-E(X)]^2}{\varepsilon^2}p_k=\frac{1}{\varepsilon^2}\sum_{k=1}^{\infty}[x_k-E(X)]^2p_k=\frac{D(X)}{\varepsilon^2},$$

$$P\{\mid X-E(X)\mid\geqslant\varepsilon\}.$$

当 X 是连续型随机变量时,设 X 的概率密度为 $f(x)$,则有

$$P\{\mid X-E(X)\mid\geqslant\varepsilon\}=\int_{\mid X-E(X)\mid\geqslant\varepsilon}f(x)\mathrm{d}x\leqslant\int_{\mid X-E(X)\mid\geqslant\varepsilon}\frac{\mid x_k-E(X)\mid^2}{\varepsilon^2}f(x)\mathrm{d}x$$

$$\leqslant\int_{-\infty}^{+\infty}\frac{[x_k-E(X)]^2}{\varepsilon^2}f(x)\mathrm{d}x\leqslant\frac{1}{\varepsilon^2}\int_{-\infty}^{+\infty}[x_k-E(X)]^2f(x)\mathrm{d}x\leqslant\frac{D(X)}{\varepsilon^2}$$

由对立事件概率的性质得 $P\{\mid X-E(X)\mid<\varepsilon\}\geqslant 1-\dfrac{D(X)}{\varepsilon^2}$.

注

(1) 切比雪夫不等式适用范围:数学期望、方差存在的随机变量.

(2) 切比雪夫不等式表明,随机变量 X 的方差越小,则事件 $\{\mid X-E(X)\mid<\varepsilon\}$ 发生的概率越大,即随机变量 X 集中在数学期望附近的可能性越大. 由此可见方差是一个反映随机变量 X 在其分布中心 $E(X)$ 附近集中程度的数量指标.

(3) 切比雪夫不等式的重要性:可以对随机变量落在期望附近的区域内或外给出一个界的估计.

例 1　设随机变量 X 的数学期望 $E(X)=\mu$,方差 $D(X)=\sigma^2$,取 $\varepsilon=k\sigma$,则由切比雪夫不等式得 $P\{\mid X-\mu\mid\geqslant k\sigma\}\leqslant\dfrac{\sigma^2}{(k\sigma)^2}=\dfrac{1}{k^2}$.

当 $k=3$ 时,$P\{\mid X-\mu\mid\geqslant 3\sigma\}\leqslant\dfrac{1}{9}$.

当 $X\sim N(\mu,\sigma^2)$ 时,

$$P\{\mid X-\mu\mid\geqslant 3\sigma\}=1-P\{\mid X-\mu\mid<3\sigma\}=1-P\{\mu-3\sigma<X<\mu+3\sigma\}$$

$$=1-\left[\Phi\left(\frac{\mu+3\sigma-\mu}{\sigma}\right)-\Phi\left(\frac{\mu-3\sigma-\mu}{\sigma}\right)\right]$$

$$=1-[\Phi(3)-\Phi(-3)]=2[1-\Phi(3)]=0.0026<\frac{1}{9}.$$

例 2　已知随机变量 X 的期望 $E(X)=14$,方差 $D(X)=\dfrac{35}{3}$,试估计 $P\{10<X<18\}$ 的大小.

解　因为

$$P\{10<X<18\}=P\{10-E(X)<X-E(X)<18-E(X)\}$$

$$=P\{-4<X-E(X)<4\}=P\{\mid X-14\mid<4\},$$

由切比雪夫不等式得 $P\{\mid X-14\mid<4\}\geqslant 1-\dfrac{35/3}{4^2}\approx 0.271$,即

$$P\{10<X<18\}\geqslant 0.271.$$

2. 基本定理

定义 1　设 $X_1,X_2,\cdots,X_n,\cdots$ 是一随机变量序列,令

$$\overline{X_n}=\frac{1}{n}\sum_{i=1}^{n}X_i,n=1,2,\cdots,$$

若存在常数序列 $a_1, a_2, \cdots, a_n, \cdots$,对任意 $\varepsilon > 0$,有

$$\lim_{n \to \infty} P\{ \mid \overline{X_n} - a_n \mid < \varepsilon \} = 1,$$

则称 $X_1, X_2, \cdots, X_n, \cdots$ 服从大数定律.

定义 2　设 $Y_1, Y_2, \cdots, Y_n, \cdots$ 是一随机变量序列,a 是一个常数,若对任意 $\varepsilon > 0$,有

$$\lim_{n \to \infty} P\{ \mid Y_n - a \mid < \varepsilon \} = 1,$$

则称 $Y_1, Y_2, \cdots, Y_n, \cdots$ 依概率收敛于 a,记为 $Y_n \xrightarrow{P} a$.

注　若 $Y_n \xrightarrow{P} a$,则当 n 充分大时,Y_n 以很大的可能性(概率意义下)接近于 a.

定理 2(切比雪夫大数定律)　设 $X_1, X_2, \cdots, X_n, \cdots$ 是相互独立的随机变量序列,它们都有有限的方差,并且方差有共同的上界,即 $D(X_i) \leqslant C, i = 1, 2, \cdots$,其中,$C$ 是与 i 无关的常数,则此随机变量序列服从大数定律,即对任意的 $\varepsilon > 0$,有

$$\lim_{n \to \infty} P\left\{ \left| \frac{1}{n} \sum_{i=1}^{n} X_i - \frac{1}{n} \sum_{i=1}^{n} E(X_i) \right| < \varepsilon \right\} = 1.$$

证明　因为

$$E\left(\frac{1}{n} \sum_{i=1}^{n} X_i \right) = \frac{1}{n} \sum_{i=1}^{n} E(X_i),$$

又因 $X_1, X_2, \cdots, X_n, \cdots$ 相互独立,$D(X_i) \leqslant C, i = 1, 2, \cdots$,所以

$$D\left(\frac{1}{n} \sum_{i=1}^{n} X_i \right) = \frac{1}{n^2} \sum_{i=1}^{n} D(X_i) \leqslant \frac{C}{n}.$$

由切比雪夫不等式得

$$P\left\{ \left| \frac{1}{n} \sum_{i=1}^{n} X_i - \frac{1}{n} \sum_{i=1}^{n} E(X_i) \right| < \varepsilon \right\} \geqslant 1 - \frac{\sum\limits_{i=1}^{n} D(X_i)}{n^2 \varepsilon^2} \geqslant 1 - \frac{C}{n \varepsilon^2}.$$

由极限性质得 $\lim\limits_{n \to \infty} P\left\{ \left| \frac{1}{n} \sum\limits_{i=1}^{n} X_i - \frac{1}{n} \sum\limits_{i=1}^{n} E(X_i) \right| < \varepsilon \right\} \geqslant 1$,又由概率性质得

$$P\left\{ \left| \frac{1}{n} \sum_{i=1}^{n} X_i - \frac{1}{n} \sum_{i=1}^{n} E(X_i) \right| < \varepsilon \right\} \leqslant 1,$$

由夹逼法则得　　　$\lim\limits_{n \to \infty} P\left\{ \left| \frac{1}{n} \sum\limits_{i=1}^{n} X_i - \frac{1}{n} \sum\limits_{i=1}^{n} E(X_i) \right| < \varepsilon \right\} = 1.$

切比雪夫大数定律表明,独立随机变量序列 $X_1, X_2, \cdots, X_n, \cdots$,如果方差有共同的上界,则 $\frac{1}{n} \sum\limits_{i=1}^{n} X_i$ 与其数学期望 $\frac{1}{n} \sum\limits_{i=1}^{n} E(X_i)$ 偏差很小的概率接近于 1,即当 n 充分大时,差不多不再是随机的了,取值接近于其数学期望的概率接近于 1,即 $\frac{1}{n} \sum\limits_{i=1}^{n} X_i \xrightarrow{P} \frac{1}{n} \sum\limits_{i=1}^{n} E(X_i)$.

定理 2(切比雪夫大数定律)是俄国数学家切比雪夫在 1866 年给出并证明的,它是关于大数定律的一个普遍的结论,许多大数定律的古典结果是它的特例.

定理 3(独立同分布下的切比雪夫大数定律)　设 $X_1, X_2, \cdots, X_n, \cdots$ 是独立同分布的随机变量序列,且 $E(X_i) = \mu, D(X_i) = \sigma^2, i = 1, 2, \cdots$,则对任意的 $\varepsilon > 0$,有

$$\lim_{n \to \infty} P\left\{ \left| \frac{1}{n} \sum_{i=1}^{n} X_i - \mu \right| < \varepsilon \right\} = 1.$$

证明　因为 $E\left(\dfrac{1}{n}\sum\limits_{i=1}^{n}X_i\right)=\dfrac{1}{n}\sum\limits_{i=1}^{n}E(X_i)=\dfrac{1}{n}n\mu=\mu$，又因 $X_1,X_2,\cdots,X_n,\cdots$ 相互独立，所以

$$D\left(\frac{1}{n}\sum_{i=1}^{n}X_i\right)=\frac{1}{n^2}\sum_{i=1}^{n}D(X_i)=\frac{1}{n^2}n\sigma^2=\frac{\sigma^2}{n}.$$

由切比雪夫不等式得 $P\left\{\left|\dfrac{1}{n}\sum\limits_{i=1}^{n}X_i-\mu\right|<\varepsilon\right\}\geqslant 1-\dfrac{\sigma^2}{n\varepsilon^2}$，由极限性质得 $\lim\limits_{n\to\infty}P\left\{\left|\dfrac{1}{n}\sum\limits_{i=1}^{n}X_i-\mu\right|<\varepsilon\right\}\geqslant 1$，又由概率性质得 $P\left\{\left|\dfrac{1}{n}\sum\limits_{i=1}^{n}X_i-\mu\right|<\varepsilon\right\}\leqslant 1$，由夹逼法则得 $\lim\limits_{n\to\infty}P\left\{\left|\dfrac{1}{n}\sum\limits_{i=1}^{n}X_i-\mu\right|<\varepsilon\right\}=1$，即

$$\frac{1}{n}\sum_{i=1}^{n}X_i\xrightarrow{\ P\ }\mu.$$

定理 3（独立同分布下的切比雪夫大数定律）说明，当 n 充分大时，$\dfrac{1}{n}\sum\limits_{i=1}^{n}X_i$ 接近（概率意义下的接近）数学期望 μ，即在该定理所给的条件下，当 n 无限增大时，算术平均值几乎变成一个常数. 该定理从理论上说明了大量观测值的算术平均具有稳定性，为实际应用提供了理论依据. 例如，在测量长度时，为了提高测量的精度，往往要进行若干次重复测量，然后取它们的算术平均值作为最终结果.

定理 4（伯努利大数定律）　设 n_A 是 n 重伯努利试验中事件 A 发生的次数，p 是事件 A 每次试验中发生的概率，则对任意的 $\varepsilon>0$，有

$$\lim_{n\to\infty}P\left\{\left|\frac{n_A}{n}-p\right|<\varepsilon\right\}=1.$$

证明　引入随机变量

$$X_k=\begin{cases}0,\text{若在第 }k\text{ 次试验中 }A\text{ 不发生},\\1,\text{若在第 }k\text{ 次试验中 }A\text{ 发生},\end{cases}k=1,2,\cdots,n,$$

其中，$X_k\sim b(1,p)$，且 $E(X_k)=p$，$D(X_k)=p(1-p)$，$k=1,2,\cdots,n$. 显然

$$n_A=X_1+X_2+\cdots+X_n\sim b(n,p).$$

由定理 3 有

$$\lim_{n\to\infty}P\left\{\left|\frac{1}{n}\sum_{k=1}^{n}X_k-p\right|<\varepsilon\right\}=1,$$

即

$$\lim_{n\to\infty}P\left\{\left|\frac{n_A}{n}-p\right|<\varepsilon\right\}=1.$$

伯努利大数定律表明，当重复试验次数 n 充分大时，事件 A 发生的频率 $\dfrac{n_A}{n}$ 依概率收敛于事件 A 的概率 p，它以严格的数学形式表达了频率的稳定性.

伯努利大数定律提供了通过试验来确定事件概率的方法：当试验次数很大时，可以用事件发生的频率来近似地代替事件发生的概率.

伯努利大数定律是历史上出现的第一个大数定律，它由伯努利在其 1713 年出版的《猜测术》的第四章"论概率原则的政治、伦理和经济学应用"中提出.

切比雪夫大数定律要求随机变量序列 $X_1,X_2,\cdots,X_n,\cdots$ 的方差存在. 实际上，在随机变量

服从同一分布的情况,不要求随机变量的方差存在.

定理 5(辛钦大数定律)　　设随机变量序列 $X_1, X_2, \cdots, X_n, \cdots$ 独立同分布,具有有限的数学期望 $E(X_i) = \mu, i = 1, 2, \cdots$,则对任意的 $\varepsilon > 0$,有

$$\lim_{n \to \infty} P\left\{ \left| \frac{1}{n} \sum_{i=1}^{n} X_i - \mu \right| < \varepsilon \right\} = 1.$$

注

(1) 辛钦大数定律是苏联数学家辛钦在 1929 年证明的.为寻找随机变量的数学期望值提供了一条实际可行的途径:对 X 独立重复地观测 n 次,得到 $X_1, X_2, \cdots, X_n, \cdots$ 与 X 独立同分布,就可以把 $\frac{1}{n} \sum_{i=1}^{n} X_i$ 作为 $E(X)$ 的近似值(不用考虑 X 服从什么分布).例如,要估计某地区的平均亩产量,要收割某些有代表性的地块,假如收割有代表性的地块 n 块,计算其平均亩产量,则当 n 较大时,可用它作为整个地区平均亩产量的一个估计.

(2) 与定理 2(切比雪夫大数定律)相比,辛钦大数定律不要求方差存在.

(3) 伯努利大数定律是辛钦大数定律的特殊情况.

推论 1　　设随机变量 $X_1, X_2, \cdots, X_n$ 独立同分布,且 $E(X_i^k) = \mu_k, i = 1, 2, \cdots, n$ 存在,令 $A_k = \frac{1}{n} \sum_{i=1}^{n} X_i^k, k = 1, 2, \cdots$,则 $A_k \xrightarrow{P} \mu_k$.

证明　　因为 $X_1, X_2, \cdots, X_n$ 独立同分布,所以 $X_1^k, X_2^k, \cdots, X_n^k$ 也独立同分布.又 $E(X_i^k) = \mu_k, i = 1, 2, \cdots, n$ 存在,则 $E(A_k) = \mu_k$.由辛钦大数定律得 $A_k \xrightarrow{P} \mu_k$.

例 3　　设随机变量 $X_1, X_2, \cdots, X_n, \cdots$ 相互独立,其分布律为

X_n	$-na$	0	na
P	$\dfrac{1}{2n^2}$	$1 - \dfrac{1}{n^2}$	$\dfrac{1}{2n^2}$

问随机变量 $X_1, X_2, \cdots, X_n, \cdots$ 是否满足切比雪夫大数定律?

解　　① 检验是否有数学期望.由题意可知,

$$E(X_n) = -na \cdot \frac{1}{2n^2} + 0 \cdot \left(1 - \frac{1}{n^2}\right) + na \cdot \frac{1}{2n^2} = 0.$$

② 检验是否具有有限方差.由题意可知,

$$E(X_n^2) = (-na)^2 \cdot \frac{1}{2n^2} + 0^2 \cdot \left(1 - \frac{1}{n^2}\right) + (na)^2 \cdot \frac{1}{2n^2} = a^2,$$

$$D(X_n) = E(X_n^2) - [E(X_n)]^2 = a^2.$$

故随机变量 $X_1, X_2, \cdots X_n, \cdots$ 满足切比雪夫大数定律的条件.

例 4　　设随机变量 $X_1, X_2, \cdots, X_n, \cdots$ 独立同分布,且 $E(X_k) = 0, D(X_k) = \sigma^2, k = 1, 2, \cdots$,证明:对任意的 $\varepsilon > 0$,有 $\lim\limits_{n \to \infty} P\left\{ \left| \frac{1}{n} \sum\limits_{k=1}^{n} X_k^2 - \sigma^2 \right| < \varepsilon \right\} = 1$.

证明　　因为 $X_1, X_2, \cdots, X_n, \cdots$ 独立同分布,所以 $X_1^2, X_2^2, \cdots, X_n^2, \cdots$ 也是独立同分布的,由 $E(X_k) = 0, D(X_k) = \sigma^2, k = 1, 2, \cdots$ 得 $E(X_k^2) = D(X_k) + [E(X_k)]^2 = \sigma^2$,则 $X_1^2, X_2^2, \cdots, X_n^2, \cdots$ 满足辛钦大数定律的条件.由辛钦大数定律得,对任意的 $\varepsilon > 0$,有

$$\lim_{n \to \infty} P\left\{ \left| \frac{1}{n} \sum_{k=1}^{n} X_k^2 - \sigma^2 \right| < \varepsilon \right\} = 1.$$

第二节　　中心极限定理

引例　考察射击命中点与靶心距离的偏差.

这种偏差是大量微小的偶然因素造成的微小误差的总和,这些因素包括瞄准误差、测量误差、子弹制造过程方面(如外形、重量等)的误差以及射击时武器的振动、气象因素(如风速、风向、能见度、温度等)的作用,所有这些不同因素所引起的微小误差是相互独立的,并且它们中每一个对总和产生的影响不大.

问:某个随机变量是由大量相互独立且均匀的随机变量相加而成的,其和的分布是什么?

在概率论中,把研究在什么条件下,大量独立的随机变量之和的分布以正态分布为极限的定理称为中心极限定理.

中心极限定理是棣莫弗在 18 世纪首先提出来的,至今其内容已经非常丰富.这些定理在很一般的条件下得到了证明:无论一个随机变量服从什么分布,大量这种随机变量的和的分布都可以与正态分布近似,而正态分布有很多完美的结果.

定理 1(独立同分布的中心极限定理)　设随机变量 $X_1, X_2, \cdots, X_n, \cdots$ 独立同分布,且 $E(X_k) = \mu, D(X_k) = \sigma^2 \neq 0, k = 1, 2, \cdots$,则对于任意的 x,有

$$\lim_{n \to \infty} P\left\{ \frac{\sum\limits_{k=1}^{n} X_k - n\mu}{\sqrt{n}\sigma} \leqslant x \right\} = \int_{-\infty}^{x} \frac{1}{\sqrt{2\pi}} e^{-\frac{t^2}{2}} dt = \Phi(x),$$

即当 n 充分大时,$\sum\limits_{k=1}^{n} X_k \overset{\text{近似}}{\sim} N(n\mu, n\sigma^2)$ 或 $\dfrac{\sum\limits_{k=1}^{n} X_k - n\mu}{\sqrt{n}\sigma} \overset{\text{近似}}{\sim} N(0, 1)$.

注

(1) 无论各个随机变量 $X_1, X_2, \cdots, X_n, \cdots$ 具有怎样的分布,只要满足中心极限定理的条件,当 n 很大时,它们的和 $\sum\limits_{k=1}^{n} X_k$ 就近似服从正态分布.

(2) 定理 1(独立同分布的中心极限定理)也称为林德伯格 - 莱维(Lindeberg-Levy)中心极限定理,它由芬兰数学家林德伯格和法国数学家莱维在 20 世纪 20 年代初提出.

例 1　用机器包装食品,每袋净重为随机变量,数学期望为 100 克,标准差为 10 克,一箱内装 200 袋.求一箱这种食品的净重大于 20 400 克的概率.

解　设箱中第 k 袋食品的净重为 X_k 克,$k = 1, 2, \cdots, 200$,则 $X_1, X_2, \cdots, X_{200}$ 是独立同分布的随机变量,且 $E(X_k) = D(X_k) = 100$.设 $X = \sum\limits_{k=1}^{200} X_k$ 表示一箱这种食品的净重,则 $E(X) = D(X) = 20\,000$,由独立同分布的中心极限定理,$X \overset{\text{近似}}{\sim} N(20\,000, 20\,000)$,则所求概率为

$$P\{X > 20\,400\} \approx 1 - \Phi\left(\frac{20\,400 - 20\,000}{\sqrt{20\,000}} \right) = 1 - \Phi(2.83) = 0.002\,3.$$

例 2　一生产线生产的产品成箱包装,每箱的重量是随机的,假设每箱平均重 50 kg,标准重为 5 kg.若用最大载重量为 5 t 的汽车承运,试用中心极限定理说明每车最多可装多少箱,才能保障不超载的概率大于 0.977.

解 设 $X_i(i=1,2,\cdots,n)$ 为装运第 i 箱的重量,n 是所求的箱数. 由题意知,可把 $X_1,X_2,\cdots,X_n$ 看作独立同分布的随机变量,令

$$Y_n = X_1 + X_2 + \cdots + X_n = \sum_{i=1}^{n} X_i,$$

则 Y_n 就是这 n 箱货物的总重量.

又因为 $E(X_i)=50,D(X_i)=25$,所以 $E(Y_n)=50n,D(Y_n)=25n$. 由中心极限定理知,Y_n 近似服从 $N(50n,25n)$,且

$$P\{Y_n \leqslant 5000\} \approx \Phi\left(\frac{5000-50n}{5\sqrt{n}}\right) > 0.977 = \Phi(2),$$

从而有 $\dfrac{1000-10n}{\sqrt{n}} > 2$,解得 $n < 98.0199$,故最多可以装 98 箱.

定理 2(棣莫弗 - 拉普拉斯中心极限定理) 设随机变量 X 服从 $b(n,p)(0<p<1)$,则对任意的实数 x,恒有

$$\lim_{n \to \infty} P\left\{\frac{X-np}{\sqrt{np(1-p)}} \leqslant x\right\} = \int_{-\infty}^{x} \frac{1}{\sqrt{2\pi}} e^{-\frac{t^2}{2}} dt,$$

即当 n 充分大时,$X \overset{\text{近似}}{\sim} N(np,np(1-p))$,$\dfrac{X-np}{\sqrt{np(1-p)}} \overset{\text{近似}}{\sim} N(0,1)$.

证明 可将 X 看作 n 个独立同服从 $b(1,p)$ 分布的随机变量 $X_k(k=1,2,\cdots,n)$ 之和,即 $X = \sum_{k=1}^{n} X_k$. 由于 $E(X_k)=p,D(X_k)=p(1-p)$,所以由定理 1(独立同分布的中心极限定理)得

$$\lim_{n \to \infty} P\left\{\frac{X-np}{\sqrt{np(1-p)}} \leqslant x\right\} = \int_{-\infty}^{x} \frac{1}{\sqrt{2\pi}} e^{-\frac{t^2}{2}} dt.$$

注

(1) 棣莫弗 - 拉普拉斯中心极限定理是概率论历史上的第一个中心极限定理. 正态分布的概率密度函数就是在棣莫弗 - 拉普拉斯中心极限定理中首次出现的.

(2) 当 n 充分大时,服从二项分布 $b(n,p)$ 的随机变量近似于服从正态分布 $N(np,np(1-p))$.

(3) 二项分布近似于泊松分布. 一般来说,当 p 比较接近 0 或 1 时,用泊松分布近似二项分布较好;而当 $np > 5$ 或 $n(1-p) > 5$,也就是 p 不太接近 0 或 1,而 n 又不太小时,用正态分布近似二项分布,可以得到较好的结果.

例 3 一船舶在某海区航行,已知每遭受一次海浪的冲击,纵摇角大于 $3°$ 的概率为 1/3. 若船舶遭受了 90 000 次波浪冲击,问其中有 29 500 ~ 30 500 次纵摇角大于 $3°$ 的概率是多少?

解 将船舶每遭受一次海浪的冲击看作一次试验,并假设各次试验是独立的,设 90 000 次波浪冲击中纵摇角大于 $3°$ 的次数为 X,则 $X \sim b\left(90\,000, \dfrac{1}{3}\right)$. 又因为 $np = 30\,000, np(1-p) = 20\,000$,由定理 2(棣莫弗 - 拉普拉斯中心极限定理)得,X 近似服从 $N(30\,000, 20\,000)$. 因此

$$P\{29\,500 \leqslant X \leqslant 30\,500\} \approx \Phi\left(\frac{5\sqrt{2}}{2}\right) - \Phi\left(-\frac{5\sqrt{2}}{2}\right) = 0.9995.$$

例 4 某保险公司的老年人寿保险有 1 万人参加,每人每年交 200 元. 若老人在该年内死

亡,公司付给家属 1 万元.设老年人死亡率为 0.017,试求保险公司在一年内的这项保险中亏本的概率.

解 设一年中投保老人的死亡数为 X,则 $X \sim b(10\ 000, 0.017)$. 又因为 $np = 170, np(1 - p) = 14.11$,由定理 2(棣莫弗 - 拉普拉斯中心极限定理) 得 X 近似服从 $N(170, 14.11)$. 因此,保险公司亏本的概率为

$$P\{10\ 000X > 10\ 000 \times 200\} = P\{X > 200\} \approx 1 - \Phi\left(\frac{200 - 170}{\sqrt{14.11}}\right) = 0.01.$$

独立同分布下的切比雪夫大数定律要求随机变量 $X_1, X_2, \cdots, X_n, \cdots$ 独立同分布,若不满足同分布条件,需要换成什么条件才能使 $X_1, X_2, \cdots, X_n, \cdots$ 服从中心极限定理呢?林德伯格于 1922 年证明了林德伯格中心极限定理,而该定理的条件在实际使用时不易验证,就有了李雅普诺夫中心极限定理.李雅普诺夫中心极限定理是俄国数学家李雅普诺夫于 1900 年给出的.

在许多实际问题中,所考察的随机变量往往可以表示成很多个独立的随机变量之和,例如一个实验中的测量误差是由许多观察不到的、可加的微小误差所合成的,它们往往近似服从正态分布.

习题 5

1. 若某班某次期末考试的平均分为 80 分,标准差为 10 分,试估计及格率至少为多少.

2. 一加法器同时收到 20 个噪声电压 $V_k (k = 1, 2, \cdots, 20)$,设它们是相互独立的随机变量,且都在区间 $(0, 10)$ 上服从均匀分布,记 $V = \sum_{k=1}^{20} V_k$,求 $P\{V > 105\}$ 的近似值.

3. 设电路供电网内有 10 000 盏相同的灯,夜间每盏灯开着的概率为 0.8,假设各灯的开关彼此相同独立,求同时开着的灯数在 7800 与 8200 之间的概率.

4. 每颗炮弹命中目标的概率均为 0.01,求 500 颗炮弹中命中不超过 6 颗的概率.(分别用二项分布、泊松定理、正态分布近似计算.)

5. 有一批木材,其中长度不小于 3 m 的概率为 0.8,现从这批木材中随机取出 100 根,求至多有 70 根长度不小于 3 m 的概率.

6. 设随机变量 X 服从幂律分布和指数分布,概率密度为 $f(x) = \begin{cases} \dfrac{x^m e^{-x}}{m!}, & x > 0, \\ 0, & 其他, \end{cases}$ 其中,

m 为自然数.利用切比雪夫不等式证明 $P\{0 < X < 2(m+1)\} \geqslant \dfrac{m}{m+1}$.

实验 5 验证二项分布与泊松分布、正态分布的关系

设随机变量序列 X 服从二项分布 $b(n, p)$,则

$$P\{X = k\} = C_n^k p^k (1-p)^{n-k}, k = 0, 1, 2, \cdots, n.$$

根据泊松定理,令 $np = \lambda$(λ 为正常数),则有 $X \overset{近似}{\sim} P(\lambda)$;由棣莫弗 - 拉普拉斯中心极限定理有 $X \overset{近似}{\sim} N(np, np(1-p))$.

下面通过 Excel 加以验证.

一、利用 Excel 验证二项分布与泊松分布的关系

利用 Excel 验证二项分布与泊松分布的关系的实验步骤如下.

(1) 在 Excel 中输入参数.

在单元格 A1 中输入"$n =$";

在单元格 B1 中输入"20"(即为 n 的值);

在单元格 E1 中输入"$\lambda =$";

在单元格 F1 中输入"4"(即为 λ 的值);

在单元格 C1 中输入"$p =$";

在单元格 D1 中输入"$= F1/B1$"后,按回车键,如图 5-1 所示,得到 0.2.

在 A2 中输入"k",表示这一列的值都是 k 的值;在 B2 中输入"$B(n, p)$",表示这一列的值就是利用二项分布公式得到 $P\{X = k\}$ 的值;在 C2 中输入"$P(\lambda)$",表示这一列下面的值就是利用泊松公式得到 $P\{X = k\}$ 的值.

(2) 在 B3 单元格计算利用二项分布公式得到 $P\{X = 1\}$ 的值,过程如下.

在 Excel 窗口中,在菜单栏的"公式"中单击"插入函数",弹出"插入函数"面板,在选择类别中选择"统计",选择函数中选择"BINOM. DIST",弹出"函数参数"面板,通过引用参数地址输入参数的值,Number_s 表示试验成功的次数 k,在对应的方框内填入 k 对应的地址 A3;Trials 表示试验的次数 n,在对应的方框内填入 n 对应的地址 B\$1(在 n 行地址数字前插入 \$ 符号,以固定其行地址,保证在后面复制此公式计算分布律的概率时 n 值不变);Probability_s 表示一次试验成功的概率 p,在对应的方框内填入 p 对应的地址 D\$1(在 p 行地址数字前插入 \$ 符号,以固定其行地址,保证在后面复制此公式计算分布律的概率时 p 值不变);Cumulative 是逻辑值,决定函数的形式. 累积分布函数使用 TRUE,概率密度函数使用 FALSE. 这里计算的是概率值,填入 FALSE. 单击"确定"按钮即得 $P\{X = 1\} = 0.057\,646$.计算 k 取其他值时的概率公式相同,只需要下拉行复制即可(见图 5-2).

(3) 在 C3 单元格利用泊松分布公式计算 $P\{X = 1\}$ 的值,过程如下.

在 Excel 窗口中,在菜单栏的"公式"中单击"插入函数",弹出"插入函数"面板,在选择类别中选择"统计",选择函数中选择"POISSON. DIST",弹出"函数参数"面板,通过引用参数地址输入参数的值,X 表示 k 的值,在对应的方框内填入 k 对应的地址 A3;Mean 表示 λ 的值,在对应的方框内填入 λ 对应的地址 F\$1(在 λ 行地址数字前插入 \$ 符号,以固定其行地址,保证在后面复制此公式计算分布律的概率时 λ 值不变);Cumulative 是逻辑值,决定函数的形式. 累积分布函数使用 TRUE,概率密度函数使用 FALSE. 这里计算的是概率值,填入 FALSE. 单击"确定"按钮即得 $P\{X = 1\} = 0.073\,263$.计算 k 取其他值时的概率公式相同,只需下拉行复制即可(见图 5-2).

(4) 选择分布律所求概率区域绘制折线图.

在 Excel 中,选定 B3 ~ B22,C3 ~ C22,在菜单栏的"插入"中选择"插入折线图". 如图 5-3 所示,系列 1 表示二项分布的分布律,系列 2 表示泊松分布的分布律.

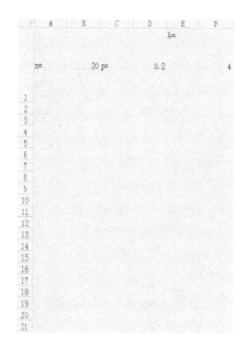

图 5-1

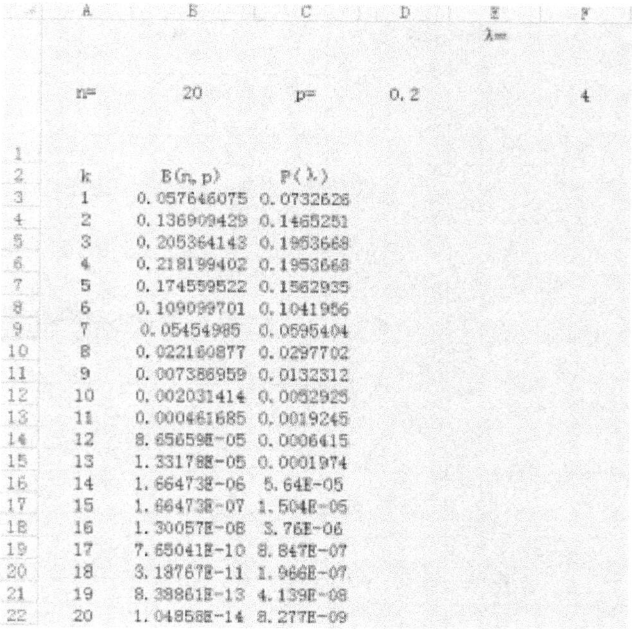

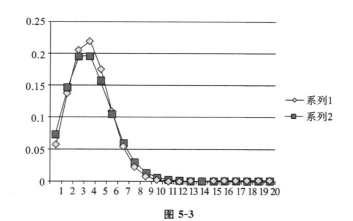

图 5-2

图 5-3

　　(5) 将单元格 B1 中 n 值分别修改为 $30, 60, 100$，得到图 5-4 所示的结果，可以看到随着 n 的增大，二项分布的图形逐渐逼近泊松分布的图形.

二、利用 Excel 验证二项分布与正态分布的关系

　　利用 Excel 验证二项分布与正态分布的关系的实验步骤如下.

　　(1) 在 Excel 中输入 n, p 的值，并计算数学期望 np 及方差 $np(1-p)$（见图 5-5）.

　　(2) 在单元格 C3 中输入公式 "$= C1 * C2$".

　　(3) 在单元格 C4 中输入公式 "$= C3 * (1 - C2)$".

　　(4) 在单元格 B6 中输入计算二项分布概率的公式 "$= \mathrm{BINOMDIST}(A6, \$C\$1,$

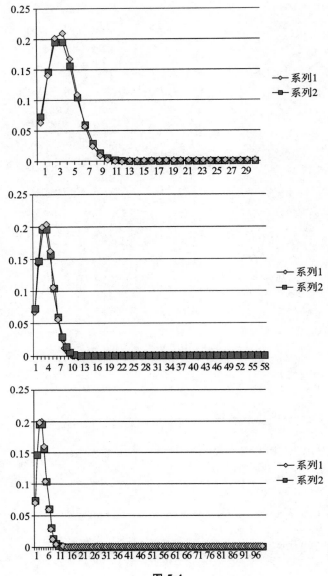

图 5-4

$C$2,FALSE)"$,得到二项分布对应取 1 时的概率,下拉光标得到取 $2 \sim 20$ 时的概率(见图 5-6).

　　(5) 在单元格 C6 中输入计算正态分布概率密度公式"$= NORMDIST(A6,C$3,SQRT(C$4),FALSE)"$,并下拉光标得到其他对应值的概率(见图 5-6).

　　(6) 选择分布律所求概率区域绘制折线图.在 Excel 中,选定 $B6 \sim B25,C6 \sim C25$,在菜单栏的"插入"中选择"插入折线图".如图 5-7 所示,系列 1 表示二项分布的分布律,系列 2 表示正态分布的分布律.

　　(7) 将单元格 C1 中的 n 值分别修改为 $40,80$,得到图 5-8 和图 5-9 所示的结果,可以看到随着 n 的增大,二项分布的图形逐渐逼近正态分布的图形.

⿰	A	B	C
1		n=	20
2		p=	0.2
3		np=	4
4		np(1-p)=	3.2
5	x	B(n,p)	N(np,np(1-p))
6	1		
7	2		
8	3		
9	4		
10	5		
11	6		
12	7		
13	8		
14	9		
15	10		
16	11		
17	12		
18	13		
19	14		
20	15		
21	16		
22	17		
23	18		
24	19		
25	20		

图 5-5

⿰	A	B	C
1		n=	20
2		p=	0.2
3		np=	4
4		np(1-p)=	3.2
5	x	B(n,p)	N(np,np(1-p))
6	1	0.057646	0.054652302
7	2	0.136909	0.119371603
8	3	0.205364	0.190755278
9	4	0.218199	0.223015515
10	5	0.17456	0.190755278
11	6	0.1091	0.119371603
12	7	0.05455	0.054652302
13	8	0.022161	0.018306228
14	9	0.007387	0.004486134
15	10	0.002031	0.00080432
16	11	0.000462	0.000105504
17	12	8.66E-05	1.01249E-05
18	13	1.33E-05	7.10879E-07
19	14	1.66E-06	3.65161E-08
20	15	1.66E-07	1.37232E-09
21	16	1.3E-08	3.77319E-11
22	17	7.65E-10	7.59008E-13
23	18	3.19E-11	1.11703E-14
24	19	8.39E-13	1.20273E-16
25	20	1.05E-14	9.47449E-19

图 5-6

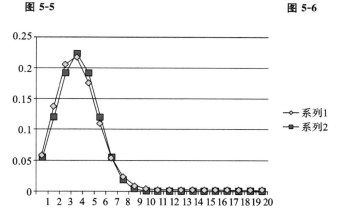

图 5-7

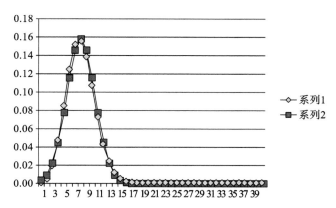

图 5-8

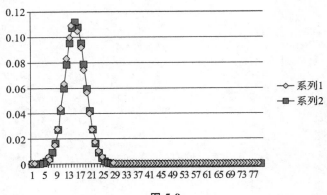

图 5-9

应用案例 9—— 国家需要多少个洲际弹道导弹基地

通常,洲际弹道导弹是指射程大于 8000 km 的远程弹道式导弹. 它是战略核力量的重要组成部分,是核力量"三位一体"的重要条件,主要用于攻击敌国领土上的重要军事、政治和经济目标. 洲际弹道导弹具有比中程弹道导弹、短程弹道导弹和新命名的战区弹道导弹更长的射程和更快的速度. 目前,洲际弹道导弹的主要拥有国有美国、俄罗斯、中国、法国、英国. 因为现代战争的需要,许多国家都有洲际弹道导弹基地. 考虑到未来战争升级的可能性,需要有多少个洲际道弹导弹基地才能适应未来战争的需要呢?

设世界上需要洲际弹道导弹才能攻击的目标有 n 个,而我们拥有 m 个洲际弹道导弹基地. m 太小则可能无法应付未来战争的需要, m 太大又会导致投入军费的增多,影响经济发展. 假设在任一时刻,这 n 个目标是否需要攻击是相互独立的,且需要攻击的概率是 p ,现在要求在任一时刻每个洲际弹道导弹需要攻击的目标不超过 s 个,假设这一事件的概率不小于 $\alpha(\alpha$ 一般取 0.9 或 0.95),则至少需要拥有多少个洲际弹道导弹基地?

解　设 A_k 表示在任一时刻恰有 k 个目标需要攻击, $k = 0,1,2,\cdots,sm$,则 $P(A_k) = C_n^k p^k (1-p)^{n-k}$. 由于 $A_0, A_1, \cdots, A_{sm}$ 为两两互斥的事件,所以

$$\sum_{k=0}^{sm} P(A_k) = \sum_{k=0}^{sm} C_n^k p^k (1-p)^{n-k} \geqslant \alpha.$$

找一个最小的自然数 m ,使上式成立,此 m 就是本问题的答案,但是求 m 时困难很大.

设 B_n 表示任一时刻洲际弹道导弹基地需要攻击的总目标数,则 $B_n \sim b(n,p)$,由棣莫弗 - 拉普拉斯中心极限定理得 $B_n \overset{近似}{\sim} N(np, np(1-p))$,则有

$$P\{B_n \leqslant sm\} \approx \Phi\Big(\frac{sm - np}{\sqrt{np(1-p)}}\Big) \geqslant \alpha.$$

求解上式就可以确定 m 的值.

应用案例 10—— 天文测量

设某天文学家试图观测某星球与他所在天文台的距离 D (单位:光年). 他计划做 n 次独立

的观测 $X_1, X_2, \cdots, X_n$,设这 n 次独立的观测的数学期望 $E(X_i) = D$,方差为 $D(X_i) = 4, i = 1$, $2, \cdots, n$. 现该天文学家采用 $\overline{X_n} = \dfrac{1}{n} \sum\limits_{i=1}^{n} X_i$ 作为 D 的估计. 为使对 D 的估计的精度在 ± 0.25 光年之间的概率大于 0.98,这位天文学家至少要做多少次独立的观测?

解　要由 $P\{|\overline{X_n} - D| \leqslant 0.25\} \geqslant 0.98$ 解出最小的 n.

由题意得,$E(\overline{X_n}) = D, D(\overline{X_n}) = \dfrac{4}{n}$. 由中心极限定理得 $\overline{X_n} \stackrel{\text{近似}}{\sim} N\left(D, \dfrac{4}{n}\right)$. 于是

$$P\{|\overline{X_n} - D| \leqslant 0.25\} \approx \Phi\left(\dfrac{0.25}{\sqrt{4/n}}\right) - \Phi\left(-\dfrac{0.25}{\sqrt{4/n}}\right) = 2\Phi\left(\dfrac{0.25}{\sqrt{4/n}}\right) - 1 \geqslant 0.98,$$

即 $\Phi\left(\dfrac{0.25}{\sqrt{4/n}}\right) \geqslant 0.99 = \Phi(2.33)$,则有 $\dfrac{0.25}{\sqrt{4/n}} \geqslant 2.33$,得 $n \geqslant 347.4496$,取 $n = 348$. 因此,这位天文学家至少要做 348 次独立的观测.

第六章　数理统计的基本知识

　　数理统计诞生于 19 世纪末 20 世纪初. 因为近代数学和概率论的发展,产生了数理统计这门学科. 数理统计是应用性最强的数学学科之一,具有丰富的研究内容和丰富的研究方法. 数理统计的内容主要包括以下两个方面:① 如何收集、整理数据资料;② 如何对所得的数据资料进行分析、研究,从而对所研究的对象的性质、特点做出推断或预测,为采取一定的决策和行动提供依据与建议. 后者就是我们所说的统计推断问题. 本书只讲述统计推断的基本内容,即数理统计的基本知识、参数估计、假设检验. 在概率论中,我们是在已知假设随机变量的分布的前提下去研究随机变量的性质、特点和规律性的,例如,介绍常用的各种分布,讨论其随机变量的函数的分布、求出其随机变量的概率、数字特征等. 在数理统计中,我们研究的随机变量的分布是未知的,或者是不完全知道的,人们是通过对所研究的随机变量进行重复独立的观察,得到许多观察值,对这些观察值进行分析,从而对所研究的随机变量的分布、数字特征等进行估计和推断.

　　人类在生产、管理、科学研究等各个方面,大都离不开数据资料的收集、整理和分析工作,因此数理统计的应用领域也是十分广泛的.

　　(1) 数理统计在工、农业生产方面有广泛的应用. 在工业方面,例如元件设备的可靠性分析、产品合格率的检验等;在农业方面,诸如优良品种的选择、最优生产条件的确定等,都要用到试验设计和统计分析的方法.

　　(2) 经济活动离不开数量指标及其关系,也是统计学得到较早和较多应用的一个领域,由此还产生了专门的经济统计学和数量经济学.

　　(3) 统计学在医学上具有广泛的应用. 一种药品的疗效如何是要通过精心的试验并使用正确的统计方法,才能得出比较可靠的结论的. 在医学中,常遇到哪些因素可能引发某种疾病,哪些因素会增加患病危险等问题. 这些问题常常是从观察和分析大量统计资料上得到启示,再提高到理论研究,如吸烟增加患肺癌的危险、多吃盐能促进高血压的发生等,都是从统计资料上得出的结论.

　　总之,数理统计的应用可以说无处不在,学好数理统计对于我们在各方面的工作乃至于指导我们的生活,都会起到一定的作用.

　　本章我们将介绍总体、随机样本及统计量等基本概念,并重点介绍几个常用统计量及抽样分布.

第一节　随机样本

一、总体与总体分布

　　很多实际问题中的随机现象可以用随机变量来描述,而要全面了解一个随机变量,就必须知道它的概率分布,至少也要知道它的某些数字特征(数学期望、方差等),怎样才能知道或大体上知道一个随机变量的概率分布或数字特征呢?这类问题在实际应用中是很重要的.通常我们只能在所研究的对象中选取一部分进行研究测试,利用所得到的部分数据来推断整个研究对象的情况.先介绍在这一统计分析过程中,几个常用的基本概念.

定义 1　在数理统计中,将研究对象的某项数量指标的值的全体称为总体.总体中的每个元素称为个体.总体中所包含的个体的个数称为总体的容量.容量为有限的称为有限总体,否则称为无限总体.

注　有些有限总体,它的容量很大,我们可以认为它是一个无限总体.

例如,研究某城市人口年龄的构成,可以把该市所有居民的年龄看作一个整体,若该市有1000万人口,那么总体就是由1000万个表示年龄的数字构成的.每个人的年龄即是一个个体.总体的容量为1000万,是有限总体.考察全国正在使用的某种型号灯泡的寿命所形成的总体,由于个体的个数很多,就可以认为是无限总体.

在总体中,每个个体的出现是随机的,所以研究对象的该项数量指标 X 的取值就具有随机性,X 是一个随机变量.因此,我们所研究的总体,即研究对象的某项数量指标 X,它的取值在客观上有一定的分布.我们对总体的研究就是对相应的随机变量 X 的分布的研究.X 的分布函数和数字特征就称为总体的分布函数和数字特征,本书将不区分总体与相应的随机变量,笼统称为总体 X.

二、样本与样本分布

在实际中,总体的分布一般是未知的,或只知道它具有某种形式,其中包含着未知参数.

定义 2　在数理统计中,人们都是通过从总体中抽取一部分个体,然后根据获得的数据来对总体分布做出推断的,被抽出的部分个体叫作总体的一个样本,简称为样本.

从总体抽取一个个体,可以看作是对代表总体的随机变量 X 进行一次试验(或观测),得到 X 的一个试验数据(或观测值).从总体中抽取一部分个体,就可以看作是对随机变量 X 进行若干次试验(或观测),得到 X 的一些试验数据(或观测值).

定义 3　从总体中按一定规则抽取若干个个体的过程称为抽样.抽样结果得到 X 的一组试验数据(或观测值)称为样本.样本中所含个体的数量称为样本容量.

为了使样本能很好地反映总体的情况,从总体中抽取样本必须满足以下两个条件.

(1)随机性:因抽取样本要反映总体,自然要求样本和总体具有相同分布.因此抽样必须是随机的,即要求总体中的每个个体都有同等的机会被抽取到.

(2)独立性:各次抽样必须是相互独立的,即每次抽样的结果既不影响其他各次抽样的结果,也不受其他各次抽样结果的影响.

这种满足随机性、独立性的抽样方法称为简单随机抽样,由此得到的样本称为简单随机样本.

从总体中进行放回抽样,显然是简单随机抽样,得到的是简单随机样本.从有限总体中进行不放回抽样,显然不是简单随机抽样,但是当总体容量 N 很大,而样本容量 n 较小 $\left(\dfrac{n}{N} \leqslant 0.1\right)$ 时,也可以将该抽样近似地看作放回抽样,即可以将该抽样近似地看作简单随机抽样,可以将得到的样本近似地看作简单随机样本.

注　从总体抽取容量为 n 的样本,就是对代表总体的随机变量 X 在相同条件下随机地、

独立地进行 n 次试验(或观测),将 n 次试验结果按试验的次序记为 $X_1,X_2,\cdots,X_n$. $X_1,X_2,\cdots,X_n$ 是对随机变量 X 试验的结果,且各次试验是在相同条件下独立地进行的,所以可认为 $X_1,X_2,\cdots,X_n$ 是相互独立的,且与总体 X 服从相同的分布.

定义 4　设总体 X 是具有某一分布函数的随机变量,如果随机变量 $X_1,X_2,\cdots,X_n$ 相互独立,且都与 X 具有相同的分布,则称 $X_1,X_2,\cdots,X_n$ 为来自总体 X 的简单随机样本,简称样本. n 称为样本容量.

在对总体 X 进行一次具体的抽样并做观测之后,得到一组样本 $X_1,X_2,\cdots,X_n$ 的确切数值 $x_1,x_2,\cdots,x_n$,称为样本观察值(或观测值),简称为样本值.

如果总体 X 的分布函数为 $F(X)$,则样本 $X_1,X_2,\cdots,X_n$ 的联合分布函数为

$$
\begin{aligned}
F(x_1,x_2,\cdots,x_n) &= P\{X_1 \leqslant x_1, X_2 \leqslant x_2, \cdots, X_n \leqslant x_n\} \\
&= P\{X \leqslant x_1, X \leqslant x_2, \cdots, X \leqslant x_n\} \\
&= P\{X \leqslant x_1\}P\{X \leqslant x_2\}\cdots P\{X \leqslant x_n\} \\
&= F(x_1)F(x_2)\cdots F(x_n) = \prod_{i=1}^{n} F(x_i).
\end{aligned}
$$

如果总体 X 是离散型随机变量,且概率分布为 $P\{X = x_i\}, i = 1,2,\cdots$,则样本 $X_1,X_2,\cdots,X_n$ 的联合概率分布为

$$
\begin{aligned}
P\{X_1 = x_1, X_2 = x_2, \cdots, X_n = x_n\} &= P\{X = x_1, X = x_2, \cdots, X = x_n\} \\
&= P\{X = x_1\}P\{X = x_2\}\cdots P\{X = x_n\} \\
&= \prod_{i=1}^{n} P\{X_i = x_i\}.
\end{aligned}
$$

如果总体 X 是连续型随机变量,且具有概率密度 $f(x)$,则样本 $X_1,X_2,\cdots,X_n$ 的联合概率密度为

$$
f(x_1,x_2,\cdots,x_n) = f(x_1)f(x_2)\cdots f(x_n) = \prod_{i=1}^{n} f(x_i).
$$

例 1　设总体 X 服从两点分布 $b(1,p)$,其中 $0 < p < 1$,$X_1,X_2,\cdots,X_n$ 是来自总体的样本,求样本 $X_1,X_2,\cdots,X_n$ 的分布律(称为样本分布).

解　总体 X 的分布律为

$$
P\{X = x\} = p^x(1-p)^{1-x}, x = 0, 1.
$$

因为 $X_1,X_2,\cdots,X_n$ 相互独立,且与 X 具有相同的分布,所以样本 $X_1,X_2,\cdots,X_n$ 的分布律为

$$
\begin{aligned}
P\{X_1 = x_1, X_2 = x_2, \cdots, X_n = x_n\} &= P\{X = x_1, X = x_2, \cdots, X = x_n\} \\
&= P\{X = x_1\}P\{X = x_2\}\cdots P\{X = x_n\} \\
&= p^{x_1}(1-p)^{1-x_1} p^{x_2}(1-p)^{1-x_2} \cdots p^{x_n}(1-p)^{1-x_n} \\
&= p^{\sum_{i=1}^{n} x_i}(1-p)^{n - \sum_{i=1}^{n} x_i},
\end{aligned}
$$

其中,$x_1,x_2,\cdots,x_n$ 在集合 $\{0,1\}$ 中取值.

例 2　设总体 $X \sim U(a,b)$,$X_1,X_2,\cdots,X_n$ 是来自总体的样本,求样本 $X_1,X_2,\cdots,X_n$ 的联合概率密度(也称为样本分布).

解　总体 X 的概率密度为

$$
f(x) = \begin{cases} \dfrac{1}{b-a}, & a < x < b, \\ 0, & \text{其他}, \end{cases}
$$

则其样本 $X_1, X_2, \cdots, X_n$ 的联合概率密度为

$$f(x_1, x_2, \cdots, x_n) = f(x_1) f(x_2) \cdots f(x_n)$$

$$= \begin{cases} \left(\dfrac{1}{b-a}\right)^n, & a < x_i < b, \\ 0, & \text{其他} \end{cases} (i = 1, 2, \cdots, n).$$

例 3　设总体 $X \sim E(\lambda)$，$X_1, X_2, \cdots, X_n$ 是来自总体的样本，求样本 $X_1, X_2, \cdots, X_n$ 的联合概率密度(也称为样本分布).

解　总体 X 的概率密度为

$$f(x) = \begin{cases} \lambda e^{-\lambda x}, & x > 0, \\ 0, & x \leqslant 0, \end{cases}$$

则其样本 $X_1, X_2, \cdots, X_n$ 的联合概率密度为

$$f(x_1, x_2, \cdots, x_n) = f(x_1) f(x_2) \cdots f(x_n)$$

$$= \begin{cases} \lambda^n e^{-\lambda \sum\limits_{i=1}^{n} x_i}, & x_i > 0, \\ 0, & x_i \leqslant 0 \end{cases} (i = 1, 2, \cdots, n).$$

三、统计推断问题简述

总体和样本是数理统计中的两个基本概念.样本来自总体,带有总体的信息,从而我们可以从这些信息出发去研究总体的某些特征(分布或分布中的参数).另一方面,通过研究样本来研究总体省时省力(特别是针对破坏性的抽样试验而言).我们称通过总体 X 的一个样本 X_1, $X_2, \cdots, X_n$ 对总体 X 的分布进行推断的问题为统计推断问题.

在实际应用中,总体的分布一般是未知的,或虽然知道总体分布所属的类型,但其中包含着未知参数.统计推断就是利用样本值对总体的分布类型、未知参数进行估计和推断.想要对总体进行统计推断,还需要借助样本构造一些合适的统计量,即样本的函数,本章第二节将对相关统计量进行深入的讨论.

习题 6.1

1. 设总体 $X \sim P(\lambda)$，其中，$\lambda > 0$，$X_1, X_2, \cdots, X_n$ 是来自总体的样本，求样本 $X_1, X_2, \cdots, X_n$ 的分布律.

2. 设总体 $X \sim b(n, p)$，其中，$0 < p < 1$，$X_1, X_2, \cdots, X_n$ 是来自总体的样本，求样本 $X_1, X_2, \cdots, X_n$ 的分布律.

3. 设总体 $X \sim N(\mu, \sigma^2)$，$X_1, X_2, \cdots, X_n$ 是来自总体的样本，求样本 $X_1, X_2, \cdots, X_n$ 的联合概率密度.

4. 设总体 $X \sim E(2)$，$X_1, X_2, \cdots, X_{10}$ 为来自总体 X 的样本，求 $X_1, X_2, \cdots, X_{10}$ 的联合概率密度和联合分布函数.

5. 设总体 X 的分布律为 $P\{X = k\} = \dfrac{1}{4}$，$k = 0, 1, 2, 3$.现随机抽取 56 个样本 $X_1, X_2, \cdots,$

X_{56}，令 $Y = \sum\limits_{i=1}^{56} X_i$，求 $P\{80 < Y < 100\}$.

6. 设总体 $X \sim N(80,400)$，现随机抽取 100 个样本 $X_1, X_2, \cdots, X_{100}$，令 $\overline{X} = \dfrac{1}{n} \sum\limits_{i=1}^{100} X_i$，求 $P\{\mid \overline{X} - 80 \mid > 3\}$.

第二节　抽样分布

样本是进行统计推断的依据. 在应用时，往往不是直接使用样本本身，而是针对不同的问题构造样本的适当函数，利用这些样本的函数进行统计推断.

一、统计量的概念

定义 1　设 $X_1, X_2, \cdots, X_n$ 是来自总体 X 的一个样本，$g(X_1, X_2, \cdots, X_n)$ 是 $X_1, X_2, \cdots, X_n$ 的函数，若 g 中不含未知参数，则称 $g(X_1, X_2, \cdots, X_n)$ 是一个统计量. 设 $x_1, x_2, \cdots, x_n$ 是相应于样本 $X_1, X_2, \cdots, X_n$ 的样本值，则 $g(x_1, x_2, \cdots, x_n)$ 称为 $g(X_1, X_2, \cdots, X_n)$ 的观察值.

注

(1) 统计量不能含有任何未知参数.

(2) 统计量是随机变量，与总体不一定同分布，不同的统计量有不同的分布.

(3) 统计量是处理、分析数据的重要工具.

例 1　设 $X_1, X_2, \cdots, X_n$ 是来自总体 $X \sim N(\mu, \sigma^2)$ 的一个样本，其中，μ 为已知量，σ^2 为未知量，判断下列各式哪些是统计量，哪些不是统计量.

(1) $T_1 = X_1$；(2) $T_2 = X_1 + X_2 \mathrm{e}^{X_3}$；(3) $T_3 = \dfrac{1}{3}(X_1 + X_2 + X_3)$；(4) $T_4 = \max(X_1, X_2, \cdots, X_n)$；(5) $T_5 = X_1 + X_2 - 2\mu$；(6) $T_6 = \dfrac{1}{n} \sum\limits_{i=1}^{n} X_i$；(7) $T_7 = \dfrac{1}{\sigma^2}(X_1^2 + X_2^2 + X_3^2)$.

解　$T_1, T_2, T_3, T_4, T_5, T_6$ 是统计量，T_7 含有未知参数 σ^2，不是统计量.

二、常用的统计量

设 $X_1, X_2, \cdots, X_n$ 是来自总体 X 的一个样本，$x_1, x_2, \cdots, x_n$ 是这一样本的观察值.

(1) 样本均值为 $\overline{X} = \dfrac{1}{n} \sum\limits_{i=1}^{n} X_i$，观测值记为 $\overline{x} = \dfrac{1}{n} \sum\limits_{i=1}^{n} x_i$.

(2) 样本方差为 $S^2 = \dfrac{1}{n-1} \sum\limits_{i=1}^{n} (X_i - \overline{X})^2 = \dfrac{1}{n-1} \left(\sum\limits_{i=1}^{n} X_i^2 - n\overline{X}^2 \right)$，观测值记为

$$s^2 = \frac{1}{n-1} \sum_{i=1}^{n} (x_i - \overline{x})^2 = \frac{1}{n-1} \left(\sum_{i=1}^{n} x_i^2 - n\overline{x}^2 \right).$$

(3) 样本标准差为 $S = \sqrt{S^2} = \sqrt{\dfrac{1}{n-1} \sum\limits_{i=1}^{n} (X_i - \overline{X})^2}$，观测值记为

$$s = \sqrt{s^2} = \sqrt{\frac{1}{n-1} \sum_{i=1}^{n} (x_i - \overline{x})^2}.$$

（4）样本（k 阶）原点矩为 $A_k = \dfrac{1}{n}\sum\limits_{i=1}^{n} X_i^k, k=1,2,\cdots$，观测值记为 $a_k = \dfrac{1}{n}\sum\limits_{i=1}^{n} x_i^k, k=1,2,$ $\cdots$.

（5）样本（k 阶）中心矩为 $B_k = \dfrac{1}{n}\sum\limits_{i=1}^{n}(X_i - \overline{X})^k, k=2,3,\cdots$，观测值记为 $b_k = \dfrac{1}{n}\sum\limits_{i=1}^{n}(x_i$ $-\overline{x})^k, k=1,2,\cdots$.

注

（1）上述五种统计量可统称为矩统计量，简称为样本矩，它们都是样本的函数，它们的观察值分别称为样本均值、样本方差、样本标准差、样本（k 阶）原点矩、样本（k 阶）中心矩.

（2）样本的一阶原点矩就是样本均值，样本一阶中心矩恒等于零，即

$$A_1 = \overline{X}, B_1 = 0, B_2 = \frac{n-1}{n}S^2.$$

（3）样本均值 $\overline{X}$ 常作为总体均值 $E(X)$ 的估计量，样本方差 S^2 常作为总体方差 $D(X)$ 的估计量，样本标准差 S 常作为总体标准差 $\sqrt{D(X)}$ 的估计量，样本（k 阶）原点矩 A_k 常作为 $E(X^k)$ 的估计量，样本（k 阶）中心矩 B_k 常作为 $E[X - E(X)]^k$ 的估计量.

三、矩估计法的理论根据

定理 1　若总体 X 的 k 阶矩 $E(X^k) = \mu_k$ 存在，则当 $n \to \infty$ 时，$A_k \xrightarrow{P} \mu_k, k=1,2,\cdots$.

证明　因为 $X_1, X_2, \cdots, X_n$ 独立且与 X 同分布，所以 $X_1^k, X_2^k, \cdots, X_n^k$ 独立且与 X^k 同分布. 故有

$$E(X_1^k) = E(X_2^k) = \cdots = E(X_n^k) = E(X^k) = \mu_k.$$

由第五章的辛钦大数定理知

$$A_k = \frac{1}{n}\sum_{i=1}^{n} X_i^k \xrightarrow{P} \mu_k, k=1,2,\cdots.$$

进而由依概率收敛的序列的性质知

$$g(A_1, A_2, \cdots, A_k) \xrightarrow{P} g(\mu_1, \mu_2, \cdots, \mu_k),$$

其中，g 为连续函数，这就是本书第七章所要介绍的矩估计法的理论根据.

例 2　从一批袋装糖果中随机抽取 8 袋，测得其质量（单位：克）为 230,243,185,240,228, 196,246,200.

（1）写出总体、样本、样本值及样本容量；

（2）求样本均值、样本方差及样本二阶原点矩.

解　（1）总体为袋装糖果质量 X，样本为 8 袋袋装糖果的质量 $X_1, X_2, \cdots, X_8$，样本值为 $x_1 = 230, x_2 = 243, \cdots, x_8 = 200$，样本容量为 $n=8$；

（2）样本均值 $\overline{x} = \dfrac{1}{8}\sum\limits_{i=1}^{8} x_i = \dfrac{1}{8}(230 + 243 + \cdots + 200) = 221$，

样本方差 $s^2 = \dfrac{1}{8-1}\sum\limits_{i=1}^{n}(x_i - \overline{x})^2 = \dfrac{1}{7}[9^2 + 22^2 + \cdots + (-21)^2] = 566$，

样本二阶原点矩 $a_2 = \dfrac{1}{8}\sum\limits_{i=1}^{8} x_i^2 = \dfrac{1}{8}(230^2 + 243^2 + \cdots + 200^2) = 49\,336.25$.

例 3　设总体 $X \sim P(\lambda)$，从总体 X 中抽取样本 $X_1, X_2, \cdots, X_n$，$\overline{X}$ 和 S^2 分别为样本均值和样本方差. 求 $E(\overline{X}), D(\overline{X}), E(S^2)$.

解　由已知有 $E(X) = \lambda, D(X) = \lambda$，且

$$E(X) = E(X_i), D(X) = D(X_i), i = 1, 2, \cdots, n,$$

$$E(\overline{X}) = E\left(\frac{1}{n}\sum_{i=1}^{n} X_i\right) = \frac{1}{n}\sum_{i=1}^{n} E(X_i) = \frac{1}{n} \cdot nE(X) = E(X) = \lambda,$$

$$D(\overline{X}) = D\left(\frac{1}{n}\sum_{i=1}^{n} X_i\right) = \frac{1}{n^2}\sum_{i=1}^{n} D(X_i) = \frac{1}{n^2} \cdot nD(X) = \frac{D(X)}{n} = \frac{\lambda}{n}.$$

因为 $E(X^2) = D(X) + [E(X)]^2$，所以

$$E(S^2) = E\left[\frac{1}{n-1}\left(\sum_{i=1}^{n} X_i^2 - n\overline{X}^2\right)\right] = \frac{1}{n-1}\left[\sum_{i=1}^{n} E(X_i^2) - nE(\overline{X}^2)\right]$$

$$= \frac{1}{n-1}\left[\sum_{i=1}^{n} E(X^2) - nE(\overline{X}^2)\right] = \frac{1}{n-1}\left[nE(X^2) - nE(\overline{X}^2)\right]$$

$$= \frac{n}{n-1}\left[E(X^2) - E(\overline{X})^2\right]$$

$$= \frac{n}{n-1}\left\{D(X) + [E(X)]^2 - [D(\overline{X}) + [E(\overline{X})]^2]\right\}$$

$$= \frac{n}{n-1}\left[\lambda + \lambda^2 - \left(\frac{\lambda}{n} + \lambda^2\right)\right] = \frac{n}{n-1} \cdot \frac{n-1}{n}\lambda = \lambda.$$

四、抽样分布

统计量的分布为抽样分布.

1. χ^2（卡方）分布

定义 2　设 $X_1, X_2, \cdots, X_n$ 是来自总体 $N(0,1)$ 的样本，则称统计量

$$\chi^2 = X_1^2 + X_2^2 + \cdots + X_n^2$$

为服从自由度为 n 的 χ^2 分布，记为 $\chi^2 \sim \chi^2(n)$. 自由度是指 $\chi^2 = X_1^2 + X_2^2 + \cdots + X_n^2$ 右端所包含的独立变量的个数.

若 $X \sim N(0,1)$，则 $X^2 \sim \chi^2(1)$；若 $X \sim N(\mu, \sigma^2)$，则 $\left(\dfrac{X-\mu}{\sigma}\right)^2 \sim \chi^2(1)$.

$\chi^2(n)$ 分布的概率密度为

$$f(x) = \begin{cases} \dfrac{1}{2^{n/2}\Gamma(n/2)} x^{\frac{n}{2}-1} e^{-\frac{1}{2}x}, & x > 0, \\ 0, & x \leqslant 0, \end{cases}$$

其中，$\Gamma(\alpha)$ 为 Gamma 函数，$\Gamma(\alpha) = \displaystyle\int_0^{+\infty} x^{\alpha-1} e^{-x} \mathrm{d}x, \alpha > 0$，具有如下的性质.

(1) $\Gamma(\alpha+1) = \alpha\Gamma(\alpha)$；(2) $\Gamma(n) = (n-1)!$；(3) $\Gamma\left(\dfrac{1}{2}\right) = \sqrt{\pi}$.

概率密度 $f(x)$ 的图形如图 6-1 所示.

由图 6-1 可知，随着 n 的增大，图形趋于"平缓"，其图形下方区域的重心逐渐向右下移动.

1）χ^2 分布的数学期望与方差

定理 2　若 $\chi^2 \sim \chi^2(n)$，则 $E(\chi^2) = n, D(\chi^2) = 2n$.

证明　因为 $X_i \sim N(0,1)$，$E(X_i)=0$，$D(X_i)=1$，$E(X_i^2)=D(X_i)=1$，$E(X_i^4)=\int_{-\infty}^{+\infty} x^4$

$\dfrac{1}{\sqrt{2\pi}} \mathrm{e}^{-\frac{x^2}{2}} \mathrm{d}x = 3$ 所以 $E(\chi^2)=E\left(\sum\limits_{i=1}^{n} X_i^2\right)=\sum\limits_{i=1}^{n} E(X_i^2)=n$. 因为 $X_1,X_2,\cdots,X_n$ 相互独立，所

以 $X_1^2,X_2^2,\cdots,X_n^2$ 也相互独立. 又 $D(X_i^2)=E(X_i^4)-[E(X_i^2)]^2=3-1=2$. 于是，$D(\chi^2)=$

$D\left(\sum\limits_{i=1}^{n} X_i^2\right)=\sum\limits_{i=1}^{n} D(X_i^2)=2n$.

2）χ^2 分布的可加性

定理 3　若 $X \sim \chi^2(n_1)$，$Y \sim \chi^2(n_2)$，且 X 和 Y 相互独立，则 $X+Y \sim \chi^2(n_1+n_2)$.

证明　由 χ^2 分布的定义知 $X=X_1^2+X_2^2+\cdots+X_{n_1}^2$，$Y=Y_1^2+Y_2^2+\cdots+Y_{n_2}^2$ 其中，$X_i \sim$

$N(0,1)$，$Y_j \sim N(0,1)$，$i=1,2,\cdots,n_1$；$j=1,2,\cdots,n_2$.

又因为 X 和 Y 相互独立，所以 $X+Y=X_1^2+X_2^2+\cdots+X_{n_1}^2+Y_1^2+Y_2^2+\cdots+Y_{n_2}^2$ 是 n_1+
n_2 个标准正态分布的和. 得证.

注　定理 3 可以推广到多个随机变量的情形.

设 $\chi_i^2 \sim \chi^2(n_i)$，并且 $\chi_i^2(i=1,2,\cdots,m)$ 相互独立，则 $\sum\limits_{i=1}^{m} \chi_i^2 \sim \chi^2(n_1+n_2+\cdots+n_m)$.

3）上 α 分位点

上 α 分位数是数理统计中的一个重要概念. 在数理统计中，常常需要根据给定的概率 $P\{X>$
$x\}$ 确定 x 取什么值.

定义 3　设 X 为随机变量，若对给定的正数 $\alpha(0<\alpha<1)$，存在 X_α 满足

$$P\{X>x_\alpha\}=\int_{x_\alpha}^{+\infty} f(x)\mathrm{d}x=\alpha,$$

则称 x_α 为 X 的上 α 分位数（点）或临界点.

上分位数 x_α 的几何意义：若 X 具有概率密度 $f(x)$，如图 6-2 所示，在曲线 $y=f(x)$，x 轴
及 $x=x_\alpha$ 所围成区域的右边的阴影面积为 α.

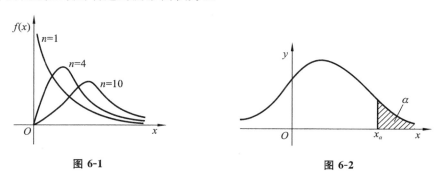

图 6-1　　　　　　　　　　　　　　　　　　　图 6-2

由图 6-2 可知，随着 α 增大，即 $x=x_\alpha$ 右侧的阴影面积增大时，x_α 在减小. 也就是说，上分
位数 x_α 是关于 α 的减函数.

4）标准正态分布的上 α 分位点

定义 4　设 $X \sim N(0,1)$，对给定的正数 $\alpha(0<\alpha<1)$，若 u_α 满足条件 $P\{X>u_\alpha\}=\alpha$，
则称点 u_α 为标准正态分布 $N(0,1)$ 的上 α 分位点.

上 α 分位数 u_α 的几何意义：若 X 具有概率密度 $f(x)$，如图 6-3 所示，在曲线 $y=\varphi(x)$，x
轴及 $x=u_\alpha$ 所围成区域的右侧的阴影面积为 α.

5) 求 u_α 的方法

由 $P\{X > u_\alpha\} = 1 - P\{X \leqslant u_\alpha\} = 1 - \Phi(u_\alpha) = \alpha$ 可得 $\Phi(u_\alpha) = 1 - \alpha$. 查标准正态分布函数表,即可得到 u_α 的值.

例如,设 $\alpha = 0.05$,满足 $P\{X > u_\alpha\} = 0.05$,即 $\Phi(u_\alpha) = 0.95$,查标准正态分布函数表知 $u_\alpha = 1.645$,即 $\Phi(1.645) = 0.95$.

几个常用的标准正态分布的上 α 分位数 u_α 如表 6-1 所示.

表 6-1

α	0.001	0.005	0.01	0.025	0.05	0.10
u_α	3.090	2.576	2.326	1.960	1.645	1.282

6) 标准正态分布 $N(0,1)$ 的双侧 α 分位点

定义 5　设 $X \sim N(0,1)$,对给定的正数 $\alpha(0 < \alpha < 1)$,若 $u_{\alpha/2}$ 满足条件 $P\{|X| > u_{\alpha/2}\} = \alpha$,即 $\Phi(u_{\alpha/2}) = 1 - \dfrac{\alpha}{2}$,则称点 $u_{\alpha/2}$ 为标准正态分布 $N(0,1)$ 的双侧 α 分位点(见图 6-4).

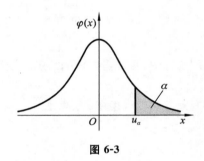

图 6-3

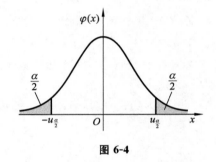

图 6-4

注　求双侧 α 分位点 $u_{\alpha/2}$,即是求上 $\dfrac{\alpha}{2}$ 分位点 $u_{\alpha/2}$. 例如,设 $\alpha = 0.05$,则查正态分布表可得,满足条件 $P\{X > u_{\alpha/2}\} = \dfrac{0.05}{2} = 0.025$ 的 $u_{0.025} = 1.96$.

易知 $P\{X < -u_{\alpha/2}\} = \dfrac{\alpha}{2} = \dfrac{0.05}{2} = 0.025$,所以 $P\{-u_{\alpha/2} < X < u_{\alpha/2}\} = 1 - \alpha = 0.95$.

7) χ^2 分布的分位点

定义 6　设 $\chi^2 \sim \chi^2(n)$,对给定的正数 $\alpha(0 < \alpha < 1)$,称满足条件

$$P\{\chi^2 > \chi_\alpha^2(n)\} = \int_{\chi_\alpha^2(n)}^{+\infty} f(x)\mathrm{d}x = \alpha$$

的点 $\chi_\alpha^2(n)$ 为 $\chi^2(n)$ 分布的上侧 α 分位点,简称为上 α 分位点(见图 6-5).

由定积分知,如图 6-5 所示,$\chi_\alpha^2(n)$ 就是使图中阴影部分的面积为 α 时,在 x 轴上所确定出来的点. 对于不同的 α 与 n,想要知道上 α 分位点的值,可以查卡方分布表. 例如,查卡方分布表可知,$\chi_{0.025}^2(8) = 17.535$,$\chi_{0.975}^2(10) = 3.247$,$\chi_{0.1}^2(25) = 34.382$.

但卡方分布表只详列到 $n = 45$,英国统计学家费歇尔(R. A. Fisher)曾证明,当 n 充分大时,有 $\chi_\alpha^2(n) \approx$

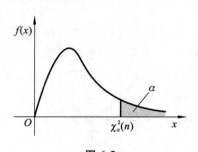

图 6-5

$\frac{1}{2}(u_\alpha + \sqrt{2n-1})^2$. 当 $n > 45$ 时,可利用此式求得 $\chi^2_\alpha(n)$ 分布的上 α 分位点的近似值. 例如,
$\chi^2_{0.05}(50) \approx \frac{1}{2}(1.645 + \sqrt{99})^2 = 67.221$. 其中,$u_\alpha$(有些教材用 z_α 表示)是标准正态分布的上 α 分位点.

χ^2 分布是一种非常重要的分布,在历史上,它曾被多位科学家以不同的途径引进. χ^2 分布最早是由法国数学家比埃奈梅在 1852 年推导出来的,皮泽蒂在求线性模型最小二乘估计残差平方和的分布时也推导出了这个分布.

2. t 分布

定义 7　设 $X \sim N(0,1)$,$Y \sim \chi^2(n)$,且 X 与 Y 相互独立,则称
$$T = \frac{X}{\sqrt{Y/n}}$$
服从自由度为 n 的 t 分布,记为 $T \sim t(n)$.

t 分布又称为学生氏分布(Student distribution),它最早是由英国统计学家戈赛特在其论文《均值的或然误差》中提出来的,该论文是戈赛特在 1908 年以 Student 为笔名发表在其老师创办的刊物《生物统计学》上的,这是统计量精确分布理论中一系列重要结果的开端,因此人们把戈赛特推崇为推断统计学的先驱.

$t(n)$ 分布的概率密度为
$$f(x) = \frac{\Gamma[(n+1)/2]}{\sqrt{\pi n}\,\Gamma(n/2)}\left(1 + \frac{x^2}{n}\right)^{-\frac{n+1}{2}}, \quad -\infty < t < +\infty.$$
$f(x)$ 的图形如图 6-6 所示.

从图 6-6 中的图形可知,$t(n)$ 分布的概率密度曲线关于 y 轴对称,且随着 n 的增大,$t(n)$ 分布的概率密度曲线与标准正态分布 $N(0,1)$ 的概率密度曲线越来越接近.

1) t 分布的性质

t 分布具有如下性质:

(1) $f(x)$ 的图形关于 y 轴对称,且 $\lim\limits_{x \to \infty} f(x) = 0$.

(2) 当 n 充分大时,t 分布近似于标准正态分布,$\lim\limits_{n \to \infty} f(x) = \frac{1}{\sqrt{2\pi}}e^{-\frac{x^2}{2}}$. 但当 n 较小时,t 分布与 $N(0,1)$ 分布相差很大. 一般,当 $n > 30$ 时,就可以认为 t 分布基本与正态分布 $N(0,1)$ 相差无几了.

2) t 分布的分位点

定义 8　设 $T \sim t(n)$,对给定的实数 $\alpha(0 < \alpha < 1)$,称满足条件
$$P\{T > t_\alpha(n)\} = \int_{t_\alpha(n)}^{+\infty} f(x)\mathrm{d}x = \alpha$$
的点 $t_\alpha(n)$ 为 $t(n)$ 分布的上 α 分位点(见图 6-7).

由定积分知,在曲线 $y = f(x)$,$y = 0$ 及 $x = t_\alpha(n)$ 所围成区域的右边的阴影部分的面积为 α. 可以利用定积分的知识来计算对应概率值.

由概率密度 $f(x)$ 的对称性得,$t_{1-\alpha}(n) = -t_\alpha(n)$.

t 分布的上 α 分位点可通过查 t 分布表得. 例如,通过查 t 分表可得,$t_{0.05}(10) = 1.8125$,$t_{0.025}(15) = 2.1314$. 当 $n > 45$ 时,t 分布的上 α 分位点近似于标准正态分布的上 α 分位点:$t_\alpha(n) \approx u_\alpha$. 例如,$t_{0.05}(55) \approx u_{0.05} = 1.645$.

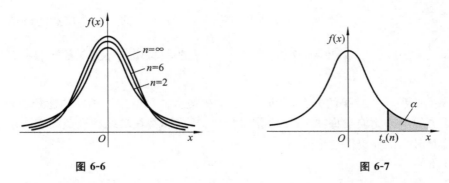

图 6-6　　　　　　　　　　　　　　图 6-7

3）t 分布的双侧分位数

定义 9　设 $T \sim t(n)$，对给定的实数 $\alpha(0 < \alpha < 1)$，称满足条件

$$P\{\mid T \mid > t_{\alpha/2}(n)\} = \int_{-\infty}^{-t_{\alpha/2}(n)} f(x)\mathrm{d}x + \int_{t_{\alpha/2}(n)}^{+\infty} f(x)\mathrm{d}x = \alpha$$

的点 $t_{\alpha/2}(n)$ 为 $t(n)$ 分布的上 $\frac{\alpha}{2}$ 分位点.

显然，根据上述定义可知，

$$P\{T > t_{\alpha/2}(n)\} = \frac{\alpha}{2}, P\{T < -t_{\alpha/2}(n)\} = \frac{\alpha}{2},$$

$$P\{-t_{\alpha/2}(n) < T < t_{\alpha/2}(n)\} = 1 - \alpha.$$

对不同的 α 与 n，t 分布的双侧分位数可从 t 分布表查得.

3. F 分布

定义 10　设 $X \sim \chi^2(n_1)$，$Y \sim \chi^2(n_2)$，且 X 与 Y 相互独立，则称

$$F = \frac{X/n_1}{Y/n_2}$$

服从自由度为 (n_1, n_2) 的 F 分布，记为 $F \sim F(n_1, n_2)$.

F 分布统计量最早出现在英国统计学家与遗传学家费歇尔于 1922 年发表的论文《回归公式的拟合优度及回归系数的分布》. 他是现代统计科学的奠基人之一，他对达尔文的进化论做了基础澄清的工作. F 分布的名称由美国统计学家斯纳德柯在 1932 年引进，以纪念费歇尔.

$F(n_1, n_2)$ 分布的概率密度为

$$f(x) = \begin{cases} \dfrac{\Gamma[(n_1 + n_2)/2](n_1/n_2)^{n_1/2} x^{(n_1/2)-1}}{\Gamma(n_1/2)\Gamma(n_2/2)[1 + (n_1 x/n_2)]^{(n_1+n_2)/2}}, & x > 0, \\ 0, & x \leqslant 0. \end{cases}$$

$F(n_1, n_2)$ 分布的概率密度曲线图形如图 6-8 所示.

1）F 分布的性质

F 分布具有如下性质：

（1）若 $X \sim t(n)$，则 $X^2 \sim F(1, n)$.

（2）若 $F \sim F(n_1, n_2)$，则 $\dfrac{1}{F} \sim F(n_2, n_1)$.

事实上，若 $X \sim t(n)$，则可设 $Y \sim N(0,1)$，$Z \sim \chi^2(n)$，且 Y 与 Z 相互独立，故有

$$X = \frac{Y}{\sqrt{Z/n}}, 且 Y^2 \sim \chi^2(1), X^2 = \frac{Y^2/1}{Z/n} \sim F(1, n).$$

若 $F \sim F(n_1, n_2)$，则可设 $M \sim \chi^2(n_1), N \sim \chi^2(n_2)$，且 M 与 N 相互独立，故有

$$F = \frac{M/n_1}{N/n_2},$$

则

$$\frac{1}{F} = \frac{N/n_2}{M/n_1} \sim F(n_2, n_1).$$

2）F 分布的分位点

定义 11　设 $F \sim F_\alpha(n_1, n_2)$，对给定的实数 $\alpha(0 < \alpha < 1)$，称满足条件

$$P\{F > F_\alpha(n_1, n_2)\} = \int_{F_\alpha(n_1, n_2)}^{+\infty} f(x) \mathrm{d}x = \alpha$$

的点 $F_\alpha(n_1, n_2)$ 为 $F(n_1, n_2)$ 分布的上 α 分位点（见图 6-9）.

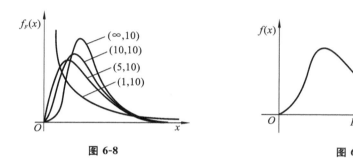

图 6-8　　　　　　　　　　　　　　　　图 6-9

F 分布的上 α 分位点的值可从 F 分布表查得. 例如，通过查 F 分布表可得 $F_{0.025}(8, 7) = 4.90, F_{0.05}(5, 10) = 3.33$.

F 分布有一个关于分位点的重要性质：$F_{1-\alpha}(n_1, n_2) = \dfrac{1}{F_\alpha(n_2, n_1)}$.

证明　事实上，若 $F \sim F(n_1, n_2)$，则

$$1 - \alpha = P\{F > F_{1-\alpha}(n_1, n_2)\} = P\left\{\frac{1}{F} < \frac{1}{F_{1-\alpha}(n_1, n_2)}\right\} = 1 - P\left\{\frac{1}{F} \geqslant \frac{1}{F_{1-\alpha}(n_1, n_2)}\right\},$$

所以 $P\left\{\dfrac{1}{F} > \dfrac{1}{F_{1-\alpha}(n_1, n_2)}\right\} = \alpha$. 又因为

$$\frac{1}{F} \sim F(n_2, n_1), P\left\{\frac{1}{F} > F_\alpha(n_2, n_1)\right\} = \alpha,$$

所以

$$F_\alpha(n_2, n_1) = \frac{1}{F_{1-\alpha}(n_1, n_2)},$$

即

$$F_{1-\alpha}(n_1, n_2) = \frac{1}{F_\alpha(n_2, n_1)}.$$

上式常常用来求 F 分布表中没有列出的某些上 α 分位数. 例如，

$$F_{0.95}(5, 10) = \frac{1}{F_{0.05}(10, 5)} = \frac{1}{4.74} = 0.211, F_{0.95}(12, 9) = \frac{1}{F_{0.05}(9, 12)} = \frac{1}{2.80} = 0.357.$$

五、正态总体的样本均值与方差的分布

定理 4　设 $X_1, X_2, \cdots, X_n$ 是总体 $N(\mu, \sigma^2)$ 的样本，$\overline{X}$ 是样本均值，则 $\overline{X} \sim N\left(\mu, \dfrac{\sigma^2}{n}\right)$.

证明　因为随机变量 $X_1, X_2, \cdots, X_n$ 相互独立且与总体 $X \sim N(\mu, \sigma^2)$ 同分布，所以 $\overline{X} =$

$\dfrac{1}{n}\sum\limits_{i=1}^{n}X_i$ 服从正态分布. 又知

$$E(\overline{X}) = \frac{1}{n}\sum_{i=1}^{n}E(X_i) = \mu, D(\overline{X}) = \frac{1}{n^2}\sum_{i=1}^{n}D(X_i) = \frac{\sigma^2}{n},$$

于是, $\overline{X} \sim N\left(\mu, \dfrac{\sigma^2}{n}\right)$.

推论 1　设总体 $X \sim N(\mu, \sigma^2), X_1, X_2, \cdots, X_n$ 是取自 X 的一个样本,则有

$$U = \frac{\overline{X} - \mu}{\sigma/\sqrt{n}} \sim N(0, 1).$$

定理 5　设总体 $X \sim N(\mu, \sigma^2), X_1, X_2, \cdots, X_n$ 是取自 X 的一个样本, $\overline{X}$ 与 S^2 分别为该样本的样本均值与样本方差,则 $\dfrac{(n-1)S^2}{\sigma^2} \sim \chi^2(n-1)$, 且 $\overline{X}$ 与 S^2 相互独立.

定理 6　设总体 $X \sim N(\mu, \sigma^2), X_1, X_2, \cdots, X_n$ 是取自 X 的一个样本, $\overline{X}$ 与 S^2 分别为该样本的样本均值与样本方差,则有 $\dfrac{\overline{X} - \mu}{S/\sqrt{n}} \sim t(n-1)$.

证明　由上述的推论 1 知,统计量 $U = \dfrac{\overline{X} - \mu}{\sigma/\sqrt{n}} \sim N(0, 1)$, 又由定理 5 知,统计量 $\chi^2 = \dfrac{(n-1)S^2}{\sigma^2} \sim \chi^2(n-1)$.

因为 $\overline{X}$ 与 S^2 相互独立,所以 $U = \dfrac{\overline{X} - \mu}{\sigma/\sqrt{n}}$ 与 $\chi^2 = \dfrac{(n-1)S^2}{\sigma^2}$ 相互独立. 于是,由 t 分布的定义可知,统计量

$$T = \frac{U}{\sqrt{\dfrac{\chi^2}{n-1}}} = \frac{\dfrac{\overline{X} - \mu}{\sigma/\sqrt{n}}}{\sqrt{\dfrac{(n-1)S^2}{\sigma^2(n-1)}}} = \frac{\overline{X} - \mu}{S/\sqrt{n}} \sim t(n-1).$$

定理 7　设 $X \sim N(\mu_1, \sigma_1^2), Y \sim N(\mu_2, \sigma_2^2)$ 是两个相互独立的正态总体, $X_1, X_2, \cdots, X_{n_1}$ 是取自总体 X 的样本, $\overline{X}$ 与 S_1^2 分别为该样本的样本均值与样本方差. $Y_1, Y_2, \cdots, Y_{n_2}$ 是取自总体 Y 的样本, $\overline{Y}$ 与 S_2^2 分别为此样本的样本均值与样本方差. 又设 S_w^2 是 S_1^2 与 S_2^2 的加权平均,即

$$S_w^2 = \frac{(n_1-1)S_1^2 + (n_2-1)S_2^2}{n_1 + n_2 - 2}.$$

(1) $U = \dfrac{(\overline{X} - \overline{Y}) - (\mu_1 - \mu_2)}{\sqrt{\sigma_1^2/n_1 + \sigma_2^2/n_2}} \sim N(0, 1)$.

(2) 如果 $\sigma_1^2 = \sigma_2^2 = \sigma^2$, 则随机变量 $U = \dfrac{(\overline{X} - \overline{Y}) - (\mu_1 - \mu_2)}{\sigma\sqrt{\dfrac{1}{n_1} + \dfrac{1}{n_2}}} \sim N(0, 1)$.

(3) 当 $\sigma_1^2 = \sigma_2^2 = \sigma^2$ 时, $T = \dfrac{(\overline{X} - \overline{Y}) - (\mu_1 - \mu_2)}{S_w \sqrt{1/n_1 + 1/n_2}} \sim t(n_1 + n_2 - 2)$.

(4) $F = \dfrac{\sigma_2^2}{\sigma_1^2} \cdot \dfrac{S_1^2}{S_2^2} \sim F(n_1 - 1, n_2 - 1)$.

证明　(1) 统计量 $\overline{X} \sim N\left(\mu_1, \dfrac{\sigma_1^2}{n_1}\right), \overline{Y} \sim N\left(\mu_2, \dfrac{\sigma_2^2}{n_2}\right)$, 且 $\overline{X}$ 与 $\overline{Y}$ 相互独立,由正态分布的性

质知 $\overline{X} - \overline{Y} \sim N\left(\mu_1 - \mu_2, \dfrac{\sigma_1^2}{n_1} + \dfrac{\sigma_2^2}{n_2}\right)$，即 $U = \dfrac{(\overline{X} - \overline{Y}) - (\mu_1 - \mu_2)}{\sqrt{\dfrac{\sigma_1^2}{n_1} + \dfrac{\sigma_2^2}{n_2}}} \sim N(0,1)$.

（2）由（1）可知，当 $\sigma_1^2 = \sigma_2^2 = \sigma^2$ 时，随机变量

$$U = \frac{(\overline{X} - \overline{Y}) - (\mu_1 - \mu_2)}{\sqrt{\sigma_1^2/n_1 + \sigma_2^2/n_2}} = \frac{(\overline{X} - \overline{Y}) - (\mu_1 - \mu_2)}{\sigma\sqrt{\dfrac{1}{n_1} + \dfrac{1}{n_2}}} \sim N(0,1).$$

（3）由定理 5 知

$$\chi_1^2 = \frac{(n_1 - 1)S_1^2}{\sigma^2} \sim \chi^2(n_1 - 1), \chi_2^2 = \frac{(n_2 - 1)S_2^2}{\sigma^2} \sim \chi^2(n_2 - 1).$$

因为 S_1^2 与 S_2^2 相互独立，所以由 χ^2 分布的可加性可知

$$V = \chi_1^2 + \chi_2^2 = \frac{(n_1 - 1)S_1^2 + (n_2 - 1)S_2^2}{\sigma^2} \sim \chi^2(n_1 + n_2 - 2).$$

又因为 $U = \dfrac{(\overline{X} - \overline{Y}) - (\mu_1 - \mu_2)}{\sigma\sqrt{\dfrac{1}{n_1} + \dfrac{1}{n_2}}} \sim N(0,1)$，且 $\overline{X}$ 与 S_1^2 相互独立，$\overline{Y}$ 与 S_2^2 相互独立，所

以 U 与 V 也相互独立. 于是，由 t 分布定义可知

$$T = \frac{U}{\sqrt{\dfrac{\chi_1^2 + \chi_2^2}{n_1 + n_2 - 2}}} = \frac{(\overline{X} - \overline{Y}) - (\mu_1 - \mu_2)}{S_w\sqrt{\dfrac{1}{n_1} + \dfrac{1}{n_2}}} \sim t(n_1 + n_2 - 2).$$

（4）由定理 5 知

$$\chi_1^2 = \frac{(n_1 - 1)S_1^2}{\sigma^2} \sim \chi^2(n_1 - 1), \chi_2^2 = \frac{(n_2 - 1)S_2^2}{\sigma^2} \sim \chi^2(n_2 - 1).$$

且 S_1^2 与 S_2^2 相互独立，由 F 分布的定义有

$$F = \frac{\chi_1^2/(n_1 - 1)}{\chi_2^2/(n_2 - 1)} = \frac{\sigma_2^2}{\sigma_1^2} \cdot \frac{S_1^2}{S_2^2} \sim F(n_1 - 1, n_2 - 1).$$

特殊地，当 $\sigma_1^2 = \sigma_2^2 = \sigma^2$ 时，$F = \dfrac{\sigma_2^2}{\sigma_1^2} \cdot \dfrac{S_1^2}{S_2^2} = \dfrac{S_1^2}{S_2^2} \sim F(n_1 - 1, n_2 - 1)$.

例 4　从正态总体 $N(5,4)$ 中抽取容量为 25 的样本，求样本均值落在区间 $(4.7, 5.5)$ 内的概率.

解　因为 $\overline{X} \sim N(5, 4/25)$，所以

$$P\{4.7 < \overline{X} < 5.5\} = \Phi\left(\frac{5.5 - 5}{\sqrt{4/25}}\right) - \Phi\left(\frac{4.7 - 5}{\sqrt{4/25}}\right) = \Phi(1.25) - \Phi(-0.75)$$

$$= \Phi(1.25) + \Phi(0.75) - 1 = 0.8944 + 0.7734 - 1 = 0.6678.$$

例 5　设 $X_1, X_2, \cdots, X_{16}$ 是来自正态总体 $N(0,4)$ 的样本，求概率 $P\left\{\sum\limits_{i=1}^{16} X_i^2 \leqslant 77.476\right\}$.

解　由 $\dfrac{X_i - \mu}{\sigma} \sim N(0,1)$ 知，$\dfrac{X_i}{2} \sim N(0,1)$ $(i = 1, 2, \cdots, 16)$，所以

$$\chi^2 = \sum_{i=1}^{16}\left(\frac{X_i}{2}\right)^2 = \frac{1}{4}\sum_{i=1}^{16} X_i^2 \sim \chi^2(16),$$

$$P\left\{\sum_{i=1}^{16} X_i^2 \leqslant 77.476\right\} = P\left\{\frac{1}{4}\sum_{i=1}^{16} X_i^2 \leqslant \frac{1}{4}\times 77.476\right\} = P\{\chi^2 \leqslant 19.369\}$$
$$= 1 - P\{\chi^2 > 19.369\} = 1 - P(\chi^2(16) > \chi^2_{0.25}(16))$$
$$= 1 - 0.25 = 0.75.$$

例 6　设 $X_1,\cdots,X_6$ 是来自总体 $N(0,1)$ 的样本，且 $Y = (X_1+X_2+X_3)^2 + (X_4+X_5+X_6)^2$，试求常数 C，使 CY 服从 χ^2 分布.

解　因为 $X_1+X_2+X_3 \sim N(0,3)$，$X_4+X_5+X_6 \sim N(0,3)$，所以 $\dfrac{X_1+X_2+X_3}{\sqrt{3}} \sim N(0,1)$，$\dfrac{X_4+X_5+X_6}{\sqrt{3}} \sim N(0,1)$ 且它们相互独立，$\left(\dfrac{X_1+X_2+X_3}{\sqrt{3}}\right)^2 + \left(\dfrac{X_4+X_5+X_6}{\sqrt{3}}\right)^2 \sim \chi^2(2)$，即 $\dfrac{1}{3}Y \sim \chi^2(2)$，故应取 $C = \dfrac{1}{3}$.

例 7　设总体 $X \sim N(0,1)$，$X_1,X_2,\cdots,X_n$ 是来自总体 X 的一个简单随机样本，试问统计量 $Y = \left(\dfrac{n}{5}-1\right)\sum_{i=1}^{5} X_i^2 \Big/ \sum_{i=6}^{n} X_i^2$，$n > 5$ 服从何种分布？

解　因为 $X_i \sim N(0,1)$，$\sum_{i=1}^{5} X_i^2 \sim \chi^2(5)$，$\sum_{i=6}^{n} X_i^2 \sim \chi^2(n-5)$，且 $\sum_{i=1}^{5} X_i^2$ 与 $\sum_{i=6}^{n} X_i^2$ 相互独立，由 F 分布的定义得

$$\frac{\sum_{i=1}^{5} X_i^2 \Big/ 5}{\sum_{i=6}^{n} X_i^2 \Big/ (n-5)} \sim F(5,n-5),$$

所以　　　　　　　$$Y = \left(\frac{n}{5}-1\right)\sum_{i=1}^{5} X_i^2 \Big/ \sum_{i=1}^{5} X_i^2 \sim F(5,n-5).$$

例 8　设两个总体 X 与 Y 都服从正态分布 $N(20,3)$，从总体 X 与 Y 中分别抽得容量 $n_1 = 10$，$n_2 = 15$ 的两个相互独立的样本，求 $P\{|\overline{X}-\overline{Y}| > 0.3\}$.

解　由定理 7 得

$$\frac{(\overline{X}-\overline{Y}) - (\mu_1-\mu_2)}{\sqrt{\dfrac{\sigma_1^2}{n_1} + \dfrac{\sigma_2^2}{n_2}}} = \frac{(\overline{X}-\overline{Y}) - (20-20)}{\sqrt{\dfrac{3}{10} + \dfrac{3}{15}}} = \frac{\overline{X}-\overline{Y}}{\sqrt{0.5}} \sim N(0,1),$$

于是

$$P\{|\overline{X}-\overline{Y}| > 0.3\} = 1 - P\left\{\left|\frac{\overline{X}-\overline{Y}}{\sqrt{0.5}}\right| \leqslant \frac{0.3}{\sqrt{0.5}}\right\} = 1 - \left[2\Phi\left(\frac{0.3}{\sqrt{0.5}}\right) - 1\right]$$
$$= 2 - 2\Phi(0.42) = 0.6744.$$

习题 6.2

1. 设 X_1,X_2,X_3,X_4 为来自总体 $N(0,2^2)$ 的样本，$Y = \dfrac{3X_4^2}{X_1^2+X_2^2+X_3^2}$，写出 Y 及 $\dfrac{1}{Y}$ 服从的分布.

2. 设 X_1,X_2 为来自总体 $N(1,2)$ 的样本, 求 $P\{(X_1-X_2)^2\leqslant 20.08\}$.

3. 设某厂生产的灯泡寿命 X 近似服从 $N(750,1600)$, 现随机抽取 16 个灯泡样本, 求 $P\{\overline{X}<725\}$.

4. 设 X 与 Y 相互独立, 且 $X\sim N(5,15)$, $Y\sim\chi^2(5)$, 求 $P\left\{\dfrac{X-5}{\sqrt{Y}}>3.5\right\}$.

5. 总体 $X\sim N(\mu,\sigma^2)$, 其中, μ,σ^2 未知, 现随机抽取 16 个样本, 求 $P\left\{\dfrac{S^2}{\sigma^2}\leqslant 2.041\right\}$.

6. 设某厂生产的灯泡的使用寿命 $X\sim N(1000,\sigma^2)$ (单位: h), 随机抽取一容量为 9 的样本, 并测得样本均值及样本方差. 但是由于工作上的失误, 事后失去了此实验的结果, 只记得样本方差为 $S^2=10\,000$, 求 $P\{\overline{X}>1062\}$.

实验 6　直方图的绘制方法和均值、方差、标准差的计算

一、用 Excel 绘制直方图

1. 实验准备

(1) 函数 VLOOKUP 的使用格式:

　　　　VLOOKUP(lookup_value, table_array, col_index_num, range_lookup)

函数 VLOOKUP 的功能: 在数值区域的首列查找满足条件的元素, 确定待检索单元格在区域中的行序号, 再进一步返回选定单元格的值.

lookup_value 为需要在区域第一列中查找的数值. table_array 为需要在其中查找数据的数据表. col_index_num 为 table_array 中待返回的匹配值的列序号. col_index_num 为 1 时, 返回 table_array 第一列中的数值; col_index_num 为 2 时, 返回 table_array 第二列中的数值, 以此类推. range_lookup 为一逻辑值, 指明函数 VLOOKUP 返回时是精确匹配还是近似匹配. 如果 range_value 为 TRUE 或省略, 函数 VLOOKUP 返回近似匹配值; 如果 range_value 为 FALSE, 函数 VLOOKUP 将返回精确匹配值.

(2) 函数 FREQUENCY 的使用格式: FREQUENCY(data_array, bins_array). 函数 FREQUENCY 的功能: 以一列垂直数组返回某个区域中数据的频率分布.

data_array 为一数组或对一组数值的引用, 用来计算频率. 如果 data_array 中不包含任何数值, 函数 FREQUENCY 返回零数组. bins_array 为间隔的数组或对间隔的引用, 该间隔用于对 data_array 中的数值进行分组. 如果 bins_array 中不包含任何数值, 函数 FREQUENCY 返回 data_array 中元素的个数.

例 1　从某高校大二学生的"概率论与数理统计"课程考试成绩中, 随机抽取 60 名学生的成绩如下:

76	69	71	77	69	71	83	69	85	85	86	77	74	95	66	87	66	51	68
73	77	62	66	73	93	79	63	87	87	54	80	57	72	72	58	76	72	76
69	71	81	75	66	74	60	67	79	63	88	78	85	72	58	90	61	70	77
68	80	79																

利用 Excel 绘制学生成绩的直方图, 并通过直方图了解学生成绩的分布情况.

2. 实验步骤

(1) 确定分组个数. 因为 $\sqrt{60} \approx 7.75$, 所以分组个数为 8. 从 50 到 100, 分为 8 个组, 组距取 $\frac{50}{8} = 6.25$, 分点分别为: 50, 56.25, 62.5, 68.75, 75, 81.25, 87.5, 93.75, 100.

(2) 整理学生成绩数据, 并将学生成绩分为 $50 \sim 56.25, 56.25 \sim 62.5, 62.5 \sim 68.75$, $68.75 \sim 75, 75 \sim 81.25, 81.25 \sim 87.5, 87.5 \sim 93.75, 93.75 \sim 100$ 八组, 在"组下限"栏中填入各组的下限值, 如图 6-10 所示.

(3) 分组: 在"组别"列的 B2 单元格中输入公式"= VLOOKUP(A2, C \$ 2:D \$ 9, 2)", 然后再下拉光标到整个列中, 得到按分数分组的组别数据 (直到 B61, 这里只截取一部分), 如图 6-11 所示.

	A	B	C	D	E
1	分数	组别	组下限	组名	频数
2	76		50	1	
3	69		56.25	2	
4	71		62.5	3	
5	77		68.75	4	
6	69		75	5	
7	71		81.25	6	
8	83		87.5	7	
9	69		93.75	8	
10	85				
11	85				
12	86				
13	77				

图 6-10

图 6-11

(4) 计算频数. 选取"频数"列的单元格区域 E2:E9, 在编辑栏中输入命令"= FREQUENCY(B2:B61, D2:D9)", 然后按下 Ctrl + Shift + Enter 组合键, 完成输入, 即可得到频数分布表, 如图 6-12 所示.

(5) 计算密度. 在单元格区域 F2:F9 中依次输入组域名: $50 \sim 56.25, 56.25 \sim 62.5, 62.5 \sim 68.75, 68.75 \sim 75, 75 \sim 81.25, 81.25 \sim 87.5, 87.5 \sim 93.75, 93.75 \sim 100$. 然后在"密度"列的单元格 G2 中输入公式"= E2/60/6.25", 并下拉光标到 G3 $\sim$ G9 中, 如图 6-13 所示.

	A	B	C	D	E
1	分数	组别	组下限	组名	频数
2	76	5	50	1	2
3	69	4	56.25	2	6
4	71	4	62.5	3	9
5	77	5	68.75	4	16
6	69	4	75	5	15
7	71	4	81.25	6	8
8	83	6	87.5	7	3
9	69	4	93.75	8	
10	85	6			
11	85	6			
12	86	6			

图 6-12

	A	B	C	D	E	F	G
1	分数	组别	组下限	组名	频数	组域名	密度
2	76	5	50	1	2	50-56.25	0.005333
3	69	4	56.25	2	6	56.25-62.5	0.016
4	71	4	62.5	3	9	62.5-68.75	0.024
5	77	5	68.75	4	16	68.75-75	0.042667
6	69	4	75	5	15	75-81.25	0.04
7	71	4	81.25	6	8	81.25-87.5	0.021333
8	83	6	87.5	7	3	87.5-93.75	0.008
9	69	4	93.75	8		93.75-100	0.002667
10	85	6					
11	85	6					
12	86	6					

图 6-13

(6) 画密度直方图. 选中单元格区域 F1:G9, 单击"插入", 选择"柱形图", 单击"二维柱形图", 即可得到密度柱形图, 如图 6-14 所示.

单击图中条形, 在快捷菜单中选择"设置数据系列格式", 打开"设置数据系列格式"对话框, 在其中的"系列选项"选项卡中, 修改"分类间距"为 0, 单击"确定"按钮, 即可加宽条形, 再进一步修改图形, 得到密度直方图, 如图 6-15 所示.

从学生成绩的密度直方图可以看到, 学生成绩在平均分附近比较密集, 较低或较高分数学

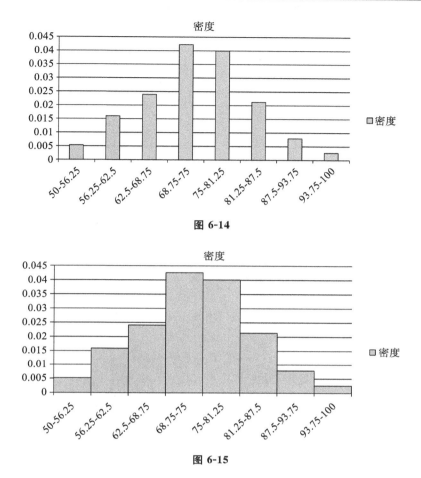

图 6-14

图 6-15

生比较少,学生成绩的分布呈近似"钟形"对称,即学生成绩的分布近似正态分布.

二、用 Excel 计算样本的均值、方差和标准差

1. 实验准备

(1) 函数 AVERAGE 的使用格式:AVERAGE(number1,number2,…). 函数 AVERAGE 的功能:返回给定样本的算术平均值.

(2) 函数 VAR 的使用格式:VAR(number1,number2,…). 函数 VAR 的功能:计算给定样本的方差.

(3) 函数 STDEV 的使用格式:STDEV(number1,number2,…). 函数 STDEV 的功能:计算给定样本的标准差.

例 2 随机抽取 6 个样本:87.4,87.0,86.9,86.8,87.5,87.0. 计算其均值、方差和标准差.

2. 实验步骤

(1) 在 Excel 中输入数据,如图 6-16 所示.

(2) 在单元格 C2 中输入公式"= AVERAGE(A2:A7)".

(3) 在单元格 C3 中输入公式"= VAR(A2:A7)".

(4) 在单元格 C4 中输入公式"= STDEV(A2:A7)",结果如图 6-17 所示.

	A	B
1	样本	统计量
2	87.4	样本均值
3	87	样本方差
4	86.9	样本标准差
5	86.8	
6	87.5	
7	87	

图 6-16

	A	B	C
1	样本	统计量	
2	87.4	样本均值	87.1
3	87	样本方差	0.08
4	86.9	样本标准差	0.2828427
5	86.8		
6	87.5		
7	87		

图 6-17

应用案例 11—— 赌博破产模型

甲有本金 a 元,决定赢 b 元后停止赌博. 设甲每局赢的概率为 $p = 0.5$,每局输赢都是 1 元钱,甲输光后停止赌博,求甲输光的概率 $q(a)$.

解　用 A 表示甲第一局赢,用 B_k 表示甲有本金 k 元时最后输光,则 $q(k) = P(B_k)$. 已知 A 发生后,甲的本金增加 1 元,所以

$$P(B_k \mid A) = P(B_{k+1}) = q(k+1).$$

已知 $\overline{A}$ 发生后,甲的本金减少 1 元,所以

$$P(B_k \mid \overline{A}) = P(B_{k-1}) = q(k-1).$$

由题意得,$q(0) = 1, q(a+b) = 0$,并且

$$q(k) = P(B_k) = P(A)P(B_k \mid A) + P(\overline{A})P(B_k \mid \overline{A}) = 0.5 \times [q(k+1) + q(k-1)],$$

于是 $2q(k) = q(k+1) + q(k-1)$,从而得到

$$q(k+1) - q(k) = q(k) - q(k-1) = \cdots = q(1) - q(0) = q(1) - 1.$$

上式两边对 $k = n-1, n-2, \cdots, 0$ 求和后,得到

$$q(n) - 1 = n[q(1) - 1].$$

取 $n = a + b$,可得

$$0 - 1 = (a+b)[q(1) - 1], q(1) - 1 = -1/(a+b).$$

取 $n = a$,可得

$$q(a) = 1 + a[q(1) - 1] = 1 - \frac{a}{a+b} = \frac{b}{a+b}.$$

上式说明当甲的本金 a 有限,则贪心 b 越大,输光的概率越大,如果一直赌下去($b \to \infty$),甲必定输光本金.

据记载,人类的赌博活动已经有三千多年的历史了. 在这个漫长的历史中,大量的赌徒早已输光,而新的赌徒正在不断地涌现并将不断地输光,为数极少的赌庄已形成而且还会形成,但是在公平赌博模型下,它们最终逃脱不掉破产的命运.

应用案例 12—— 游戏通关费用问题

设一打斗游戏只有两个关卡,通过这两个关卡就是通关. 其游戏规则如下.

（1）先攻打第一关，需要花 a 元钱购买相应的装备，具备一定的打斗威力后才有可能打败所有敌手进入第二关，攻打成功的概率为 $p_1 > 0$.

（2）如果攻打第一关失败，则需要重新攻打，且已买的装备失效，需要重新购买.

（3）攻打第二关时，需要花 b 元钱购买装备，攻打成功的概率为 $p_2 > 0$.

（4）如果攻打第二关失败，则需要重新攻打第二关，已买的装备失效，需要重新购买.

则平均通关费用是多少？

解　用 Z 表示通关费用，用 X 表示攻打第一关的次数，用 Y 表示攻打第二关的次数，则 $Z = aX + bY$，$E(Z) = aE(X) + bE(Y)$. 用 A_i 表示第 i 次攻打第一关成功，C_i 表示第 i 次攻打第二关成功，对 $k = 1, 2, \cdots$，有

$$P(X = k) = P(\overline{A_1}\, \overline{A_2} \cdots \overline{A_{k-1}} A_k) = (1 - p_1)^{k-1} p_1,$$

$$P(Y = k) = P(\overline{C_1}\, \overline{C_2} \cdots \overline{C_{k-1}} C_k) = (1 - p_2)^{k-1} p_2,$$

所以 $E(X) = \sum_{k=1}^{\infty} k(1 - p_1)^{k-1} p_1 = \dfrac{1}{p_1}$，同理 $E(Y) = \dfrac{1}{p_2}$，即赢的概率越大，则攻打的平均次数就越小. 当赢的概率为 1 时，只需要攻打一次.

平均通关费用为 $E(Z) = aE(X) + bE(Y) = \dfrac{a}{p_1} + \dfrac{b}{p_2}$.

由此可见，通关概率越小，通关费用就越大.

第七章　参数估计

在实际问题中,当已知所研究的总体分布类型,但分布中含有一个或多个未知参数时,根据样本统计量对总体的未知参数做出推断,这就是参数估计.

参数估计问题分为点估计问题与区间估计问题两类.点估计就是用某一个函数值作为总体未知参数的估计值;区间估计就是对未知参数给出一个范围,并且在一定的可靠度下使这个范围包含未知参数.

例如,灯泡的寿命 X 是一个总体,根据实际经验知道 $X \sim E(\lambda)$,但对每一批灯泡而言,参数 λ 是未知的,要写出具体的分布函数,就必须确定参数.此类问题就属于参数估计问题.若用 $\dfrac{1}{10\,000}$ 作为 λ 的估计量,即为点估计;若用 $\left(\dfrac{1}{8000}, \dfrac{1}{12\,000}\right)$ 作为对 λ 的估计,即为区间估计.

第一节　点　估　计

设有一个统计总体,总体的分布函数为 $F(x,\theta)$,其中,θ 为未知参数(θ 可以是向量).现从该总体中随机地抽样,得一组样本 $X_1,X_2,\cdots,X_n,x_1,x_2,\cdots,x_n$ 是相应的一组样本观察值.点估计问题是用样本构造一个适当的统计量 $\hat{\theta} = \hat{\theta}(X_1,X_2,\cdots,X_n)$ 来估计参数 θ,称 $\hat{\theta}$ 为 θ 的估计量,$\hat{\theta}$ 是一个随机变量.估计量 $\hat{\theta}$ 的值 $\hat{\theta}(x_1,x_2,\cdots,x_n)$ 称为 θ 的估计值.

点估计的关键问题是如何选取估计量 $\hat{\theta} = \hat{\theta}(X_1,X_2,\cdots,X_n)$.常用构造估计量的方法:矩估计法和极大(最大)似然估计法.

一、矩估计法

矩估计法的依据是辛钦大数定律及其推论,它是基于一种简单的"替换"思想建立起来的估计方法.

定义 1　设总体 X 的分布函数 $F(x;\theta_1,\theta_2,\cdots,\theta_l)$ 中含有 l 个未知参数 $\theta_1,\theta_2,\cdots,\theta_l$,如果总体 X 的 k 阶原点矩 $E(X^k)$ 存在,记

$$\mu_k(\theta_1,\theta_2,\cdots,\theta_l) = E(X^k),$$

$k = 1,2,\cdots,l$,其中,$X_1,X_2,\cdots,X_n$ 为来自总体 X 的样本,$A_k = \dfrac{1}{n}\sum_{i=1}^{n} X_i^k$ 为样本 k 阶原点矩,令

$$A_k = \mu_k, k = 1,2,\cdots,l,\text{即}
\begin{cases}
A_1 = \hat{\mu}_1(\theta_1,\theta_2,\cdots,\theta_l) \\
A_2 = \hat{\mu}_2(\theta_1,\theta_2,\cdots,\theta_l) \\
\vdots \\
A_l = \hat{\mu}_l(\theta_1,\theta_2,\cdots,\theta_l)
\end{cases},$$

解得 $\hat{\theta}_k = \hat{\theta}_k(X_1,X_2,\cdots,X_n)$,并以 $\hat{\theta}_k$ 作为 θ_k 的估计量,则称 $\hat{\theta}_k = \hat{\theta}_k(X_1,X_2,\cdots,X_n)$ 为参数 θ_k

的矩估计量. 这种参数估计法称为参数的矩估计法,简称矩法.

注

(1) 矩估计法是由英国统计学家皮尔逊在 1894 年首创的.

(2) 估计量 $\hat{\theta}(X_1, X_2, \cdots, X_n)$ 是一个随机变量,是样本的函数,是一个统计量,对不同的样本值, θ 的估计值 $\hat{\theta}$ 一般是不同的.

(3) 矩估计法的基本思想是用样本矩估计总体矩. 由大数定理知,当总体的 k 阶矩存在时,样本的 k 阶矩依概率收敛于总体的 k 阶矩.

可用样本均值 $\overline{X}$ 作为总体均值 $E(X)$ 的估计量. 用相应的样本矩去估计总体矩的方法就称为矩估计法. 用矩估计法确定的估计量称为矩估计量,相应的估计值称为矩估计值,矩估计量与矩估计值统称为矩估计.

设待估计的参数为 $\theta_1, \theta_2, \cdots, \theta_l$,矩估计法的一般步骤如下.

(1) 先找总体矩与参数之间的关系,即计算出总体的 k 阶原点矩. 显然,如果总体的 k 阶原点矩 $\mu_k = E(X^k)$ 存在的话,必依赖这些参数,即

$$\begin{cases} \mu_1 = \mu_1(\theta_1, \theta_2, \cdots, \theta_l), \\ \mu_2 = \mu_2(\theta_1, \theta_2, \cdots, \theta_l), \\ \vdots \\ \mu_l = \mu_l(\theta_1, \theta_2, \cdots, \theta_l). \end{cases}$$

(2) 用样本矩替换总体矩,得到关于估计量的方程(组). 样本 $X_1, X_2, \cdots, X_n$ 的 k 阶原点矩 $A_k = \frac{1}{n}\sum_{i=1}^n X_i^k$,令

$$\begin{cases} \mu_1(\theta_1, \theta_2, \cdots, \theta_l) = \frac{1}{n}\sum_{i=1}^n X_i, \\ \mu_2(\theta_1, \theta_2, \cdots, \theta_l) = \frac{1}{n}\sum_{i=1}^n X_i^2, \\ \vdots \\ \mu_l(\theta_1, \theta_2, \cdots, \theta_l) = \frac{1}{n}\sum_{i=1}^n X_i^l, \end{cases}$$

解上述参数为 $\theta_1, \theta_2, \cdots, \theta_l$ 的方程(组).

(3) 解方程(组),得到 l 个参数 $\theta_1, \theta_2, \cdots, \theta_l$ 的矩估计量. 将 $\hat{\theta}_k = \hat{\theta}_k(X_1, X_2, \cdots, X_n)$ 代入一组样本值得 l 个估计值 $\hat{\theta}_k = \hat{\theta}_k(x_1, x_2, \cdots, x_n), k = 1, 2, \cdots, l$.

注 若只有一个参数,则只需要解第一个方程即可,若有两个参数,就需要解前两个方程构成的方程组,依次类推.

例 1 设总体 $X \sim b(n, p)$,其中, $p(0 < p < 1)$ 为未知量, $X_1, X_2, \cdots, X_n$ 是来自总体 X 的样本,求 p 的矩估计量.

解 因为 $\mu_1 = E(X) = np$,根据矩估计法得

$$n\hat{p} = A_1 = \overline{X},$$

解得 $\hat{p} = \dfrac{\overline{X}}{n}$ 为 p 的矩估计量.

例 2 设总体 X 的概率分布为

X	1	2	3
P	θ^2	$2\theta(1-\theta)$	$(1-\theta)^2$

其中，θ 为未知参数. 现抽得一个样本 $x_1 = 1, x_2 = 2, x_3 = 1, x_4 = 3$，求 θ 的矩估计值.

解 总体一阶原点矩

$$E(X) = 1 \times \theta^2 + 2 \times 2\theta(1-\theta) + 3(1-\theta)^2 = 3 - 2\theta.$$

一阶样本矩 $\overline{x} = \dfrac{1}{4}(1 + 2 + 1 + 3) = \dfrac{7}{4}$.

由 $E(X) = \overline{x}$ 得 $3 - 2\theta = \dfrac{7}{4}$，解得 $\hat{\theta} = \dfrac{5}{8}$，所以 θ 的矩估计值 $\hat{\theta} = \dfrac{5}{8}$.

例 3 设总体 $X \sim U[a, b]$，其中，a, b 为未知量，$X_1, X_2, \cdots, X_n$ 是来自总体 X 的样本，求 a, b 的矩估计量.

解 因为

$$\mu_1 = E(X) = \frac{a+b}{2}, \mu_2 = E(X^2) = D(X) + [E(X)]^2 = \frac{(b-a)^2}{12} + \frac{(a+b)^2}{4},$$

所以根据矩估计法得

$$\begin{cases} \dfrac{a+b}{2} = A_1 = \dfrac{1}{n}\sum_{i=1}^{n} X_i, \\ \dfrac{(b-a)^2}{12} + \dfrac{(a+b)^2}{4} = A_2 = \dfrac{1}{n}\sum_{i=1}^{n} X_i^2, \end{cases}$$

即

$$\begin{cases} a+b = 2A_1, \\ b-a = \sqrt{12(A_2 - A_1^2)}, \end{cases}$$

解得

$$\begin{cases} \hat{a} = A_1 - \sqrt{3(A_2 - A_1^2)} = \overline{X} - \sqrt{\dfrac{3}{n}\sum_{i=1}^{n}(X_i - \overline{X})^2}, \\ \hat{b} = A_1 + \sqrt{3(A_2 - A_1^2)} = \overline{X} + \sqrt{\dfrac{3}{n}\sum_{i=1}^{n}(X_i - \overline{X})^2}. \end{cases}$$

例 4 设总体 X 的密度函数为

$$f(x, \theta) = \begin{cases} \theta x^{\theta-1}, & 0 < x < 1, \\ 0, & 其他, \end{cases}$$

其中，θ 为未知量，$X_1, X_2, \cdots, X_n$ 是来自总体 X 的样本，求 θ 的矩估计量.

解 因为 $\mu_1 = E(X) = \displaystyle\int_{-\infty}^{+\infty} xf(x)\mathrm{d}x = \int_0^1 x \cdot \theta x^{\theta-1}\mathrm{d}x = \dfrac{\theta}{\theta+1}$，由矩估计法得

$$\frac{\theta}{\hat{\theta}+1} = A_1 = \overline{X},$$

解得 $\hat{\theta} = \dfrac{\overline{X}}{1-\overline{X}}$. $\hat{\theta}$ 为 θ 的矩估计量.

例 5 设总体 X 的均值 μ 及方差 σ^2 都存在，且有 $\sigma^2 > 0$，但 μ, σ^2 均为未知量，又设 $X_1, X_2, \cdots, X_n$ 是来自 X 的样本. 试求 μ, σ^2 的矩估计量.

解 因为 $D(X) = E(X^2) - [E(X)]^2$，所以 $E(X^2) = \sigma^2 + \mu^2$. 由矩估计法得

$$\begin{cases} \mu_1 = E(X) = \mu = A_1, \\ \mu_2 = E(X^2) = \sigma^2 + \mu^2 = A_2, \end{cases}$$

即

$$\begin{cases} \mu = \dfrac{1}{n}\sum_{i=1}^{n} X_i = \overline{X}, \\ \sigma^2 + \mu^2 = \dfrac{1}{n}\sum_{i=1}^{n} X_i^2, \end{cases}$$

解得

$$\begin{cases} \hat{\mu} = \dfrac{1}{n}\sum_{i=1}^{n} X_i = \overline{X}, \\ \hat{\sigma}^2 = \dfrac{1}{n}\sum_{i=1}^{n} X_i^2 - \hat{\mu}^2 = \dfrac{1}{n}\sum_{i=1}^{n} X_i^2 - \overline{X}^2 = \dfrac{1}{n}\sum_{i=1}^{n} (X_i - \overline{X})^2 = B_2. \end{cases}$$

因此,不管总体 X 服从何种分布,总体期望和方差的矩估计量分别为样本均值、样本二阶中心矩,即

$$\hat{\mu} = \overline{X} = \dfrac{1}{n}\sum_{i=1}^{n} X_i, \hat{\sigma}^2 = \dfrac{1}{n}\sum_{i=1}^{n} (X_i - \overline{X})^2 = B_2.$$

估计值 $\hat{\mu} = \overline{x} = \dfrac{1}{n}\sum_{i=1}^{n} x_i, \hat{\sigma}^2 = \dfrac{1}{n}\sum_{i=1}^{n} (x_i - \overline{x})^2 = b_2.$

例 6　设总体 X 服从指数分布,其概率密度函数

$$f(x) = \begin{cases} \lambda e^{-\lambda x}, & x > 0, \\ 0, & x \leqslant 0, \end{cases}$$

其中,$\lambda > 0$ 是未知参数. $X_1, X_2, \cdots, X_n$ 是来自总体 X 的样本,求参数 λ 的矩估计量.

解　(方法一)因为 $\mu_1 = E(X) = \dfrac{1}{\lambda}$,故由矩估计法知 $\overline{X} = \dfrac{1}{\lambda}$,解得 $\hat{\lambda} = \dfrac{1}{\overline{X}}$,则参数 λ 的

矩估计量为 $\dfrac{1}{\overline{X}}$.

(方法二)$D(X) = E(X^2) - [E(X)]^2 = \dfrac{1}{\lambda^2}$,由例 5 知,$B_2 = \dfrac{1}{\hat{\lambda}^2}$,解得 $\hat{\lambda} = \dfrac{1}{\sqrt{B_2}}$. 参数 λ 的

矩估计量为 $\hat{\lambda} = \dfrac{1}{\sqrt{B_2}}$.

注

(1) 矩估计量并不唯一.

(2) 矩估计的优点是简单易行,不需要事先知道总体是什么分布,只需要总体矩知道即可;缺点是,当总体的分布类型已知时,未充分利用分布所提供的信息.

二、极大似然估计法

极大似然估计法也称为最大似然估计法,是在总体的分布类型已知的前提下,使用的一种参数点估计法. 这种方法是由德国数学家高斯在 1821 年提出来的,英国统计学家费歇尔在 1912 年再次提出了这种方法,并在 1922 年证明了极大似然估计法的一些优点.

极大似然估计法认为,如果一个随机试验有若干个可能的结果 $A, B, C, \cdots$,而在一次试验中,结果 A 出现,则一般认为试验条件对 A 出现有利,也可推测出 A 出现的概率最大.

　　在随机试验中,许多事件都有可能发生,概率大的事件发生的可能性大.若在一次试验中,某事件发生了,则有理由认为此事件比其他事件发生的概率大,这就是所谓的极大似然原理.极大似然估计法就是依据这一原理得到的一种参数估计方法.

　　例 7　设有两个外形完全相同的箱子,甲箱有 99 只白球、1 只黑球,乙箱有 1 只白球、99 只黑球.随机地抽取一箱,再从取出的一箱中抽取一球,结果取得白球,问这只白球是从哪一箱取出来的?

　　解　由概率论知,甲箱中抽得白球的概率 $p_1 = \dfrac{99}{100}$,乙箱中抽得白球的概率 $p_2 = \dfrac{1}{100}$,由此看到,这只白球从甲箱中抽出的概率比从乙箱中抽出的概率大得多.

　　根据极大似然原理,可以认为在一次抽样中抽得的白球是从概率大的箱子中取出的,所以统计推断出白球是从甲箱中取出的.这一推断也符合人们长期的实践经验.如果想要将该问题转化为参数估计问题,则应取参数 p 的估计值为 $\dfrac{99}{100}$.

　　例 8　设某车间生产一批产品,试估计这批产品的不合格品率 p.

　　解　用 X 表示一件产品是合格品或不合格品,则

$$X = \begin{cases} 1, & \text{表示这件产品是不合格品,} \\ 0, & \text{表示这件产品是合格品,} \end{cases}$$

则 X 的概率分布为

$$P\{X = x\} = p^x(1-p)^{1-x}, x = 0,1.$$

其中 $p(0 < p < 1)$ 为不合格品率.

　　从某总体中取一个容量为 n 的样本 $X_1, X_2, \cdots, X_n$,样本取观察值 $x_1, x_2, \cdots, x_n$ 的概率为

$$P\{X_1 = x_1, X_2 = x_2, \cdots, X_n = x_n\} = p^{x_1}(1-p)^{1-x_1} p^{x_2}(1-p)^{1-x_2} \cdots p^{x_n}(1-p)^{1-x_n}$$
$$= p^{\sum_{i=1}^{n} x_i}(1-p)^{n-\sum_{i=1}^{n} x_i},$$

　　其中,$x_i = 0$ 或 $1(i = 1,2,\cdots,n)$.显然,这概率可以看作是未知参数 p 的函数,用 $L(p)$ 表示,称作似然函数,即

$$L(p) = p^{\sum_{i=1}^{n} x_i}(1-p)^{n-\sum_{i=1}^{n} x_i}.$$

　　在一次抽样中获得这一组特殊观察值 $x_1, x_2, \cdots, x_n$ 的概率应该最大,即似然函数 $L(p)$ 应该达到最大值.所以我们认为,使 $L(p)$ 达到最大的 p 值作为参数 p 的一个估计值是合理的.因为对数函数 $\ln x$ 是 x 的单调增函数,所以 $\ln L(p)$ 与 $L(p)$ 在同一个 p 值上达到最大.对上式求对数有

$$\ln L(p) = \Big(\sum_{i=1}^{n} x_i\Big)\ln p + \Big(n - \sum_{i=1}^{n} x_i\Big)\ln(1-p),$$

对 p 求导,并令其等于零,得

$$\frac{\mathrm{d}\ln L(p)}{\mathrm{d}p} = \frac{1}{p}\sum_{i=1}^{n} x_i - \frac{1}{1-p}\Big(n - \sum_{i=1}^{n} x_i\Big) = 0.$$

于是得方程 $(1-p)\sum_{i=1}^{n} x_i = p\Big(n - \sum_{i=1}^{n} x_i\Big)$,解得 $\hat{p} = \hat{p}(x_1, x_2, \cdots, x_n) = \dfrac{\sum_{i=1}^{n} x_i}{n}$.不难验证,$\hat{p} =$

$\hat{p}(x_1, x_2, \cdots, x_n) = \dfrac{\sum_{i=1}^{n} x_i}{n}$ 使 $L(p)$ 达到最大,称为参数 p 的极大似然估计值.相应的统计量为

$$\hat{p} = \frac{\sum\limits_{i=1}^{n} X_i}{n},$$ 称作参数 p 的极大似然估计量.

求极大似然估计法的基本思想是选择 p 的值,使抽得的样本观测值出现的可能性最大. 用这个值作为未知参数的估计值,从而得到它的估计量. 这种求估计量的方法称为极大似然估计法.

下面分别就离散型总体和连续型总体情形对极大似然估计法进行具体的讨论.

1. 总体 X 为离散型

设总体 X 的概率分布为 $P\{X = x\} = p(x;\theta_1,\theta_2,\cdots,\theta_l)$,其中,$\theta_1,\theta_2,\cdots,\theta_l$ 为未知参数. $X_1,X_2,\cdots,X_n$ 是取自总体 X 的样本,样本的观察值为 $x_1,x_2,\cdots,x_n$,则样本的联合概率分布为

$$P\{X_1 = x_1, X_2 = x_2, \cdots, X_n = x_n\} = \prod_{i=1}^{n} p\{X_i = x_i\}.$$

给定样本值 $x_1,x_2,\cdots,x_n$ 后,令 $\theta = (\theta_1,\theta_2,\cdots,\theta_l)$,它是未知参数 θ 的函数. 记为 $L(\theta) = L(x_1, x_2,\cdots,x_n,\theta) = \prod\limits_{i=1}^{n} p\{X_i = x_i\}$,并称其为 θ 的似然函数.

若有 $\hat{\theta} = \hat{\theta}(x_1,x_2,\cdots,x_n)$ 使 $L(\hat{\theta}) = \max\limits_{\theta} L(\theta)$,则称 $\hat{\theta} = \hat{\theta}(x_1,x_2,\cdots,x_n)$ 为 θ 的极大似然估计值,称相应的统计量 $\hat{\theta}(X_1,X_2,\cdots,X_n)$ 为 θ 极大似然估计量. 它们统称为 θ 的极大似然估计.

求未知参数 θ 的极大似然估计问题,归结为求似然函数 $L(\theta)$ 的最大值点的问题. 当似然函数关于未知参数可微时,可利用微分学中求最大值的方法进行求解.

求离散型随机变量最大似然估计量的步骤如下:

(1) 写出似然函数 $L(\theta) = L(x_1,x_2,\cdots,x_n,\theta) = \prod\limits_{i=1}^{n} p\{X_i = x_i\} = \prod\limits_{i=1}^{n} p(x_i;\theta).$

(2) 对似然函数取对数得对数似然函数 $\ln L(\theta) = \sum\limits_{i=1}^{n} \ln p(x_i;\theta).$

(3) 令 $\dfrac{\mathrm{d}\ln L(\theta)}{\mathrm{d}\theta} = 0$,求出驻点,即得参数 θ 的最大似然估计值 $\hat{\theta} = \hat{\theta}(x_1,x_2,\cdots,x_n).$

注

(1) 因为函数 $\ln L(\theta)$ 是 $L(\theta)$ 的单调增加函数,且函数 $\ln L(\theta)$ 与函数 $L(\theta)$ 有相同的极值点,故常转化为求函数 $\ln L(\theta)$ 的最大值点较方便.

(2) 判断并求出最大值点,将样本值代入最大值点的表达式中,就得参数的极大似然估计值.

(3) 当似然函数关于未知参数不可微时,只能按极大似然估计法的基本思想求出最大值点.

(4) 上述求离散型随机变量最大似然估计量的步骤易推广至多个未知参数的情形,只需要将第(3)步的求导改为求偏导 $\dfrac{\partial \ln L(\theta)}{\partial \theta_i} = 0$ $(i=1,2,\cdots,l)$ 即可.

(5) $\dfrac{\mathrm{d}\ln L(\theta)}{\mathrm{d}\theta} = 0$ 为似然方程,$\dfrac{\partial \ln L(\theta)}{\partial \theta_i} = 0$ $(i=1,2,\cdots,l)$ 为似然方程组.

例 9　设总体 X 服从参数为 λ 的泊松分布 $P(\lambda)$,$X_1,X_2,\cdots,X_n$ 是取自总体 X 的样本,求参数 λ 的极大似然估计量.

解　X 的概率分布为 $P\{X=x\}=\dfrac{\lambda^x}{x!}\mathrm{e}^{-\lambda},x=0,1,2,\cdots$. 设 $x_1,x_2,\cdots,x_n$ 为样本 $X_1,$

$X_2,\cdots,X_n$ 的观察值,则 λ 的似然函数为 $L(\lambda)=\displaystyle\prod_{i=1}^{n}\dfrac{\lambda^{x_i}}{x_i!}\mathrm{e}^{-\lambda}=\mathrm{e}^{-n\lambda}\dfrac{\lambda^{\sum\limits_{i=1}^{n}x_i}}{\prod\limits_{i=1}^{n}x_i!}$,对数似然函数为

$\ln L(\lambda)=-n\lambda+\Big(\displaystyle\sum_{i=1}^{n}x_i\Big)\ln\lambda-\sum_{i=1}^{n}\ln(x_i!)$,似然方程为 $\dfrac{\mathrm{d}\ln L(\lambda)}{\mathrm{d}\lambda}=-n+\dfrac{1}{\lambda}\displaystyle\sum_{i=1}^{n}x_i=0$,得 λ 的

极大似然估计值为 $\hat{\lambda}=\dfrac{1}{n}\displaystyle\sum_{i=1}^{n}x_i=\bar{x}$,故 λ 的极大似然估计量 $\hat{\lambda}=\dfrac{1}{n}\displaystyle\sum_{i=1}^{n}X_i=\overline{X}$.

例 10　设总体 X 的概率分布为

X	1	2	3
P	θ^2	$2\theta(1-\theta)$	$(1-\theta)^2$

其中,θ 为未知参数. 现抽得一个样本 $x_1=1,x_2=2,x_3=1,x_4=3$,求 θ 的极大似然估计值.

解　先写似然函数

$L(\theta)=L(x_1,x_2,\cdots,x_n,\theta)=\displaystyle\prod_{i=1}^{n}p\{X_i=x_i\}=p\{X_i=1\}p\{X_i=1\}p\{X_i=2\}p\{X_i=3\}$

$=(\theta^2)^2\cdot2\theta(1-\theta)\cdot(1-\theta)^2=2\theta^5(1-\theta)^3$,

则对数似然函数为 $\ln L(\theta)=\ln2+5\ln\theta+3\ln(1-\theta)$,似然方程为 $\dfrac{\mathrm{d}\ln L(\theta)}{\mathrm{d}\theta}=\dfrac{5}{\theta}-\dfrac{3}{1-\theta}=0$,

得 θ 的极大似然估计值为 $\hat{\theta}=\dfrac{5}{8}$.

2. 总体 X 为连续型

设总体 X 的概率密度为 $f(x,\theta_1,\theta_2,\cdots,\theta_l)$,其中,$\theta_1,\theta_2,\cdots,\theta_l$ 为未知参数,$X_1,X_2,\cdots,X_n$ 是取自总体 X 的样本,则样本的联合概率密度为 $\displaystyle\prod_{i=1}^{n}f(x_i;\theta_1,\theta_2,\cdots,\theta_l)$,称 $L(\theta)=\displaystyle\prod_{i=1}^{n}f(x_i;\theta)$ 为似然函数.

若有 $\hat{\theta}=\hat{\theta}(x_1,x_2,\cdots,x_n)$ 使 $L(\hat{\theta})=\max\limits_{\theta}L(\theta)$,则称 $\hat{\theta}(x_1,x_2,\cdots,x_n)$ 为参数 θ 的极大似然估计值,称 $\hat{\theta}(X_1,X_2,\cdots,X_n)$ 为 θ 极大似然估计量,其中,参数 θ 可以是向量 $\boldsymbol{\theta}=(\theta_1,\theta_2,\cdots,\theta_l)$. 同离散型一样,解似然方程组 $\dfrac{\partial\ln L(\theta)}{\partial\theta_i}=0,i=1,2,\cdots,l$,可得 θ_i 的极大似然估计量.

求连续型随机变量最大似然估计量的步骤如下:

(1) 写出似然函数 $L(\theta)=L(x_1,x_2,\cdots,x_n;\theta)=\displaystyle\prod_{i=1}^{n}f(x_i;\theta)$.

(2) 对似然函数取对数得对数似然函数 $\ln L(\theta)=\displaystyle\sum_{i=1}^{n}\ln f(x_i;\theta)$.

(3) 令 $\dfrac{\mathrm{d}\ln L(\theta)}{\mathrm{d}\theta}=0$ 或 $\dfrac{\partial}{\partial\theta_i}\ln L(\theta)=0,i=1,2,\cdots,k$,求出驻点,即得参数 θ 的最大似然估计值 $\hat{\theta}=\hat{\theta}(x_1,x_2,\cdots,x_n)$.

例 11　设 $x_1,x_2,\cdots,x_n$ 是正态总体 $X\sim N(\mu,\sigma^2)$ 的样本观察值,其中,μ,σ^2 是未知参数,试求 μ 和 σ^2 的极大似然估计量.

解 总体 X 的概率密度为 $f(x;\mu,\sigma^2) = \dfrac{1}{\sqrt{2\pi}\sigma}e^{-\frac{(x_i-\mu)^2}{2\sigma^2}}$ $(-\infty < x < +\infty)$,似然函数为

$$L(\mu,\sigma^2) = \prod_{i=1}^{n} \frac{1}{\sqrt{2\pi}\sigma}e^{-\frac{(x_i-\mu)^2}{2\sigma^2}} = (2\pi\sigma^2)^{-\frac{n}{2}}e^{-\frac{1}{2\sigma^2}\sum\limits_{i=1}^{n}(x_i-\mu)^2},$$ 则对数似然函数为 $\ln L(\mu,\sigma^2) =$

$-\dfrac{n}{2}\ln(2\pi) - \dfrac{n}{2}\ln\sigma^2 - \dfrac{1}{2\sigma^2}\sum\limits_{i=1}^{n}(x_i-\mu)^2$,似然方程组为

$$\begin{cases} \dfrac{\partial}{\partial\mu}\ln L(\mu,\sigma^2) = \dfrac{1}{\sigma^2}\sum\limits_{i=1}^{n}(x_i-\mu) = 0, \\[3mm] \dfrac{\partial}{\partial\sigma^2}\ln L(\mu,\sigma^2) = -\dfrac{n}{2\sigma^2} + \dfrac{1}{2\sigma^4}\sum\limits_{i=1}^{n}(x_i-\mu)^2 = 0, \end{cases}$$

由似然方程组的第一个方程得 $\hat{\mu} = \dfrac{1}{n}\sum\limits_{i=1}^{n}x_i = \overline{x}$,将 $\hat{\mu}$ 代入第二方程得 $\hat{\sigma}^2 = \dfrac{1}{n}\sum\limits_{i=1}^{n}(x_i-\overline{\mu})^2$

$= \dfrac{1}{n}\sum\limits_{i=1}^{n}(x_i-\overline{x})^2$,因此,参数 μ,σ^2 的极大似然估计量分别为 $\hat{\mu} = \overline{X}, \hat{\sigma}^2 = \dfrac{1}{n}\sum\limits_{i=1}^{n}(X_i-\overline{X})^2$.

例 12 设总体 $X \sim E(\lambda)$,λ 为未知参数,$x_1, x_2, \cdots, x_n$ 是一个样本值.试求 λ 的极大似然估计量.

解 总体 X 的概率密度为

$$f(x) = \begin{cases} \lambda e^{-\lambda x}, & x > 0, \\ 0, & x \leqslant 0, \end{cases}$$

似然函数为

$$L(\lambda) = \begin{cases} \prod\limits_{i=1}^{n}\lambda e^{-\lambda x_i} = \lambda^n e^{-\lambda\sum\limits_{i=1}^{n}x_i}, & x_i > 0, \\ 0, & x_i \leqslant 0, \end{cases}$$

则对数似然函数为 $\ln L(\lambda) = n\ln\lambda - \lambda\sum\limits_{i=1}^{n}x_i$,其中,$x_i > 0, i = 1, 2, \cdots, n$. 对 λ 求导并令之为 0,得似然方程为

$$\frac{\mathrm{d}\ln L(\lambda)}{\mathrm{d}\lambda} = \frac{n}{\lambda} - \sum_{i=1}^{n}x_i = 0,$$

解得

$$\hat{\lambda} = \frac{n}{\sum\limits_{i=1}^{n}x_i} = \frac{1}{\overline{x}}.$$

例 13 设总体 X 在 (a,b) 上服从均匀分布,a,b 为未知参数,$x_1, x_2, \cdots, x_n$ 是一个样本值. 试求 a,b 的极大似然估计量.

解 设总体 X 的概率密度为

$$f(x;a,b) = \begin{cases} \dfrac{1}{b-a}, & a < x < b, \\ 0, & 其他, \end{cases}$$

因此,似然函数为

$$L(a,b) = \begin{cases} \dfrac{1}{(b-a)^n}, & a < x_1, x_2, \cdots, x_n < b, \\ 0, & 其他. \end{cases}$$

在参数 $a \leqslant \min\{x_1, x_2, \cdots, x_n\}$ 及 $b \geqslant \max\{x_1, x_2, \cdots, x_n\}$ 时,似然函数的偏导数不为 0,可按极大似然法的基本思想确定 $L(a, b)$ 的最大值.

令 $x_{(1)} = \min\{x_1, x_2, \cdots, x_n\}$,$x_{(n)} = \max\{x_1, x_2, \cdots, x_n\}$,对于满足 $a \leqslant x_{(1)}$,$b \geqslant x_{(n)}$ 的任意 a, b 有

$$L(a, b) = \frac{1}{(b-a)^n} \leqslant \frac{1}{(x_{(n)} - x_{(1)})^n},$$

即 $L(a, b)$ 在 $a = x_{(1)}$,$b = x_{(n)}$ 时取最大值. 故 a, b 的极大似然估计值为

$$\hat{a} = x_{(1)} = \min\{x_1, x_2, \cdots, x_n\}, \hat{b} = x_{(n)} = \max\{x_1, x_2, \cdots, x_n\}.$$

因此,a, b 的极大似然估计量为

$$\hat{a} = X_{(1)} = \min\{X_1, X_2, \cdots, X_n\}, \hat{b} = X_{(n)} = \max\{X_1, X_2, \cdots, X_n\}.$$

习题 7.1

1. 设总体 X 的概率密度为 $f(x; \theta) = \begin{cases} \mathrm{e}^{-(x-\theta)}, & x \geqslant \theta, \\ 0, & \text{其他}, \end{cases}$ 其中,θ 为未知参数. $X_1, X_2, \cdots, X_n$ 是取自 X 的样本,求参数 θ 的矩估计量. 若抽样得到的样本观测值为 $0.8, 0.6, 0.4, 0.5, 0.5, 0.6, 0.6, 0.8$,求参数 θ 的矩估计值.

2. 设总体 $X \sim U[0, \theta]$,其中,$\theta(\theta > 0)$ 为未知参数,$X_1, X_2, \cdots, X_n$ 是来自总体 X 的样本,求 θ 的矩估计量. 若抽样得到的样本观测值为 $0.9, 0.8, 0.2, 0.8, 0.4, 0.4, 0.7, 0.6$,求参数 θ 的矩估计值.

3. 用一个仪器测量某零件的长度(mm),设零件测得长度服从正态分布 $X \sim N(\mu, \sigma^2)$,现进行五次测量,其结果如下:$92, 94, 103, 105, 106$. 求总体中参数 μ 与 σ^2 的矩估计值.

4. 设总体 X 的概率密度为 $f(x) = \begin{cases} (\alpha + 1)x^\alpha, & 0 < x < 1, \\ 0, & \text{其他}, \end{cases}$ 其中,$\alpha(\alpha > -1)$ 为未知参数. $X_1, X_2, \cdots, X_n$ 是取自 X 的样本,求参数 α 的极大似然估计值.

5. 设某种电子元件的使用寿命 X 的概率密度为 $f(x) = \begin{cases} 2\mathrm{e}^{-2(x-\theta)}, & x > \theta, \\ 0, & \text{其他}, \end{cases}$ 其中,$\theta(\theta > 0)$ 为未知参数,$x_1, x_2, \cdots, x_n$ 是取自 X 的一组样本观测值,求参数 θ 的极大似然估计值.

6. 随机变量 X 服从 $[0, \theta]$ 上的均匀分布,现得 X 的样本观测值:$0.9, 0.8, 0.2, 0.8, 0.4, 0.4, 0.7, 0.6$. 试求 θ 的极大似然估计值.

第二节　估计量的评选标准

同一参数的估计量可能不是唯一的,使用不同方法可能得到同一参数的不同估计量,有时,使用同一方法也可能得到同一参数的不同估计量. 例如,总体 $X \sim P(\lambda)$,由矩估计法知,样本均值 $\overline{X}$ 是均值 $E(X) = \lambda$ 的矩估计量,B_2 是方差 $D(X) = \lambda$ 的矩估计量,即 $\overline{X}$ 和 B_2 都可以作为参数 λ 的矩估计量.

同一参数可以有不同的估计量,这时就需要判断采用哪一个估计量为好. 对于同一个参

数,用矩估计法和极大似然估计法得到的估计量不一定相同,即使得到的是同一个估计量,也需要衡量这个估计量的优劣.

估计量的评选标准就是评价一个估计量"好"与"坏"的标准.评价一个估计量的好坏,不能仅仅依据一次试验的结果,而必须由多次试验结果来衡量.因为估计量是样本的函数,是随机变量,故对于不同的观测结果,就会求得不同的参数估计值.因此,一个好的估计量应在多次重复试验中体现出其优良性.

估计量的评价有三条标准:① 估计量有无系统误差,即无偏性;② 估计量波动性的大小,即有效性;③ 当样本容量增大时估计值是否越来越精确,即相合性(一致性).

一、无偏性

估计量是随机变量,对于不同的样本值,可以得到不同的估计值.一个自然的要求是希望估计值在未知参数真值的附近,不偏高也不偏低,由此引入无偏性标准.

定义 1 设 $\hat{\theta}(X_1, X_2, \cdots, X_n)$ 是未知参数 θ 的估计量,若 $E(\hat{\theta}) = \theta$,则称 $\hat{\theta}$ 为 θ 的无偏估计量.若 $E(\hat{\theta}) \neq \theta$,称 $\hat{\theta}$ 为有偏估计量,并称 $E(\hat{\theta}) - \theta$ 为估计量 $\hat{\theta}$ 的偏差.如果 $\hat{\theta}$ 是有偏估计量,但 $\lim\limits_{n \to \infty} E(\hat{\theta}) = \theta$,则称 $\hat{\theta}$ 为 θ 的渐近无偏估计量.

注 无偏性是对估计量的一个常见而重要的要求,其实际意义是指估计量没有系统偏差,只有随机偏差.在科学技术中,称 $E(\hat{\theta}) - \theta$ 为用 $\hat{\theta}$ 估计 θ 而产生的系统误差.

定理 1 设 $X_1, X_2 \cdots, X_n$ 为取自总体 X 的样本,总体 X 的均值为 μ,方差为 σ^2,则

(1) 样本均值 $\overline{X}$ 是 μ 的无偏估计量;

(2) 样本方差 S^2 是 σ^2 的无偏估计量;

(3) 样本二阶中心矩 $B_2 = \dfrac{1}{n}\sum\limits_{i=1}^{n}(X_i - \overline{X})^2$ 不是 σ^2 的无偏估计量,是渐近无偏估计量.

证明 (1) 因为 $X_1, X_2, \cdots, X_n$ 独立同分布,且 $E(X_i) = \mu$ 所以

$$E(\overline{X}) = E\left(\frac{1}{n}\sum_{i=1}^{n}X_i\right) = \frac{1}{n}\sum_{i=1}^{n}E(X_i) = \frac{1}{n} \cdot n\mu = \mu.$$

故 $\overline{X}$ 是 μ 的无偏估计量;

(2) 因为

$$S^2 = \frac{1}{n-1}\sum_{i=1}^{n}(X_i - \overline{X})^2 = \frac{1}{n-1}\Big[\sum_{i=1}^{n}X_i^2 - 2\Big(\sum_{i=1}^{n}X_i\Big)\overline{X} + n\overline{X}^2\Big] = \frac{1}{n-1}\Big(\sum_{i=1}^{n}X_i^2 - n\overline{X}^2\Big),$$

且

$$E(\overline{X}^2) = D(\overline{X}) + [E(\overline{X})]^2 = \frac{\sigma^2}{n} + \mu^2, E(X_i^2) = D(X_i) + [E(X_i)]^2 = \sigma^2 + \mu^2,$$

于是,有

$$E(S^2) = \frac{1}{n-1}\Big[\sum_{i=1}^{n}E(X_i^2) - nE(\overline{X}^2)\Big] = \frac{1}{n-1}\Big[n(\sigma^2 + \mu^2) - n\Big(\frac{\sigma^2}{n} + \mu^2\Big)\Big] = \sigma^2.$$

故样本方差 S^2 是 σ^2 的无偏估计量;

(3) 因为 $B_2 = \dfrac{1}{n}\sum\limits_{i=1}^{n}(X_i - \overline{X})^2 = \dfrac{n-1}{n}S^2$,$E(B_2) = \dfrac{n-1}{n}E(S^2) = \dfrac{n-1}{n}\sigma^2 \neq \sigma^2$,所以 B_2 是 σ^2 的有偏估计量.又

$$\lim_{n \to \infty}E(B_2) = \lim_{n \to \infty}\frac{n-1}{n}\sigma^2 = \sigma^2,$$

故 B_2 是 σ^2 的渐近无偏估计量.

二、有效性

一个参数 θ 常有多个无偏估计量,在这些估计量中,选哪一个更好呢?

设 $\hat{\theta}$ 是参数 θ 的无偏估计量,即 $E(\hat{\theta}) = \theta$,由 $D(\hat{\theta}) = E[(\hat{\theta} - \theta)^2]$ 可知,$\hat{\theta}$ 的方差反映了 $\hat{\theta}$ 的取值在参数 θ 周围摆动的大小,这种摆动当然越小越好.

在同一参数的众多无偏估计量中,自然应选用对 θ 的偏离程度较小的为好,即一个较好的估计量的方差应该较小,由此引入评选估计量的另一标准:有效性.

定义 2　设 $\hat{\theta}_1 = \hat{\theta}_1(X_1, X_2, \cdots, X_n)$ 和 $\hat{\theta}_2 = \hat{\theta}_2(X_1, X_2, \cdots, X_n)$ 都是参数 θ 的无偏估计量,若 $D(\hat{\theta}_1) < D(\hat{\theta}_2)$,则称 $\hat{\theta}_1$ 较 $\hat{\theta}_2$ 有效.

例 1　设 X_1, X_2, X_3 是总体 X 的样本,证明

$$\hat{\mu}_1 = \frac{1}{3}(X_1 + X_2 + X_3), \hat{\mu}_2 = \frac{1}{2}(X_1 - X_2) + X_3, \hat{\mu}_3 = \frac{1}{4}(X_1 + X_2) + \frac{X_3}{2}$$

都是总体均值 $E(X)$ 的无偏估计量,并比较哪个更有效.

解　因为

$$E(\hat{\mu}_1) = \frac{1}{3}[E(X_1) + E(X_2) + E(X_3)] = E(X),$$

$$E(\hat{\mu}_2) = \frac{1}{2}E(X_1) - \frac{1}{2}E(X_2) + E(X_3) = E(X),$$

$$E(\hat{\mu}_3) = \frac{1}{4}E(X_1) + \frac{1}{4}E(X_2) + \frac{1}{2}E(X_3) = E(X),$$

故 $\hat{\mu}_1, \hat{\mu}_2, \hat{\mu}_3$ 都是总体均值 $E(X)$ 的无偏估计量.

$$D(\hat{\mu}_1) = \frac{1}{9}[D(X_1) + D(X_2) + D(X_3)] = \frac{1}{3}D(X),$$

$$D(\hat{\mu}_2) = \frac{1}{4}[D(X_1) + D(X_2)] + D(X_3) = \frac{3}{2}D(X),$$

$$D(\hat{\mu}_3) = \frac{1}{16}[D(X_1) + D(X_2)] + \frac{1}{4}D(X_3) = \frac{3}{8}D(X),$$

则 $D(\hat{\mu}_1) < D(\hat{\mu}_3) < D(\hat{\mu}_2)$,故 $\hat{\mu}_1$ 较 $\hat{\mu}_2, \hat{\mu}_3$ 更有效.

三、一致性(相合性)

我们不仅希望一个估计量是无偏的,并且具有较小的方差,还希望当样本容量无限增大时,估计量能在某种意义下任意接近未知参数的真值,由此引入相合性(一致性)的评价标准.

定义 3　设 $\hat{\theta} = \hat{\theta}(X_1, X_2, \cdots, X_n)$ 为未知参数 θ 的估计量,若当 $n \to \infty$ 时,$\hat{\theta}$ 依概率收敛于 θ,即对任意的 $\varepsilon > 0$,有

$$\lim_{n \to \infty} P\{|\hat{\theta} - \theta| < \varepsilon\} = 1$$

或

$$\lim_{n \to \infty} P\{|\hat{\theta} - \theta| \geqslant \varepsilon\} = 0,$$

则称 $\hat{\theta}$ 为参数 θ 的相合估计量,或称一致估计量.

例 2　证明样本 k 阶原点矩 $A_k = \frac{1}{n}\sum_{i=1}^{n} X_i^k$ 是总体 k 阶原点矩 $E(X^k)$ 的一致估计量.

证明 由辛钦大数定律知,样本 k 阶原点矩 $A_k = \frac{1}{n}\sum_{i=1}^{n} X_i^k$ 依概率收敛于总体 k 阶原点矩 $E(X^k)$,即对任意的 $\varepsilon > 0$,有

$$\lim_{n\to\infty} P\left\{\left|\frac{1}{n}\sum_{i=1}^{n} X_i^k - E\left(\frac{1}{n}\sum_{i=1}^{n} X_i^k\right)\right| < \varepsilon\right\} = \lim_{n\to\infty} P\left\{\left|\frac{1}{n}\sum_{i=1}^{n} X_i^k - E(X^k)\right| < \varepsilon\right\} = 1,$$

所以 A_k 是总体 $E(X^k)$ 的一致估计量.

注 若 $g(t_1, t_2, \cdots, t_l)$ 是连续函数,$\hat{\theta}(X_1, X_2, \cdots, X_n)$ 是 $\hat{\theta}_i (i = 1, 2, \cdots, l)$ 的一致估计量,则 $g(\hat{\theta}_1, \hat{\theta}_2, \cdots, \hat{\theta}_l)$ 是 $g(\theta_1, \theta_2, \cdots, \theta_l)$ 的一致估计量,所以用矩估计法确定的统计量一般是一致估计量.人们还证明了在相当广泛的情况下,极大似然估计量也是一致估计量.

习题 7.2

1. 设总体 X 的 k 阶原点矩 $\mu_k = E(X^k)$ $(k = 1, 2, \cdots, m)$ 存在,又设 $X_1, X_2, \cdots, X_n$ 为取自总体 X 的样本,证明不论总体服从什么分布,样本的 k 阶原点矩 $A_k = \frac{1}{n}\sum_{i=1}^{n} X_i^k$ 是总体的 k 阶矩 μ_k 的无偏估计量.

2. 设 $X_1, X_2, \cdots, X_n (n > 2)$ 是总体 X 的样本,证明 $\overline{X}, \frac{1}{2}(X_1 + X_n), X_i$ 都是总体均值 $E(X)$ 的无偏估计量,并比较哪个更有效.

3. 设总体 X 的 k 阶原点矩 $\mu_k = E(X^k)$ $(k = 1, 2, \cdots, m)$ 存在,又设 $X_1, X_2, \cdots, X_n$ 为取自总体 X 的样本,证明不论总体服从什么分布,$S^2 = \frac{1}{n-1}\sum_{i=1}^{n}(X_i - \overline{X})^2$ 及 $B_2 = \frac{1}{n}\sum_{i=1}^{n}(X_i - \overline{X})^2$ 都是总体方差 $D(X)$ 的一致估计量.

4. 设总体 $D(X) \neq 0, E(\overline{X}) = \mu$,试问 $\overline{X}^2$ 是否为 μ^2 的无偏估计量?

5. 设从均值为 μ,方差为 $\sigma^2 > 0$ 的总体中,分别抽取容量为 n_1, n_2 的两独立样本,$\overline{X}_1, \overline{X}_2$ 分别是两样本的均值.试证对于任意常数 $a, b (a + b = 1)$,$Y = a\overline{X}_1 + b\overline{X}_2$ 都是 μ 的无偏估计,并确定常数 a, b 使 $D(Y)$ 达到最小.

6. 设 $X_1, X_2, \cdots, X_n$ 是总体 X 的一个样本,设 $E(X) = \mu, D(X) = \sigma^2$,确定常数 c,使 $c\sum_{i=1}^{n-1}(X_{i+1} - X_i)^2$ 为 σ^2 的无偏估计.

第三节 区间估计

点估计是利用样本统计量计算出的值来估计未知参数.其优点是简单、易于计算,可直接告诉人们未知参数大致是多少;缺点是并未反映出估计的误差范围(精度),故在使用上还有不尽如人意之处.而区间估计正好弥补了点估计的这一不足之处.

例如,在估计某湖泊中鱼的数量的问题中,若根据一个实际样本,利用最大似然估计法估计出鱼的数量为 50 000 条,这种估计结果使用起来把握不大.实际上,鱼的数量的真值可能大

于 50 000 条,也可能小于 50 000 条,且可能偏差较大.

若能给出一个估计区间,让我们能较大把握地(其程度可用概率来度量)相信鱼的数量的真值在这个区间内,这样的估计显然更有实用价值.

一、置信区间的概念

定义 1 设总体 X 的分布函数 $F(x;\theta)$ 中含有一个未知参数 θ,对给定的 $\alpha(0<\alpha<1)$,若由样本 $X_1,X_2,\cdots,X_n$ 确定的两个统计量 $\hat{\theta}_1=\hat{\theta}_1(X_1,X_2,\cdots,X_n)$ 和 $\hat{\theta}_2=\hat{\theta}_2(X_1,X_2,\cdots,X_n)$ 使 $P\{\hat{\theta}_1<\theta<\hat{\theta}_2\}=1-\alpha$,则称随机区间 $(\hat{\theta}_1,\hat{\theta}_2)$ 为 θ 的 $1-\alpha$ 置信区间(或区间估计),称 $1-\alpha$ 为置信度(置信水平),α 称为显著性水平,通常取 0.1,0.5. 又分别称 $\hat{\theta}_1$ 与 $\hat{\theta}_2$ 为 θ 的双侧置信下限与双侧置信上限.

注

(1) 置信度 $1-\alpha$ 的含义:在随机抽样中,若重复抽样多次,得到样本 $X_1,X_2,\cdots,X_n$ 的多个样本值 $(x_1,x_2,\cdots,x_n)$,对应每个样本值都确定了一个置信区间 $(\hat{\theta}_1,\hat{\theta}_2)$,每个这样的区间要么包含了 θ 的真值,要么不包含 θ 的真值. 根据伯努利大数定理,当抽样次数充分大时,这些区间中包含 θ 的真值的频率(即概率)接近置信度 $1-\alpha$,即在这些区间中包含 θ 的真值的区间大约有 $100(1-\alpha)$ 个,不包含 θ 的真值的区间大约有 100α 个.例如,若令 $1-\alpha=0.95$,重复抽样 100 次,则其中大约有 95 个区间包含 θ 的真值,大约有 5 个区间不包含 θ 的真值.

(2) 置信区间 $(\hat{\theta}_1,\hat{\theta}_2)$ 是和样本有关的随机区间,被估计的参数 θ 虽然是未知的,但它是一个常数,没有随机性. 随机区间 $(\hat{\theta}_1,\hat{\theta}_2)$ 是以 $1-\alpha$ 的概率覆盖了未知参数 θ 的真值,而不能说参数 θ 以 $1-\alpha$ 的概率落入置信区间 $(\hat{\theta}_1,\hat{\theta}_2)$.

(3) 置信区间 $(\hat{\theta}_1,\hat{\theta}_2)$ 也是对未知参数 θ 的一种估计,区间的长度意味着误差,故区间估计与点估计是互补的两种参数估计.

(4) 置信度与估计精度是一对矛盾. 置信度 $1-\alpha$ 越大,置信区间 $(\hat{\theta}_1,\hat{\theta}_2)$ 包含 θ 的真值的概率就越大,但区间 $(\hat{\theta}_1,\hat{\theta}_2)$ 的长度就越大,对未知参数 θ 的估计精度就越差. 反之,对参数 θ 的估计精度越高,置信区间 $(\hat{\theta}_1,\hat{\theta}_2)$ 的长度就越小,$(\hat{\theta}_1,\hat{\theta}_2)$ 包含 θ 的真值的概率就越低,置信度 $1-\alpha$ 越小. 统计学家奈曼提出了处理原则:在保证置信度的条件下尽可能提高估计精度.

例 1 设总体 $X\sim N(\mu,\sigma^2)$,其中,σ^2 为已知参数,而 μ 为未知参数. $X_1,X_2,\cdots,X_n$ 是取自总体 X 的一个样本. 对给定的 $\alpha=0.01$,求 μ 的置信度为 $1-\alpha$ 的置信区间.

解 已知 $\overline{X}$ 是 μ 的无偏估计,且 $\dfrac{\overline{X}-\mu}{\sigma/\sqrt{n}}\sim N(0,1)$. 由标准正态分布的分位数的定义,有

$$P\left\{-u_{\alpha/2}<\frac{\overline{X}-\mu}{\sigma/\sqrt{n}}<u_{\alpha/2}\right\}=1-\alpha,$$

即 $P\left\{\overline{X}-u_{\alpha/2}\dfrac{\sigma}{\sqrt{n}}<\mu<\overline{X}+u_{\alpha/2}\dfrac{\sigma}{\sqrt{n}}\right\}=1-\alpha$,也就得到了 μ 的一个置信水平为 $1-\alpha$ 的置信区间 $\left(\overline{X}-\dfrac{\sigma}{\sqrt{n}}u_{\alpha/2},\overline{X}+\dfrac{\sigma}{\sqrt{n}}u_{\alpha/2}\right)$,常写成 $\left(\overline{X}\pm\dfrac{\sigma}{\sqrt{n}}u_{\alpha/2}\right)$.

若 $\alpha=0.01$,查正态分布表得 $u_{\alpha/2}=u_{0.005}=2.575$,则 μ 的置信度为 0.99 的置信区间为 $\left(\overline{X}-2.575\dfrac{\sigma}{\sqrt{n}},\overline{X}+2.575\dfrac{\sigma}{\sqrt{n}}\right)$.

若 $\alpha=0.05$,查正态分布表得 $u_{\alpha/2}=u_{0.025}=1.96$,则 μ 的置信度为 0.95 的置信区间

为 $\left(\overline{X}-1.96\dfrac{\sigma}{\sqrt{n}},\overline{X}+1.96\dfrac{\sigma}{\sqrt{n}}\right)$.

若 $\alpha=0.05$,即 $1-\alpha=0.95$,又有 $P\left\{-u_{0.04}<\dfrac{\overline{X}-\mu}{\sigma/\sqrt{n}}<u_{0.01}\right\}=0.95$,即

$$P\left\{\overline{X}-\dfrac{\sigma}{\sqrt{n}}u_{0.01}<\mu<\overline{X}+\dfrac{\sigma}{\sqrt{n}}u_{0.04}\right\}=0.95,$$

故 $\left(\overline{X}-\dfrac{\sigma}{\sqrt{n}}u_{0.01},\overline{X}+\dfrac{\sigma}{\sqrt{n}}u_{0.04}\right)$ 是 μ 的置信度为 0.95 的置信区间.其置信区间的长度为 $\dfrac{\sigma}{\sqrt{n}}(u_{0.04}+u_{0.01})$.

两个置信区间的长度为

$$L_1=2\times\dfrac{\sigma}{\sqrt{n}}u_{0.025}=3.92\times\dfrac{\sigma}{\sqrt{n}},L_2=\dfrac{\sigma}{\sqrt{n}}(u_{0.04}+u_{0.01})=4.08\times\dfrac{\sigma}{\sqrt{n}}$$

显然,$L_1<L_2$.

(1) 置信区间的长度与 α 有关,当 α 越小时,$1-\alpha$ 越大,置信区间越宽.在做区间估计时,我们希望置信度(可靠性)越大越好,但置信度太接近于 1,会导致区间太宽,从而导致估计精度太低,估计就失去了意义.反之,若要提高估计精度,使区间的长度尽可能小,置信度必然会减小,因此,估计精度与置信度相互制约.选择好的置信区间应该是,在给定的较大的置信度 $1-\alpha$(通常取 $\alpha=0.10,0.05,0.01$)下,区间的平均长度尽可能短.

(2) 置信区间的长度也和样本容量 n 有关.当给定 α 后,n 越大,置信区间的长度越短,精确度越高.

(3) 对于概率密度的图形是单峰且关于纵坐标轴对称的情况,取关于原点对称时的临界点能使置信区间的长度最小.

二、求置信区间的步骤

设 $X_1,X_2,\cdots,X_n$ 为总体 X 的一个样本,θ 为总体 X 的未知参数.

第一步:从待估参数的点估计出发,寻求一个样本 $X_1,X_2,\cdots,X_n$ 的函数 $Z(X_1,X_2,\cdots,X_n,\theta)$(称为枢轴量),它包含待估参数 θ,不包含其他未知参数,而且已知 Z 的分布,并且不依赖任何未知参数(如 $N(0,1)$ 分布、χ^2 分布、t 分布和 F 分布等).

第二步:给定置信度 $1-\alpha(0<\alpha<1)$,利用 Z 的分布确定两个临界值 z_1,z_2,使

$$P(z_1\leqslant Z(X_1,X_2,\cdots,X_n,\theta)\leqslant z_2)=1-\alpha.$$

第三步:改写成定义中的形式,得到置信区间 $(\hat{\theta}_1,\hat{\theta}_2)$,即从不等式 $z_1\leqslant Z(X_1,X_2,\cdots,X_n,\theta)\leqslant z_2$ 中解出等价的不等式 $\hat{\theta}_1\leqslant\theta\leqslant\hat{\theta}_2$,其中,$\hat{\theta}_1=\hat{\theta}_1(X_1,X_2,\cdots,X_n),\hat{\theta}_2=\hat{\theta}_2(X_1,X_2,\cdots,X_n)$,则 $(\hat{\theta}_1,\hat{\theta}_2)$ 是 θ 的置信度为 $1-\alpha$ 的置信区间.

第四节 正态总体均值和方差的区间估计

一、单个正态总体 $X\sim N(\mu,\sigma^2)$ 中参数的区间估计

设给定置信度为 $1-\alpha$,$X_1,X_2,\cdots,X_n$ 为总体 $N(\mu,\sigma^2)$ 的样本,$\overline{X}$ 和 S^2 分别为样本均值和

样本方差.

1. 均值 μ 的置信区间

1）σ^2 为已知参数

由本章第三节中的例 1 知，当 σ^2 为已知参数时，μ 的置信度为 $1-\alpha$ 的置信区间为 $\left(\overline{X}-\dfrac{\sigma}{\sqrt{n}}u_{\alpha/2},\overline{X}+\dfrac{\sigma}{\sqrt{n}}u_{\alpha/2}\right)$.

2）σ^2 为未知参数

当 σ^2 为未知参数时，可用 σ^2 的无偏估计 S^2 代替 σ^2，构造统计量 $T=\dfrac{\overline{X}-\mu}{S/\sqrt{n}}$，由于 $T=\dfrac{\overline{X}-\mu}{S/\sqrt{n}}\sim t(n-1)$，对给定的置信度 $1-\alpha$，因为

$$P\left\{-t_{\alpha/2}(n-1)<\frac{\overline{X}-\mu}{S/\sqrt{n}}<t_{\alpha/2}(n-1)\right\}=1-\alpha,$$

即

$$P\left\{\overline{X}-t_{\alpha/2}(n-1)\cdot\frac{S}{\sqrt{n}}<\mu<\overline{X}+t_{\alpha/2}(n-1)\cdot\frac{S}{\sqrt{n}}\right\}=1-\alpha,$$

故 σ^2 为未知参数时，均值 μ 的 $1-\alpha$ 置信区间为

$$\left(\overline{X}-t_{\alpha/2}(n-1)\cdot\frac{S}{\sqrt{n}},\overline{X}+t_{\alpha/2}(n-1)\cdot\frac{S}{\sqrt{n}}\right).$$

例 1　某厂生产的零件直径 $X\sim N(\mu,\sigma^2)$，现从中随机抽取 6 个测得直径（单位：毫米）：

$$14.6,\quad 15.1,\quad 14.9,\quad 14.8,\quad 15.2,\quad 15.4.$$

（1）若 $\sigma^2=0.05$，试求 X 的均值 μ 的置信度为 0.95 的置信区间；

（2）σ^2 为未知参数时，试求 X 的均值 μ 的置信度为 0.95 的置信区间.

解　（1）$\sigma^2=0.05$ 且 $1-\alpha=0.95$，$\alpha=0.05$，$n=6$，查表得 $u_{0.025}=1.96$，计算得 $\overline{x}=15$，均值 μ 的置信度为 0.95 的置信区间

$$\left(\overline{X}-\frac{\sigma}{\sqrt{n}}u_{\alpha/2},\overline{X}+\frac{\sigma}{\sqrt{n}}u_{\alpha/2}\right)=\left(15-\frac{\sqrt{0.05}}{\sqrt{6}}\times1.96,15+\frac{\sqrt{0.05}}{\sqrt{6}}\times1.96\right)=(14.8,15.2);$$

（2）σ^2 未知时，计算 $s=0.29$，查 t 分布表得 $t_{\alpha/2}(n-1)=t_{0.025}(5)=2.5706$，所以 μ 的置信度为 0.95 的置信区间 $\left(\overline{x}-t_{\alpha/2}(n-1)\cdot\dfrac{s}{\sqrt{n}},\overline{x}+t_{\alpha/2}(n-1)\cdot\dfrac{s}{\sqrt{n}}\right)=$

$$\left(15-\frac{0.29}{\sqrt{6}}\times2.5706,15+\frac{0.29}{\sqrt{6}}\times2.5706\right)=(14.70,15.30).$$

2. 方差 σ^2 的置信区间

1）μ 为已知参数

设总体 $X\sim N(\mu,\sigma^2)$，其中，μ 为已知参数，$X_1,X_2,\cdots,X_n$ 是取自总体 X 的一个样本. 求方差 σ^2 的置信度为 $1-\alpha$ 的置信区间.

由 $\dfrac{X_i-\mu}{\sigma}\sim N(0,1)$ 构造枢轴量 χ^2，则有

$$\chi^2=\sum_{i=1}^{n}\left(\frac{X_i-\mu}{\sigma}\right)^2=\frac{1}{\sigma^2}\sum_{i=1}^{n}(X_i-\mu)^2\sim\chi^2(n),$$

所以

$$P\left\{\chi_{1-\frac{\alpha}{2}}^{2}(n)<\frac{\sum\limits_{i=1}^{n}(X_i-\mu)^2}{\sigma^2}<\chi_{\frac{\alpha}{2}}^{2}(n)\right\}=1-\alpha,$$

即
$$P\left\{\frac{\sum\limits_{i=1}^{n}(X_i-\mu)^2}{\chi^2_{\frac{\alpha}{2}}(n)}<\sigma^2<\frac{\sum\limits_{i=1}^{n}(X_i-\mu)^2}{\chi^2_{1-\frac{\alpha}{2}}(n)}\right\}=1-\alpha,$$

从而得 σ^2 的置信水平为 $1-\alpha$ 的置信区间为

$$\left(\frac{\sum\limits_{i=1}^{n}(X_i-\mu)^2}{\chi^2_{\frac{\alpha}{2}}(n)},\frac{\sum\limits_{i=1}^{n}(X_i-\mu)^2}{\chi^2_{1-\frac{\alpha}{2}}(n)}\right).$$

2）μ 为未知参数

设总体 $X\sim N(\mu,\sigma^2)$，其中，μ,σ^2 为未知参数，$X_1,X_2,\cdots,X_n$ 是取自总体 X 的一个样本.求方差 σ^2 的置信度为 $1-\alpha$ 的置信区间.

因为 σ^2 的无偏估计为 S^2，由第六章第二节中的定理 5 知

$$\chi^2=\frac{(n-1)S^2}{\sigma^2}=\frac{1}{\sigma^2}\sum_{i=1}^{n}(X_i-\overline{X})^2\sim\chi^2(n-1).$$

对给定的置信水平 $1-\alpha$，则有

$$P\{\chi^2_{1-\alpha/2}(n-1)<\frac{(n-1)S^2}{\sigma^2}<\chi^2_{\alpha/2}(n-1)\}=1-\alpha,$$

即
$$P\left\{\frac{(n-1)S^2}{\chi^2_{\alpha/2}(n-1)}<\sigma^2<\frac{(n-1)S^2}{\chi^2_{1-\alpha/2}(n-1)}\right\}=1-\alpha.$$

于是，方差 σ^2 的 $1-\alpha$ 置信区间为

$$\left(\frac{(n-1)S^2}{\chi^2_{\alpha/2}(n-1)},\frac{(n-1)S^2}{\chi^2_{1-\alpha/2}(n-1)}\right),$$

而均方差 σ 的 $1-\alpha$ 置信区间为

$$\left(\sqrt{\frac{(n-1)S^2}{\chi^2_{\alpha/2}(n-1)}},\sqrt{\frac{(n-1)S^2}{\chi^2_{1-\alpha/2}(n-1)}}\right).$$

例 2 对某新型飞机的飞行速度进行了 15 次测试，测得最大飞行速度（m/s）为

422.2　417.2　425.6　420.3　425.8

423.1　418.7　428.2　438.3　434.0

412.3　431.5　413.5　441.3　423.0

设飞机的最大飞行速度服从正态分布 $N(\mu,\sigma^2)$，试求在下列两种情况下，σ^2 以及 σ 的置信度为 0.95 的置信区间.

（1）$\mu=425$；（2）μ 未知.

解 由题意得 $1-\alpha=0.95,\alpha=0.05,n=15$.

（1）因为

$$\sum_{i=1}^{n}(X_i-\mu)^2=\sum_{i=1}^{15}(X_i-425)^2=1008.68,$$

$$\chi^2_{\frac{\alpha}{2}}(n)=\chi^2_{0.025}(15)=27.488,\chi^2_{1-\frac{\alpha}{2}}(n)=\chi^2_{0.975}(15)=6.262,$$

$$\frac{\sum\limits_{i=1}^{n}(X_i-\mu)^2}{\chi^2_{\frac{\alpha}{2}}(n)}=\frac{1008.68}{27.488}=36.6953,\frac{\sum\limits_{i=1}^{n}(X_i-\mu)^2}{\chi^2_{1-\frac{\alpha}{2}}(n)}=\frac{1008.68}{6.262}=161.0795,$$

所以 σ^2 的置信度为 0.95 的置信区间为（36.6953,161.0795），σ 的置信度为 0.95 的置信区间为

$(6.0577, 12.6917)$.

(2) 计算可得 $\bar{x} = 425.0, s^2 = 72.0486$,且

$$\chi_{\frac{\alpha}{2}}^2 (n-1) = \chi_{0.025}^2 (14) = 26.119, \chi_{1-\frac{\alpha}{2}}^2 (n-1) = \chi_{0.975}^2 (14) = 5.629,$$

$$\frac{(n-1)s^2}{\chi_{\alpha/2}^2 (n-1)} = \frac{14 \times 72.0486}{26.119} = 38.6186, \frac{(n-1)S^2}{\chi_{1-\alpha/2}^2 (n-1)} = \frac{14 \times 72.0486}{5.629} = 179.1935,$$

所以 σ^2 的置信度为 0.95 的置信区间为 $(38.6186, 179.1935)$,σ 的置信度为 0.95 的置信区间为 $(6.2144, 13.3863)$.

二、两个正态总体的参数的区间估计

在实际问题中,往往需要知道两个正态总体均值之间或方差之间是否有差异,从而需要研究两个正态总体的均值差或者方差比的置信区间.

设 $\overline{X}$ 是总体 $X \sim N(\mu_1, \sigma_1^2)$ 的容量为 n_1 的样本均值,$\overline{Y}$ 是总体 $Y \sim N(\mu_2, \sigma_2^2)$ 的容量为 n_2 的样本均值,S_1^2, S_2^2 分别为样本方差,且两总体相互独立.

1. 两个正态总体均值差 $\mu_1 - \mu_2$ 的置信区间

1) σ_1^2, σ_2^2 为已知参数

因 $\overline{X}$ 与 $\overline{Y}$ 分别是 μ_1 与 μ_2 的无偏估计,由第六章第二节中的定理 7 知

$$U = \frac{(\overline{X} - \overline{Y}) - (\mu_1 - \mu_2)}{\sqrt{\frac{\sigma_1^2}{n_1} + \frac{\sigma_2^2}{n_2}}} \sim N(0, 1).$$

对给定的置信水平 $1 - \alpha$,由 $P(-u_{\alpha/2} < U < u_{\alpha/2}) = 1 - \alpha$ 可导出 $\mu_1 - \mu_2$ 的置信度为 $1 - \alpha$ 的置信区间为

$$\left(\overline{X} - \overline{Y} - u_{\alpha/2} \cdot \sqrt{\frac{\sigma_1^2}{n_1} + \frac{\sigma_2^2}{n_2}}, \overline{X} - \overline{Y} + u_{\alpha/2} \cdot \sqrt{\frac{\sigma_1^2}{n_1} + \frac{\sigma_2^2}{n_2}} \right).$$

2) σ_1^2, σ_2^2 为未知参数

当 n_1, n_2 很大时(一般大于 50),用样本方差 S_1^2, S_2^2 代替 σ_1^2, σ_2^2,即

$$\left(\overline{X} - \overline{Y} - u_{\frac{\alpha}{2}} \sqrt{\frac{S_1^2}{n_1} + \frac{S_2^2}{n_2}}, \overline{X} - \overline{Y} + u_{\frac{\alpha}{2}} \sqrt{\frac{S_1^2}{n_1} + \frac{S_2^2}{n_2}} \right),$$

作为 $\mu_1 - \mu_2$ 的置信水平为 $1 - \alpha$ 的近似置信区间.

3) $\sigma_1^2 = \sigma_2^2 = \sigma^2$ 为未知参数

由第六章第二节中的定理 7 知

$$T = \frac{(\overline{X} - \overline{Y}) - (\mu_1 - \mu_2)}{S_w \sqrt{1/n_1 + 1/n_2}} \sim t(n_1 + n_2 - 2),$$

其中,$S_w = \sqrt{\frac{(n_1 - 1)S_1^2 + (n_2 - 1)S_2^2}{n_1 + n_2 - 2}}$,对给定的置信水平 $1 - \alpha$,根据 t 分布的对称性,以及

$$P\{ -t_{\alpha/2}(n_1 + n_2 - 2) < T < t_{\alpha/2}(n_1 + n_2 - 2) \} = 1 - \alpha,$$

可导出 $\mu_1 - \mu_2$ 的置信水平为 $1 - \alpha$ 的置信区间为

$$\left((\overline{X} - \overline{Y}) \pm t_{\alpha/2}(n_1 + n_2 - 2) \cdot S_w \sqrt{\frac{1}{n_1} + \frac{1}{n_2}} \right).$$

例 3 为了研究施肥和不施肥对某种农作物的效果,观察了 13 块试验田在其他条件相同时的收获量(单位:kg),得到如表 7-1 所示的结果.求施肥和不施肥平均产量之差的置信度为

0.95 的置信区间(假设施肥和不施肥的产量服从正态分布,且方差相同).

表 7-1

条　件	结　果						
施肥	34	35	30	32	33	34	—
不施肥	29	27	32	31	28	32	31

解　设施肥产量 $X \sim N(\mu_1, \sigma_1^2)$,不施肥产量 $Y \sim N(\mu_2, \sigma_2^2)$,此时

$$n_1 = 6, n_2 = 7, \bar{x} = 33, \bar{y} = 30, s_1^2 = 3.2, s_2^2 = 4, S_w^2 = 3.6364, S_w = 1.9069,$$

$$t_{\alpha/2}(n_1 + n_2 - 2) = t_{0.025}(11) = 2.2010,$$

可得 $\mu_1 - \mu_2$ 的置信度为 0.95 的置信区间为

$$\left(\bar{x} - \bar{y} - t_{\alpha/2}(n_1 + n_2 - 2) \cdot S_w \sqrt{\frac{1}{n_1} + \frac{1}{n_2}}, \bar{x} - \bar{y} + t_{\alpha/2}(n_1 + n_2 - 2) \cdot S_w \sqrt{\frac{1}{n_1} + \frac{1}{n_2}} \right)$$

$$= (0.665, 5.335).$$

2. 两个正态总体方差比 σ_1^2/σ_2^2 的置信区间

当 μ_1, μ_2 为未知参数时,S_1^2 与 S_2^2 分别是 σ_1^2 与 σ_2^2 的无偏估计,由第六章第二节中的定理 7 知

$$F = \frac{S_1^2/\sigma_1^2}{S_2^2/\sigma_2^2} \sim F(n_1 - 1, n_2 - 1).$$

对给定的置信水平 $1 - \alpha$,由 F 分布的分位点的定义得

$$P\left\{ F_{1-\alpha/2}(n_1 - 1, n_2 - 1) < \frac{S_1^2/\sigma_1^2}{S_2^2/\sigma_2^2} < F_{\alpha/2}(n_1 - 1, n_2 - 1) \right\} = 1 - \alpha,$$

$$P\left\{ \frac{S_1^2}{S_2^2} \cdot \frac{1}{F_{\alpha/2}(n_1 - 1, n_2 - 1)} < \frac{\sigma_1^2}{\sigma_2^2} < \frac{S_1^2}{S_2^2} \cdot \frac{1}{F_{1-\alpha/2}(n_1 - 1, n_2 - 1)} \right\} = 1 - \alpha,$$

可导出方差比 σ_1^2/σ_2^2 的置信度为 $1 - \alpha$ 的置信区间为

$$\left(\frac{S_1^2}{S_2^2} \cdot \frac{1}{F_{\alpha/2}(n_1 - 1, n_2 - 1)}, \frac{S_1^2}{S_2^2} \cdot \frac{1}{F_{1-\alpha/2}(n_1 - 1, n_2 - 1)} \right).$$

例 4　设从正态总体 $X \sim N(\mu_1, \sigma_1^2)$ 与 $Y \sim N(\mu_2, \sigma_2^2)$ 中各独立地抽取容量为 10 的样本,其样本方差依次为 0.5419 与 0.6065,求方差比 σ_1^2/σ_2^2 的置信度为 0.90 的置信区间.

解　因为 $n_1 = n_2 = 10, s_1^2 = 0.5419, s_2^2 = 0.6065, \alpha = 0.1$,且

$$F_{\alpha/2}(n_1 - 1, n_2 - 1) = F_{0.05}(9, 9) = 3.18,$$

$$F_{1-\alpha/2}(n_1 - 1, n_2 - 1) = F_{0.95}(9, 9) = \frac{1}{F_{0.05}(9, 9)} = \frac{1}{3.18},$$

故得 σ_1^2/σ_2^2 的置信度为 0.90 的置信区间为

$$\left(\frac{S_1^2}{S_2^2} \cdot \frac{1}{F_{0.05}(9, 9)}, \frac{S_1^2}{S_2^2} \cdot \frac{1}{F_{0.95}(9, 9)} \right) = (0.281, 2.841).$$

习题 7.4

1. 设某种糖果的袋装量服从正态分布,总体标准差为 15 g.随机抽查 25 袋,测得其平均袋装量为 601 g.

（1）分别求该种糖果平均袋装量的置信水平为 0.9, 0.95, 0.99 的置信区间；

（2）指出置信水平与置信区间的关系.

2. 假设某型号轮胎的寿命（单位：万千米）服从正态分布. 为估计其平均寿命，随机抽取 16 只轮胎使用，测得样本均值为 4.80，样本标准差为 0.239. 求轮胎平均寿命的置信水平为 0.95 的置信区间.

3. 为估计一物体的重量，对该物体称量 10 次，得到重量的测量值（单位：kg）为 10.1, 10.0, 9.8, 10.5, 9.7, 10.1, 9.9, 10.2, 10.3, 9.9. 设它们服从正态分布 $N(\mu, \sigma^2)$，求方差 σ^2 的置信水平为 0.95 的置信区间.

4. 分别使用金球和铂球测定引力常数.

（1）用金球测定观察值为 6.683, 6.681, 6.676, 6.678, 6.679, 6.672；

（2）用铂球测定观察值为 6.661, 6.661, 6.667, 6.678, 6.667, 6.664；

设测定值总体服从正态分布 $N(\mu, \sigma^2)$，μ, σ^2 均为未知参数，试就（1），（2）两种情况分别求 μ 的置信度为 0.9 的置信区间，并求方差 σ^2 的置信水平为 0.9 的置信区间.

5. 假设用甲、乙两种棉花纺出的棉纱强度分别为 $X \sim N(\mu_1, \sigma^2)$ 与 $Y \sim N(\mu_2, \sigma^2)$. 试验者从这两种棉纱中分别抽取 12 个与 17 个样本，算得样本均值分别为 501.1 与 499.7，样本方差分别为 2.4 与 4.7. 求均值差 $\mu_1 - \mu_2$ 的置信度为 0.95 的置信区间.

实验 7　　置信区间在 Excel 中的实现

在 Excel 中可以很方便地解决计算、查表等问题，下面通过实例说明在 Excel 中如何求置信区间.

例 1　从某厂生产的滚珠中随机抽取 10 个，测得滚珠的直径（单位：mm）为

14.6, 15.0, 14.7, 15.1, 14.9, 14.8, 15.0, 15.1, 15.2, 14.8.

设滚珠直径服从正态分布 $N(\mu, \sigma^2)$，求该滚珠直径均值 μ 的置信水平为 0.9, 0.95 及 0.99 的置信区间，并指出置信区间长度与置信水平的关系.

1）实验准备

（1）函数 COUNT 的使用格式：COUNT(value1, value2, …). 函数 COUNT 的功能：返回包含数字的单元格以及参数列表中数字的个数.

（2）函数 TINV 的使用格式：TINV(probability, degrees_freedom). 函数 TINV 的功能：返回给定自由度的 t 分布的上 $\frac{\alpha}{2}$ 分位点. 其中 α = probability 为 t 分布的双尾概率，degrees_freedom 为分布的自由度.

2）实验步骤

（1）输入数据及项目名，如图 7-1 所示.

（2）依次输入公式.

① 在单元格 D1 中输入公式"= COUNT(A2：A11)".

② 在单元格 D2 中输入公式"= AVERAGE(A2：A11)".

③ 在单元格 D3 中输入公式"= VAR(A2：A11)".

④ 在单元格 D4 中输入数值"0.9".

⑤ 在单元格 D5 中输入公式“= TINV(1 − D4,D1 − 1)”.

⑥ 在单元格 C7 中输入公式“= D2 − SQRT(D3/D1) * D5”.

⑦ 在单元格 D7 中输入公式“= D2 + SQRT(D3/D1) * D5”.

计算结果如图 7-2 所示. 置信水平为 0.9 的置信区间为(14.807 995,15.032 005).

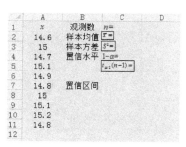

	A	B	C	D
1	x	观测数	$n=$	
2	14.6	样本均值	$\bar{x}=$	
3	15	样本方差	$S^2=$	
4	14.7	置信水平	$1-\alpha=$	
5	15.1		$t_{\alpha/2}(n-1)=$	
6	14.9			
7	14.8	置信区间		
8	15			
9	15.1			
10	15.2			
11	14.8			
12				

图 7-1

	A	B	C	D
1	x	观测数	$n=$	10
2	14.6	样本均值	$\bar{x}=$	14.92
3	15	样本方差	$S^2=$	0.0373333
4	14.7	置信水平	$1-\alpha=$	0.9
5	15.1		$t_{\alpha/2}(n-1)=$	1.8331129
6	14.9			
7	14.8	置信区间	14.807995	15.032005
8	15			
9	15.1			
10	15.2			
11	14.8			
12				

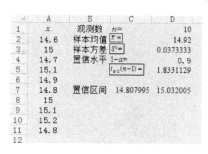

图 7-2

(3) 修改单元格 D4 中的数值依次为 0.95,0.99,可以得到置信水平为 0.95 和 0.99 的置信区间分别为(14.781 78,15.058 22) 和(14.721 432,15.118 568),如图 7-3 和图 7-4 所示.

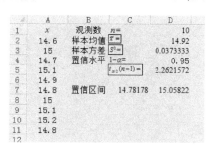

	A	B	C	D
1	x	观测数	$n=$	10
2	14.6	样本均值	$\bar{x}=$	14.92
3	15	样本方差	$S^2=$	0.0373333
4	14.7	置信水平	$1-\alpha=$	0.95
5	15.1		$t_{\alpha/2}(n-1)=$	2.2621572
6	14.9			
7	14.8	置信区间	14.78178	15.05822
8	15			
9	15.1			
10	15.2			
11	14.8			
12				

图 7-3

	A	B	C	D
1	x	观测数	$n=$	10
2	14.6	样本均值	$\bar{x}=$	14.92
3	15	样本方差	$S^2=$	0.0373333
4	14.7	置信水平	$1-\alpha=$	0.99
5	15.1		$t_{\alpha/2}(n-1)=$	3.2498355
6	14.9			
7	14.8	置信区间	14.721432	15.118568
8	15			
9	15.1			
10	15.2			
11	14.8			
12				

图 7-4

由结果可知,置信水平为 0.9,0.95,0.99 的置信区间的长度依次为 0.224 01,0.276 44,0.397 136,即随着置信水平的增大,置信区间的长度也在增大.

例 2　根据上述例 1 中滚珠的直径的测量数据,求该滚珠的直径的方差的置信水平为 0.95 的置信区间.

1) 实验准备

(1) 函数 COUNT 的使用格式:COUNT(value1,value2,…). 函数 COUNT 的功能:返回包含数字的单元格以及参数列表中数字的个数.

(2) 函数 CHIINV 的使用格式:CHIINV(probability,degrees_freedom). 函数 CHIINV 的功能:返回卡方分布的上 α 分位点. 其中 α = probability 为卡方分布的单尾概率,degrees_freedom 为分布的自由度.

2) 实验步骤

(1) 输入数据及项目名,如图 7-5 所示.

(2) 依次输入公式

① 在单元格 D1 中输入公式“= COUNT(A2:A11)”.

② 在单元格 D2 中输入公式“= AVERAGE(A2:A11)”.

③ 在单元格 D3 中输入公式“= VAR(A2:A11)”.

④ 在单元格 D4 中输入数值“0.95”.

⑤ 在单元格 D5 中输入公式"= CHIINV((1 − D4)/2,D1 − 1)".

⑥ 在单元格 D6 中输入公式"= CHIINV(1 − (1 − D4)/2,D1 − 1)".

⑦ 在单元格 C8 中输入公式"= (D1 − 1) * D3/D5".

⑧ 在单元格 D8 中输入公式"= (D1 − 1) * D3/D6".

计算结果如图 7-6 所示.置信水平为 0.95 的置信区间为(0.017 663,0.124 426 5).

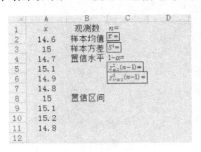

图 7-5　　　　　　　　　　　　　　　　　图 7-6

例 3　测得甲、乙两个民族中各 8 位成年人的身高(单位:cm)如下.

甲民族:162.6,170.2,172.7,165.1,157.5,158.4,160.2,162.2.

乙民族:175.3,177.8,167.6,180.3,182.9,180.5,178.4,180.4.

假设身高都服从正态分布且方差相等,求均值差 $\mu_1 − \mu_2$ 的置信水平为 0.95 的置信区间.

实验步骤如下.

(1) 输入数据及项目名,如图 7-7 所示.

(2) 计算样本容量数.

① 在单元格 E1 中输入公式"= COUNT(A2:A9)".

② 在单元格 F1 中输入公式"= COUNT(B2:B9)".

(3) 计算样本均值.

① 在单元格 E2 中输入公式"= AVERAGE(A2:A9)".

② 在单元格 F2 中输入公式"= AVERAGE(B2:B9)".

(4) 计算样本方差.

① 在单元格 E3 中输入公式"= VAR(A2:A9)".

② 在单元格 F3 中输入公式"= VAR(B2:B9)".

(5) 在单元格 E4 中输入数值 0.05.

(6) 计算 $t_{\alpha/2}(n_1 + n_2 − 2)$.

在单元格 E5 中输入公式"= TINV(E4,E1 + F1 − 2)".

(7) 计算 S_w.

在单元格 E6 中输入公式"= SQRT(((E1 − 1) * E3 + (F1 − 1) * F3)/(E1 + F1 − 1))".

(8) 计算置信区间.

在单元格 D8 中输入公式"= (E2 − F2 − E5 * E6 * SQRT(1/E1 + 1/F1))".

在单元格 E8 中输入公式"= (E2 − F2 + E5 * E6 * SQRT(1/E1 + 1/F1))".

计算结果如图 7-8 所示.置信水平为 0.95 的置信区间为(−19.572 189 04,−9.002 811).

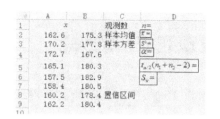

图 7-7　　　　　　　　　　　　　　　　图 7-8

应用案例 13—— 股票成交量问题

股票成交量是分析股票走势的重要指标之一. 经验表明,在长期运作过程中,股票成交量 X 服从对数分布,即 $\ln X \sim N(\mu, \sigma^2)$. 求 μ, σ^2 的极大似然估计量.

解　设 $Y = \ln X \sim N(\mu, \sigma^2)$,其概率密度函数为

$$f(y; \mu, \sigma^2) = \frac{1}{\sqrt{2\pi}\sigma} e^{-\frac{(y-\mu)^2}{2\sigma^2}} \quad (-\infty < y < +\infty),$$

似然函数为

$$L(\mu, \sigma^2) = \prod_{i=1}^{n} \frac{1}{\sqrt{2\pi}\sigma} e^{-\frac{(y_i-\mu)^2}{2\sigma^2}} = (2\pi\sigma^2)^{-\frac{n}{2}} e^{-\frac{1}{2\sigma^2}\sum_{i=1}^{n}(y_i-\mu)^2},$$

对数似然函数为

$$\ln L(\mu, \sigma^2) = -\frac{n}{2}\ln(2\pi) - \frac{n}{2}\ln\sigma^2 - \frac{1}{2\sigma^2}\sum_{i=1}^{n}(y_i-\mu)^2,$$

似然方程组为

$$\begin{cases} \dfrac{\partial}{\partial\mu}\ln L(\mu, \sigma^2) = \dfrac{1}{\sigma^2}\sum_{i=1}^{n}(y_i-\mu) = 0, \\[2mm] \dfrac{\partial}{\partial\sigma^2}\ln L(\mu, \sigma^2) = -\dfrac{n}{2\sigma^2} + \dfrac{1}{2\sigma^4}\sum_{i=1}^{n}(y_i-\mu)^2 = 0. \end{cases}$$

由似然方程组中的第一个方程,可得 $\hat{\mu} = \dfrac{1}{n}\sum_{i=1}^{n}y_i = \overline{y}$,代入第二方程,得到 $\hat{\sigma}^2 = \dfrac{1}{n}\sum_{i=1}^{n}(y_i - \overline{\mu})^2 = \dfrac{1}{n}\sum_{i=1}^{n}(y_i - \overline{y})^2$,因此,参数 μ 和 σ^2 的极大似然估计量分别为 $\hat{\mu} = \overline{Y}, \hat{\sigma}^2 = \dfrac{1}{n}\sum_{i=1}^{n}(Y_i - \overline{Y})^2$.

取某一时间段上的股票成交量数据代入上式可得 $\hat{\mu} = 22.9, \hat{\sigma}^2 = 0.33^2$,然后代入 $Y = \ln X \sim N(22.9, 0.33^2)$ 可计算出

$$P\{\mu - 2\sigma < \ln X < \mu + 2\sigma\} = P\{22.24 < \ln X < 23.56\} \approx 0.95,$$

即

$$P\{4.56 \times 10^9 < X < 17.1 \times 10^9\} \approx 0.95.$$

通过股票成交量问题可知:大盘成交量上涨阶段,成交量大于 17.1×10^9,小概率事件发生,考虑卖出股票;大盘成交量下跌阶段,成交量小于 4.56×10^9,小概率事件发生,考虑买入股票.

应用案例 14—— 科学家的科学发现和年龄的关系

　　科学上的重大发现往往是由年轻人发现的. 下面列出来自 16 世纪中叶至 20 世纪早期的 12 项重大发现的发现者和他们发现时的年龄(见表 7-2).

表 7-2

发 现 者	科 学 发 现	发 现 时 期	年 龄
哥白尼	地球绕太阳运转	1543	40
伽利略	望远镜、天文学的基本定律	1600	34
牛顿	运动原理、重力、微积分	1665	23
富兰克林	电的本质	1746	40
拉瓦锡	燃烧是与氧气联系着的	1774	31
莱尔	地球是渐进过程演化成的	1830	33
达尔文	自然选择控制演化的证据	1858	49
麦克斯威尔	光的场方程	1864	33
居里	放射性	1896	34
普朗克	量子论	1901	43
爱因斯坦	狭义相对论	1905	26
薛定谔	量子论的数学基础	1926	39

　　设样本来自正态总体,试求发现者的平均年龄 μ 的置信水平为 0.95 的单侧置信上限.

　　解　$X \sim N(\mu, \sigma^2)$, σ 为未知参数, $\dfrac{\overline{X} - \mu}{S/\sqrt{n}} \sim t(n-1)$, 则

$$P\left\{\frac{\overline{X} - \mu}{S/\sqrt{n}} \geqslant - t_\alpha(n-1)\right\} = 1 - \alpha,$$

即 $P\left\{\mu \leqslant \overline{X} + \dfrac{S}{\sqrt{n}}t_\alpha(n-1)\right\} = 1 - \alpha$, 所以发现者的平均年龄 μ 的置信水平为 0.95 的单侧置信

上限为 $\overline{X} + \dfrac{S}{\sqrt{n}}t_\alpha(n-1)$, 代入样本值 $\alpha = 0.05$, $n = 12$, $\overline{X} = 35.4$, $S = 7.23$, $t_{0.05}(11) = 1.7959$

可得

$$\overline{X} + \frac{S}{\sqrt{n}}t_\alpha(n-1) = 39.15,$$

因此,发现者的平均年龄 μ 的置信水平为 0.95 的单侧置信上限约为 39 年零 2 个月.

第八章　假设检验

统计推断的另一类重要问题是假设检验.在总体分布未知或虽知其类型但含有未知参数的时候,为推断总体的某些未知特性,提出某些关于总体的假设.我们要根据样本所提供的信息以及运用适当的统计量,对提出的假设做出接受(一般不说接受,只是还没有找到充分的理由拒绝.鉴于很多教材都这样表述,本书也说接受)或拒绝的决策,假设检验就是做出这一决策的过程.

20世纪二三十年代,美国统计学家奈曼和英国统计学家皮尔逊建立了假设检验问题的数学模型.

假设检验分为参数假设检验与非参数假设检验.参数假设检验针对已知总体分布类型的情形,检验关于未知参数的某个假设,例如对正态总体提出数学期望 $\mu = \mu_0$.非参数假设检验针对总体分布类型未知时的假设检验问题,例如提出总体服从指数分布的假设.本章主要讨论参数假设检验问题.

第一节　假设检验的基本概念

一、问题的提出

设一暗箱中有黑、白两种颜色的球共 100 个,但不知各有多少个.现有人猜测其中有 99 个白球,能不能相信他的猜测?

该猜测相当于提出假设:$A = \{$任取一个球是黑球$\}$,$P(A) = 0.01$.现随意从中抽出一个球,发现是黑球,怎样解释这一事实呢?

有两种可能的解释:① 他的猜测是正确的,恰抽到黑球是随机性所致;② 他的猜测是错误的.

根据小概率事件原理,事件 A 的发生不能不使人们怀疑他的猜测,更倾向于认为箱中白球的个数不是 99 个.

定义 1　事先对总体的参数或总体分布形式做出一个假设,然后利用抽取样本信息来判断这个假设(原假设)是否合理,即判断总体的真实情况与原假设是否存在显著的系统性差异,称为假设检验(或显著性检验).

假设检验就是根据样本对所提出的假设做出判断:接受或拒绝.如何利用样本值对一个具体的假设进行检验?

通常借助直观分析和理论分析相结合的做法,其基本原理就是人们在实际问题中经常采用的所谓实际推断原理(小概率原理):一个小概率事件在一次试验中几乎是不可能发生的.

假设检验的基本思想:提出统计假设,根据小概率原理对其进行检验.而假设检验的基本思想方法就是采用概率性质的反证法:先提出原假设,再根据一次抽样所得到的样本值进行计算,若导致小概率事件发生,就怀疑原假设的正确性,即拒绝原假设,否则就接受原假设.

二、假设检验的相关概念

下面结合例子给出假设检验的相关概念.

例 1　某厂生产的螺钉的标准强度为 68 g/mm^2,而实际生产的螺钉的强度 $X \sim N(\mu, \sigma^2)$,$\sigma = 3.6$.若 $\mu = 68$,则认为螺钉符合要求,否则认为螺钉不符合要求.现从这批螺钉中任取 36 只,测得其均值为 68.5,问这批螺钉是否合格?$(\alpha = 0.05)$

解　提出假设:$H_0 : \mu = \mu_0 = 68, H_1 : \mu \neq \mu_0$.

若 H_0 为真,则 $\overline{X} \sim N\left(\mu_0, \dfrac{\sigma^2}{n}\right)$,即样本均值 $\overline{X}$ 的观察值 $\overline{x}$ 偏离 68 不应太远.令 $U = \dfrac{\overline{X} - \mu}{\sigma / \sqrt{n}} \sim N(0,1)$,则统计量 $|U|$ 的取值较大应是小概率事件.因此可以确定一个常数 k,使

$$P\left\{\left|\frac{\overline{X} - \mu}{\sigma / \sqrt{n}}\right| \geq k\right\} = \alpha (0 < \alpha < 1).$$则由标准正态分布的上分位数知 $k = u_{\alpha/2} = u_{0.025} = 1.96$,即 $P\left\{\left|\dfrac{\overline{X} - \mu}{\sigma / \sqrt{n}}\right| \geq 1.96\right\} = 0.05$.

由实际推断原理知,事件 $\left\{\left|\dfrac{\overline{X} - \mu}{\sigma / \sqrt{n}}\right| \geq u_{\alpha/2}\right\}$ 是小概率事件,如果事件 $\left\{\left|\dfrac{\overline{X} - \mu}{\sigma / \sqrt{n}}\right| \geq u_{\alpha/2}\right\}$ 在一次试验中发生了,则有理由怀疑原假设 H_0 的正确性,从而拒绝 H_0,否则就接受 H_0.

由 $\overline{x} = 68.5, \mu = \mu_0 = 68, \sigma = 3.6, n = 36, u_{\alpha/2} = 1.96$ 得

$$\left|\frac{\overline{x} - \mu}{\sigma / \sqrt{n}}\right| = \left|\frac{68.5 - 68}{3.6/6}\right| = 0.833 < u_{\alpha/2} = 1.96.$$

即事件 $\left\{\left|\dfrac{\overline{X} - \mu}{\sigma / \sqrt{n}}\right| \geq u_{\alpha/2}\right\}$ 没有发生,故接受 H_0.

1. 原假设与备择假设

根据问题的需要提出的一对对立的假设,记 H_0 为原假设或零假设;与原假设 H_0 相对立的假设称为备择假设,记为 H_1.

原假设与备择假设的选取原则如下:

(1) H_0 与 H_1 的选择取决于研究者对问题的态度:通常把研究者要证明的假设作为备择假设 H_1;把参数正常情况下的取值作为原假设 H_0.

(2) 在实际问题中,若是问新方法(新材料、新工艺、新配方之类)是否比原方法好,通常将原方法作为原假设 H_0,而将新方法作为备择假设 H_1.

原假设一般不能轻易地加以否定,处于"被保护"的地位.

2. 检验统计量

为验证原假设是否成立而构造的统计量称为检验统计量.要求:检验统计量的取值范围和变化情况,能包含和反映 H_0 与 H_1 所描述的内容,并且当 H_0 成立时,能够确定检验统计量的概率分布.

3. 显著性水平

$P(\text{拒绝 } H_0 \mid H_0 \text{ 为真}) = \alpha$,$\alpha$ 称为显著性水平,即小概率事件的标准.通常取 $\alpha = 0.05$ 或 0.01.

4. 接受域、拒绝域与临界点

使原假设 H_0 得以接受的检验统计量的取值区域称为检验的接受域；使原假设 H_0 被拒绝的检验统计量取值的区域称为检验的拒绝域. 拒绝域的边界点称为临界值.

拒绝域由显著性水平 α 和检验统计量的概率分布所决定：在检验统计量的概率曲线下，于 H_1 最有利的地方划分出拒绝域（见图 8-1）.

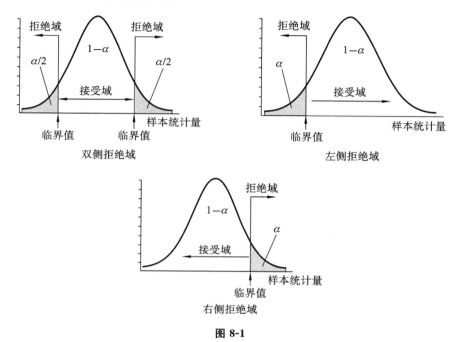

图 8-1

5. 两类错误及记号

假设检验的主要依据：小概率事件在一次试验中很难发生. 但很难发生不等于不发生.

假设检验方法是依据样本取值推断总体，样本只是总体的一个局部，不能完全反映整体特性.

（1）当原假设 H_0 为真，观察值却落入拒绝域，而做出了拒绝 H_0 的判断，称作第一类错误，又叫弃真错误，这类错误是"以真为假". 犯第一类错误的概率是显著性水平 α，即

$$P(\text{拒绝 } H_0 \mid H_0 \text{ 为真}) = \alpha.$$

（2）当原假设 H_0 不真，而观察值却落入接受域，而做出了接受 H_0 的判断，称作第二类错误，又叫取伪错误，这类错误是"以假乱真". 犯第二类错误的概率 β，即

$$P(\text{接受 } H_0 \mid H_0 \text{ 不真}) = \beta.$$

当原假设为真或不真时，所做出的决策情况如表 8-1 所示.

表 8-1

真实情况（未知）	决　　　策	
	接受 H_0	不接受 H_0
H_0 为真	正确	犯第一类错误
H_0 不真	犯第二类错误	正确

例如法庭审判. H_0：被告是无辜的. H_1：被告是有罪的.

第一类错误：无辜的人身陷囹圄，即冤枉了好人.

第二类错误：犯罪的人逍遥法外，即放过了坏人.

当样本容量 n 一定时，若减少犯第一类错误的概率，则犯第二类错误的概率往往增大. 若要使犯两类错误的概率都减小，就要增加样本容量.

根据奈曼和皮尔逊提出的原则，先控制犯第一类错误的概率，然后再使犯第二类错误的概率尽可能小.

6. 显著性检验

只对犯第一类错误的概率加以控制，而不考虑犯第二类错误的概率的检验，称为显著性检验.

7. 双边备择假设与双边假设检验

在 $H_0:\mu=\mu_0$ 和 $H_1:\mu\neq\mu_0$ 中，备择假设 H_1 表示 μ 可能大于 μ_0，也可能小于 μ_0，称为双边备择假设，形如 $H_0:\mu=\mu_0,H_1:\mu\neq\mu_0$ 的假设检验称为双边假设检验.

8. 右边检验与左边检验

形如 $H_0:\mu=\mu_0,H_1:\mu>\mu_0$ 或 $H_0:\mu\leqslant\mu_0,H_1:\mu>\mu_0$ 的假设检验称为右边检验. 形如 $H_0:\mu=\mu_0,H_1:\mu<\mu_0$ 或 $H_0:\mu\geqslant\mu_0,H_1:\mu<\mu_0$ 的假设检验称为左边检验. 右边检验与左边检验统称为单边检验.

三、假设检验的一般步骤

假设检验的一般步骤如下：

第一步：提出假设. 根据实际问题的要求，提出检验的原假设 H_0 和备择假设 H_1.

第二步：建立检验统计量. 根据 H_0 的内容，构造适当的检验统计量，确定统计量的分布. 注意检验统计量是样本的函数，在 H_0 成立时不带有任何未知参数.

第三步：确定 H_0 的拒绝域. 首先判断 H_0 的拒绝域的形式，然后根据拒绝域的形式构造一个 H_0 成立下的小概率事件，依据小概率原理，在给定显著性水平 α 下，查统计量服从的分布表，确定临界值，从而确定拒绝域.

第四步：根据样本观察值计算统计量 U 的值 u.

第五步：对 H_0 做出判断. 若 u 落在拒绝域内，则在显著性水平 α 下拒绝 H_0，否则就接受 H_0.

例 2　设在某次考试中，考试成绩 $X\sim N(\mu,400)$，从中任抽 36 人的成绩，算得平均分为 75，问在显著性水平 $\alpha=0.05$ 下，是否可以认为全体考生的平均成绩为 70 分？

解　这是一个假设检验问题.

第一步：提出假设. $H_0:\mu=70,H_1:\mu\neq70$.

第二步：建立检验统计量. 统计量 $U=\dfrac{\overline{X}-\mu}{\sigma/\sqrt{n}}\sim N(0,1)$.

第三步：确定 H_0 的拒绝域. 因为 $P\left(\left|\dfrac{\overline{X}-\mu}{\sigma/\sqrt{n}}\right|>u_{\frac{\alpha}{2}}\right)=\alpha=0.05$，故拒绝域为

$$\left|\frac{\overline{X}-\mu}{\sigma/\sqrt{n}}\right|>u_{\frac{\alpha}{2}}=u_{0.025}=1.96.$$

第四步：根据样本观察值计算统计量 U 的值 u. 统计量 U 的值为 $u=\dfrac{\overline{x}-\mu}{\sigma/\sqrt{n}}=\dfrac{75-70}{20/6}=1.5.$

第五步:对 H_0 做出判断.因为 $u=1.5$,不在拒绝域内,所以接受 H_0,即可以认为全体考生的平均成绩为 70 分.

第二节 单个正态总体参数的假设检验

一、正态总体均值的检验

1. μ 的检验 —— u 检验法

设 $X_1, X_2, \cdots, X_n$ 为总体 $X \sim N(\mu, \sigma^2)$ 的一个容量为 n 的样本,方差 $\sigma^2 = \sigma_0^2$ 为已知参数.

1)双侧假设检验问题($H_0: \mu = \mu_0; H_1: \mu \neq \mu_0$)

如果 H_0 为真,那么样本均值 $\overline{X}$ 的观测值 $\overline{x}$ 与 μ_0 的偏差一般就不会太大.因此,如果 $|\overline{x} - \mu_0|$ 的值太大,即 $|\overline{x} - \mu_0|$ 大于某个值几乎不可能发生,也就构造一个小概率事件.为了知道 $|\overline{x} - \mu_0|$ 大于多少,可以选择检验统计量 $u = \dfrac{\overline{X} - \mu_0}{\sigma_0 / \sqrt{n}}$,用 $|u|$ 代替 $|\overline{x} - \mu_0|$,当 H_0 成立时,$u \sim N(0,1)$.给定显著性水平 α,由标准正态分布分位数的定义,有 $P\{|u| > u_{\alpha/2}\} = \alpha$,故拒绝域 $W = \{|u| > u_{\alpha/2}\} = \{u < -u_{\alpha/2}\} \bigcup \{u > u_{\alpha/2}\}$,这种利用服从正态分布的检验统计量的检验方法称为 u 检验法.

有时,我们只关心总体的均值是否增大(或减小).比如,经过工艺改革后,产品的质量(如材料的强度)相对以前是否提高,此时我们要研究的是新工艺下总体的均值 μ 是小于等于原来的均值 μ_0,还是大于 μ_0.

2)右侧假设检验问题($H_0: \mu \leqslant \mu_0; H_1: \mu > \mu_0$)

可以证明,在显著性水平 α 下,假设检验问题 $H_0: \mu \leqslant \mu_0; H_1: \mu > \mu_0$ 和假设检验问题 $H_0: \mu = \mu_0; H_1: \mu > \mu_0$ 有相同的拒绝域,因此,当遇到形如 $H_0: \mu \leqslant \mu_0$ 的假设检验问题时,可将该假设检验问题归结为后一个假设检验问题讨论.给定显著性水平 α,由标准正态分布分位点的定义,有 $P\{u > u_\alpha\} = \alpha$,故拒绝域 $W = \{u > u_\alpha\}$.

3)左侧假设检验问题($H_0: \mu \geqslant \mu_0; H_1: \mu < \mu_0$)

左侧假设检验问题可归结为检验假设 $H_0: \mu = \mu_0; H_1: \mu < \mu_0$.给定显著性水平 α,由标准正态分布分位点的定义,有 $P\{u < -u_\alpha\} = \alpha$,故拒绝域 $W = \{u < -u_\alpha\}$.

例 1 某工厂制成一种新的钓鱼绳,声称其折断平均受力为 15 kgf,已知标准差为 0.5 kgf,为检验 15 kgf 这个数字是否真实,从该工厂的产品中随机抽取 50 件,测得其折断平均受力是 14.8 kgf,若取显著性水平 $\alpha = 0.01$,问是否应接受该工厂声称的 15 kgf 这个数字?(假定折断平均受力 $X \sim N(\mu, \sigma^2)$.)

解 依题意提出检验假设 $H_0: \mu = \mu_0 = 15; H_1: \mu \neq \mu_0$.

因为

$$n = 50, \sigma = 0.5, \overline{x} = 14.8, \alpha = 0.01, u_{0.005} = 2.58,$$

所以

$$u = \left| \frac{\overline{x} - \mu_0}{\sigma / \sqrt{n}} \right| = \left| \frac{14.8 - 15}{0.5 / \sqrt{50}} \right| = 2.83 > u_{0.005} = 2.58,$$

即拒绝 H_0. 这意味着,该工厂声称的 15 kgf 的说法与抽样实测结果的偏离在统计上达到显著程度,不好用随机误差来解释.

例 2　有批木材,其小头直径服从正态分布,且标准差为 2.6 cm,按规格要求,小头直径的平均值要在 12 cm 以上才能算一等品.现在从这批木材中随机抽取 100 根,测得小头直径的平均值为 12.8 cm,问在 $\alpha = 0.05$ 的水平下,是否可以判断该批木材属于一等品?

解　依题意提出检验假设 $H_0:\mu \leqslant \mu_0 = 12;H_1:\mu > \mu_0 = 12$.

因为

$$n = 100,\sigma = 2.6,\overline{x} = 12.8,\alpha = 0.05,u_{0.05} = 1.64,$$

所以

$$u = \frac{\overline{x} - \mu_0}{\sigma/\sqrt{n}} = \frac{12.8 - 12}{2.6/\sqrt{100}} = 3.08 > u_{0.05} = 1.64,$$

即拒绝 H_0,接受 H_1,可以判断该批木材是一等品.

例 3　为了了解 A 高校学生的消费水平,随机抽取 225 位学生,调查其月消费(近 6 个月的消费水平均值),得到这 225 位学生的平均月消费为 1530 元.假设学生月消费服从正态分布,标准差为 120.已知 B 高校学生的月平均消费为 1550 元,是否可以认为 A 高校学生的消费水平要低于 B 高校学生的?($\alpha = 0.05$)

解　依题意提出检验假设 $H_0:\mu = 1550;H_1:\mu < 1550$.拒绝域为 $\frac{\overline{x} - \mu_0}{\sigma/\sqrt{n}} \leqslant -u_\alpha$.

因为 $n = 225,\overline{x} = 1530,\alpha = 0.05$,则

$$u = \frac{\overline{x} - \mu_0}{\sigma/\sqrt{n}} = \frac{1530 - 1550}{120/\sqrt{225}} = -2.5.$$

查表得 $u_{0.05} = 1.645$,即 $u = -2.5 < -u_{0.05} = -1.645$.故拒绝 H_0,可以认为 A 高校学生的消费水平低于 B 高校学生的.

2. μ 的检验 —— t 检验法

设 $X_1,X_2,\cdots,X_n$ 为总体 $X \sim (\mu,\sigma^2)$ 的一个容量为 n 的样本,方差 σ^2 为未知参数.

1) 双侧假设检验问题($H_0:\mu = \mu_0;H_1:\mu \neq \mu_0$)

因为 σ^2 为未知参数,而样本方差 S^2 是总体方差 σ^2 的无偏估计量,所以用 S 代替 σ.选择检验统计量 $t = \dfrac{\overline{X} - \mu_0}{S/\sqrt{n}}$,当 H_0 成立时,$t \sim t(n-1)$.给定显著性水平 α,由 t 分布分位数的定义,有

$$P\{|t| > t_{\alpha/2}(n-1)\} = \alpha.$$

故拒绝为 $W = \{|t| > t_{\alpha/2}(n-1)\} = \{t < -t_{\alpha/2}(n-1)\} \bigcup \{t > t_{\alpha/2}(n-1)\}$,这种利用服从 t 分布的检验统计量的检验方法称为 t 检验法.

2) 右侧假设检验问题($H_0:\mu \leqslant \mu_0;H_1:\mu > \mu_0$)

可以证明,在显著性水平 α 下,假设检验问题 $H_0:\mu \leqslant \mu_0;H_1:\mu > \mu_0$ 和假设检验问题 $H_0:\mu = \mu_0;H_1:\mu > \mu_0$ 有相同的拒绝域,因此,当遇到形如 $H_0:\mu \leqslant \mu_0$ 的假设检验问题时,可将该假设检验问题归结为后一个假设检验问题讨论.给定显著性水平 α,由 t 分布分位点的定义,有 $P\{t > t_\alpha(n-1)\} = \alpha$,故拒绝 $W = \{t > t_\alpha(n-1)\}$.

3) 左侧假设检验问题($H_0:\mu \geqslant \mu_0;H_1:\mu < \mu_0$)

左侧假设检验问题可归结为检验假设 $H_0:\mu = \mu_0;H_1:\mu < \mu_0$.给定显著性水平 α,由 t 分布

分位数的定义有 $P\{t < -t_a(n-1)\} = \alpha$,故拒绝域 $W = \{t < -t_a(n-1)\}$.

例 4 某切割机工作正常时,切割每段金属棒的平均长度为 10.5 cm. 现在某段时间内随机地抽取 15 段进行测量,测量结果如下(单位:cm).

$$10.4 \quad 10.6 \quad 10.1 \quad 10.4 \quad 10.5$$
$$10.3 \quad 10.3 \quad 10.2 \quad 10.9 \quad 10.6$$
$$10.8 \quad 10.5 \quad 10.7 \quad 10.2 \quad 10.7$$

问此段时间内该切割机工作是否正常($\alpha = 0.05$)?(假设金属棒长度服从正态分布)

解 依题意提出检验假设 $H_0: \mu = \mu_0 = 10.5; H_1: \mu \neq \mu_0$.

σ^2 为未知参数,故选择检验统计量 $t = \dfrac{\overline{X} - \mu_0}{S/\sqrt{n}}$. 在 H_0 成立时,$t \sim t(n-1)$,$n = 15$. 给定显著性水平 $\alpha = 0.05$,查 t 分布表,得临界值 $t_{a/2}(n-1) = t_{0.025}(14) = 2.1448$,故拒绝域 $W = \{|t| > t_{a/2}(n-1)\}$.

由已知条件可得

$$\overline{x} = \frac{1}{n}\sum_{i=1}^{n} x_i = \frac{1}{15} \times 157.2 = 10.48,$$

$$s^2 = \frac{1}{n-1}\sum_{i=1}^{n}(x_i - \overline{x})^2 = \frac{1}{14} \times 0.784 = 0.056,$$

故 $s \approx 0.237$. 计算统计量的值 $t = \dfrac{\overline{x} - \mu_0}{s/\sqrt{n}} = \dfrac{10.48 - 10.5}{0.237/\sqrt{15}} = -0.327$. 因为 $|t| < t_{a/2}(n-1)$,所以接受 H_0,判断切割机工作正常.

例 5 某种电子元件的寿命 X(单位:h)服从正态分布,均为未知. 现测得 16 只元件的寿命如下.

$$159 \quad 280 \quad 101 \quad 212 \quad 224 \quad 379 \quad 179 \quad 264$$
$$222 \quad 362 \quad 168 \quad 250 \quad 149 \quad 260 \quad 485 \quad 170$$

问是否有理由认为元件的平均寿命大于 225 h?($\alpha = 0.05$)

解 依题意提出检验假设 $H_0: \mu \leqslant \mu_0 = 225; H_1: \mu > 225$.

选择检验统计量 $t = \dfrac{\overline{X} - \mu_0}{S/\sqrt{n}} \sim t(n-1)$,拒绝域为 $t = \dfrac{\overline{x} - \mu_0}{S/\sqrt{n}} \geqslant t_a(n-1)$. $\alpha = 0.05$,$n = 16$,$\overline{x} = 241.5$,$s = 98.7259$,且查表得 $t_a(n-1) = t_{0.05}(15) = 1.7531$,而 $t = \dfrac{\overline{x} - \mu_0}{S/\sqrt{n}} = 0.6685$,则有 $t < t_a(n-1)$,故接受 H_0,认为元件的平均寿命不大于 225 h.

例 6 要求某种元件的平均使用寿命不得低于 1000 h,生产者从一批这种元件中随机抽取 25 件,测得其平均寿命为 950 h,标准差为 100 h. 已知这批元件的寿命服从正态分布. 试在显著性水平为 0.05 下确定这批元件是否合格.

解 依题意提出检验假设 $H_0: \mu \geqslant \mu_0 = 1000, H_1: \mu < 1000$.

选择检验统计量 $t = \dfrac{\overline{X} - \mu_0}{S/\sqrt{n}} \sim t(n-1)$. 拒绝域 $W = \{t < -t_a(n-1)\}$. $n = 25$,$\alpha = 0.05$,$\overline{x} = 950$,$s = 100$,计算统计量的值 $t = \dfrac{\overline{x} - \mu_0}{s/\sqrt{n}} = -2.5$,查 t 分布表,得临界值 $t_a(n-1) = t_{0.05}(24) = 1.7109$,则有 $t < -t_a(n-1)$. 故拒绝 H_0,认为元件的平均寿命小于 1000 h.

二、正态总体方差的检验 —— χ^2 检验法

1. 均值 μ 为已知参数

1）正态总体方差 σ^2 的双侧假设检验

设 $X_1, X_2, \cdots, X_n$ 为来自总体 $X \sim N(\mu, \sigma^2)$ 的一个样本. 检验假设为 $H_0: \sigma^2 = \sigma_0^2$；$H_1: \sigma^2 \neq \sigma_0^2$. 因为 $\dfrac{X_i - \mu}{\sigma} \sim N(0,1)$, $i = 1, 2, \cdots, n$, 则选取检验统计量

$$\chi_1^2 = \sum_{i=1}^{n} \left(\frac{X_i - \mu}{\sigma_0} \right)^2 = \frac{1}{\sigma_0^2} \sum_{i=1}^{n} (X_i - \mu)^2.$$

当 H_0 成立时，$\chi_1^2 \sim \chi^2(n)$，给定显著性水平 α，由 χ^2 分布分位数的定义，有

$$P\{(\chi_1^2 < \chi_{1-\alpha/2}^2(n)) \cup (\chi_1^2 > \chi_{\alpha/2}^2(n))\} = \alpha.$$

故得拒绝域 $W = \{\chi_1^2 < \chi_{1-\alpha/2}^2(n)\} \cup \{\chi_1^2 > \chi_{\alpha/2}^2(n)\}$.

2）正态总体方差 σ^2 的右侧假设检验

设 $X_1, X_2, \cdots, X_n$ 为来自总体 $X \sim N(\mu, \sigma^2)$ 的一个样本. 检验假设为 $H_0: \sigma^2 = \sigma_0^2$；$H_1: \sigma^2 > \sigma_0^2$. 由正态总体方差 σ^2 的双侧假设检验易知

$$P\{\chi_1^2 > \chi_\alpha^2(n)\} = \alpha,$$

故得拒绝域 $W = \{\chi_1^2 > \chi_\alpha^2(n)\}$.

3）正态总体方差 σ^2 的左侧假设检验

设 $X_1, X_2, \cdots, X_n$ 为来自总体 $X \sim N(\mu, \sigma^2)$. 检验假设为 $H_0: \sigma^2 = \sigma_0^2$；$H_1: \sigma^2 < \sigma_0^2$. 由正态总体方差 σ^2 的双侧假设检验易知

$$P\{\chi_1^2 < \chi_{1-\alpha}^2(n)\} = \alpha,$$

故得拒绝域 $W = \{\chi_1^2 < \chi_{1-\alpha}^2(n)\}$.

2. 均值 μ 为未知参数

1）正态总体方差 σ^2 的双侧假设检验

设 $X_1, X_2, \cdots, X_n$ 为来自总体 $X \sim N(\mu, \sigma^2)$ 的一个样本. 检验假设为 $H_0: \sigma^2 = \sigma_0^2$；$H_1: \sigma^2 \neq \sigma_0^2$. 因为 $\overline{X}$ 是总体均值 μ 的无偏估计量，用 $\overline{X}$ 代替 μ. 选择检验统计量

$$\chi_2^2 = \sum_{i=1}^{n} \left(\frac{X_i - \overline{X}}{\sigma_0} \right)^2 = \frac{(n-1)S^2}{\sigma_0^2}.$$

当 H_0 成立时，$\chi_2^2 \sim \chi^2(n-1)$，给定显著性水平 α，由 χ^2 分布分位数的定义，有

$$P\{(\chi_2^2 < \chi_{1-\alpha/2}^2(n-1)) \cup (\chi_2^2 > \chi_{\alpha/2}^2(n-1))\} = \alpha,$$

故得拒绝域 $W = \{\chi_2^2 < \chi_{1-\alpha/2}^2(n-1)\} \cup \{\chi_2^2 > \chi_{\alpha/2}^2(n-1)\}$.

2）正态总体方差 σ^2 的右侧假设检验

设 $X_1, X_2, \cdots, X_n$ 为来自总体 $X \sim N(\mu, \sigma^2)$ 的一个样本. 检验假设为 $H_0: \sigma^2 = \sigma_0^2$；$H_1: \sigma^2 > \sigma_0^2$. 由正态总体方差 σ^2 的双侧假设检验易知 $P\{\chi_2^2 > \chi_\alpha^2(n-1)\} = \alpha$，故得拒绝域 $W = \{\chi_2^2 > \chi_\alpha^2(n-1)\}$.

3）正态总体方差 σ^2 的左侧假设检验

设 $X_1, X_2, \cdots, X_n$ 为来自总体 $X \sim N(\mu, \sigma^2)$ 的一个样本. 检验假设为 $H_0: \sigma^2 = \sigma_0^2$；$H_1: \sigma^2 < \sigma_0^2$. 由正态总体方差 σ^2 的双侧假设检验易知 $P\{\chi_2^2 < \chi_{1-\alpha}^2(n-1)\} = \alpha$，故得拒绝域 $W = \{\chi_2^2 < \chi_{1-\alpha}^2(n-1)\}$.

上述检验所用的检验统计量均服从 χ^2 分布,称这种方法为 χ^2 检验法.

例 7　某无线电厂生产了一种高频管,其某一个指标服从正态分布 $N(\mu, \sigma^2)$,现从一批产品中抽取 8 只管子,测得指标数据如下.

$$68 \quad 43 \quad 70 \quad 65 \quad 55 \quad 56 \quad 60 \quad 72$$

(1) 总体均值 $\mu = 60$ 时,检验 $\sigma^2 = 8^2$(取 $\alpha = 0.05$);

(2) 总体均值 μ 为未知参数时,检验 $\sigma^2 = 8^2$(取 $\alpha = 0.05$).

解　在显著性水平 $\alpha = 0.05$ 下,依题意提出检验假设 $H_0 : \sigma^2 = \sigma_0^2 = 8^2$；$H_1 : \sigma^2 \neq \sigma_0^2$. 这里 $n = 8$.

(1) $\mu = 60$ 时,临界值 $\chi^2_{\alpha/2}(n) = \chi^2_{0.025}(8) = 17.535, \chi^2_{1-\alpha/2}(n) = \chi^2_{0.975}(8) = 2.180$,而检验统计量的值 $\chi^2_1 = \dfrac{1}{8^2} \sum\limits_{i=1}^{n} (x_i - \mu)^2 = \dfrac{1}{64} \times 663 = 10.359$. 所以 $\chi^2_{1-\alpha/2}(n) < \chi^2_1 < \chi^2_{\alpha/2}(n)$,故接受 H_0.

(2) μ 为未知参数时,临界值 $\chi^2_{\alpha/2}(n-1) = \chi^2_{0.025}(7) = 16.013, \chi^2_{1-\alpha/2}(n-1) = \chi^2_{0.975}(7) = 1.690$,而 $\bar{x} = \dfrac{1}{n} \sum\limits_{i=1}^{n} x_i = \dfrac{1}{8} \times 489 = 61.125, (n-1)s^2 = \sum\limits_{i=1}^{n} (x_i - \bar{x})^2 = 652.875$,检验统计量的值 $\chi^2_2 = \dfrac{1}{64} \times 652.875 = 10.2012$. 所以 $\chi^2_{1-\alpha/2}(n-1) < \chi^2_2 < \chi^2_{\alpha/2}(n-1)$,故接受 H_0.

例 8　某自动车床生产的产品尺寸服从正态分布,按规定,产品尺寸的方差 σ^2 不得超过 0.1,为检验该自动车床的工作精度,随机地抽取 25 件产品,测得样本方差 $s^2 = 0.1975, \bar{x} = 3.86$. 问该自动车床生产的产品是否达到所要求的精度?($\alpha = 0.05$)

解　依题意提出检验假设 $H_0 : \sigma^2 \leqslant 0.1$；$H_1 : \sigma^2 > 0.1$.

已知 $\alpha = 0.05, n = 25, \chi^2_{0.05}(24) = 36.415$,因为

$$\frac{(n-1)s^2}{\sigma_0^2} = \frac{24 \times 0.1975}{0.1} = 47.4 > 36.415,$$

所以拒绝 H_0,认为该车床生产的产品没有达到所要求的精度.

第三节　　两个正态总体参数的假设检验

设 $X_1, X_2, \cdots, X_{n_1}$ 为总体 $X \sim N(\mu_1, \sigma_1^2)$ 的一个样本,$Y_1, Y_2, \cdots, Y_{n_2}$ 为总体 $Y \sim N(\mu_2, \sigma_2^2)$ 的一个样本. $\overline{X} = \dfrac{1}{n_1} \sum\limits_{i=1}^{n_1} X_i$ 和 $\overline{Y} = \dfrac{1}{n_2} \sum\limits_{i=1}^{n_2} Y_i$ 分别是两个样本的样本均值,$S_1^2 = \dfrac{1}{n_1 - 1} \sum\limits_{i=1}^{n_1} (X_i - \overline{X})^2$ 和 $S_2^2 = \dfrac{1}{n_2 - 1} \sum\limits_{i=1}^{n_2} (Y_i - \overline{Y})^2$ 是相应的两个样本方差. 设这两个样本相互独立.

一、两个正态总体均值的检验

1. u 检验法

当已知方差 σ_1^2 与 σ_2^2 时,可用 u 检验法来检验两个正态总体均值.

先考虑双侧检验假设 $H_0 : \mu_1 = \mu_2$；$H_1 : \mu_1 \neq \mu_2$.

选取统计量 $U = \dfrac{(\overline{X} - \overline{Y}) - (\mu_1 - \mu_2)}{\sqrt{\dfrac{\sigma_1^2}{n_1} + \dfrac{\sigma_2^2}{n_2}}}$，当 H_0 成立时，检验统计量 $U = \dfrac{\overline{X} - \overline{Y}}{\sqrt{\dfrac{\sigma_1^2}{n_1} + \dfrac{\sigma_2^2}{n_2}}} \sim N(0,$

1). 给定显著性水平 α，由标准正态分布分位数的定义，有 $P\{|U| > u_{a/2}\} = \alpha$，故拒绝域为

$$W = \{|u| > u_{a/2}\} = \{u < -u_{a/2}\} \bigcup \{u > u_{a/2}\}.$$

同理，右侧检验假设 $H_0: \mu_1 \leqslant \mu_2; H_1: \mu_1 > \mu_2$ 的拒绝域为 $W = \{u > u_a\}$；左侧检验假设 $H_0: \mu_1 \geqslant \mu_2; H_1: \mu_1 < \mu_2$ 的拒绝域为 $W = \{u < -u_a\}$.

例 1 设从甲、乙两场所生产的钢丝总体 X, Y 中各取 50 束来做拉力强度试验，得 $\overline{x} = 1208, \overline{y} = 1282$，已知 $\sigma_1 = 80, \sigma_2 = 94$，请问甲、乙两厂所生产的钢丝的抗拉强度是否有显著差别？$(\alpha = 0.05)$

解 依题意提出检验假设 $H_0: \mu_1 = \mu_2; H_1: \mu_1 \neq \mu_2$.

在显著性水平 $\alpha = 0.05$ 下，$n_1 = n_2 = 50$. 选取检验统计量 $U = \dfrac{\overline{X} - \overline{Y}}{\sqrt{\dfrac{\sigma_1^2}{n_1} + \dfrac{\sigma_2^2}{n_2}}}$. 查标准正态分

布表，得临界值 $u_{a/2} = u_{0.025} = 1.96$，拒绝域 $W = \{|u| > u_{a/2}\}$.

$\overline{x} = 1208, \overline{y} = 1282, \sigma_1 = 80, \sigma_2 = 94$，则计算检验统计量的值

$$u = \frac{\overline{x} - \overline{y}}{\sqrt{(\sigma_1^2 + \sigma_2^2)/50}} = -4.2392.$$

因为 $|u| > u_{a/2}$，故拒绝 H_0，认为甲、乙两厂所生产的钢丝的抗拉强度有显著差别.

2. t 检验法

当方差 σ_1^2 与 σ_2^2 为未知参数，且 $\sigma_1^2 = \sigma_2^2$ 时，可用 t 检验法来检验两个正态总体均值.

先考虑双侧检验假设 $H_0: \mu_1 = \mu_2; H_1: \mu_1 \neq \mu_2$.

选取统计量 $T = \dfrac{(\overline{X} - \overline{Y}) - (\mu_1 - \mu_2)}{S_w \sqrt{\dfrac{1}{n_1} + \dfrac{1}{n_2}}}$，这里 $S_w = \sqrt{\dfrac{(n_1 - 1)S_1^2 + (n_2 - 1)S_2^2}{n_1 + n_2 - 2}}$. 当 H_0 成

立时，检验统计量

$$T = \frac{\overline{X} - \overline{Y}}{S_w \sqrt{\dfrac{1}{n_1} + \dfrac{1}{n_2}}} \sim t(n_1 + n_2 - 2).$$

给定显著性水平 α，由 t 分布分位数的定义得

$$P\{|t| > t_{a/2}(n_1 + n_2 - 2)\} = \alpha,$$

故拒绝域为 $W = \{t < -t_{a/2}(n_1 + n_2 - 2)\} \bigcup \{t > t_{a/2}(n_1 + n_2 - 2)\}$.

同理，右侧检验假设 $H_0: \mu_1 \leqslant \mu_2; H_1: \mu_1 > \mu_2$ 的拒绝域为 $W = \{t > t_a(n_1 + n_2 - 2)\}$. 左侧检验假设 $H_0: \mu_1 \geqslant \mu_2; H_1: \mu_1 < \mu_2$ 的拒绝域为 $W = \{t < -t_a(n_1 + n_2 - 2)\}$.

例 2 某烟厂生产两种香烟，独立地随机抽取样本容量相同的烟叶标本，测其尼古丁含量的毫克数，测量结果如下.

甲种香烟：25 28 23 26 29 22
乙种香烟：28 23 30 25 21 27

假定烟叶的尼古丁含量服从正态分布且具有公共方差，在显著性水平 $\alpha = 0.05$ 下，判断两种香烟烟叶的尼古丁含量有无显著差异.

解 依题意提出检验假设 $H_0: \mu_1 = \mu_2; H_1: \mu_1 \neq \mu_2$.

已知 $n_1 = n_2 = 6, \overline{x} = 25.5, \overline{y} = 25.667, s_1 = 2.7386, s_2 = 3.3267, s_w = 3.0469.$ 选取检验统计量

$$T = \frac{\overline{X} - \overline{Y}}{S_w \sqrt{\dfrac{1}{n_1} + \dfrac{1}{n_2}}},$$

拒绝域 $W = \{|t| > t_{\alpha/2}(n_1 + n_2 - 2)\}$. 给定显著性水平 $\alpha = 0.05$, 查 t 分布表, 得临界值 $t_{\alpha/2}(n_1 + n_2 - 2) = t_{0.025}(10) = 2.2281$, 计算统计量的值

$$t = \frac{\overline{x} - \overline{y}}{s_w \sqrt{\dfrac{1}{n_1} + \dfrac{1}{n_2}}} = \frac{(25.5 - 25.667) \times \sqrt{3}}{3.0469} = -0.0949.$$

因为 $|t| < t_{\alpha/2}(n_1 + n_2 - 2)$, 故接受 H_0, 可以判断出, 这两种香烟烟叶的尼古丁含量无显著差异.

二、两个正态总体方差的检验 —— F 检验法

1. 均值 μ_1 与 μ_2 为已知参数

先考虑双侧检验假设 $H_0 : \sigma_1^2 = \sigma_2^2; H_1 : \sigma_1^2 \neq \sigma_2^2$.

因为 $\chi_1^2 = \dfrac{1}{\sigma_1^2} \sum\limits_{i=1}^{n_1} (X_i - \mu_1)^2 \sim \chi^2(n_1), \chi_2^2 = \dfrac{1}{\sigma_2^2} \sum\limits_{i=1}^{n_2} (Y_i - \mu_2)^2 \sim \chi^2(n_2)$, 所以选取统计量

$$F_1 = \frac{\chi_1^2/n_1}{\chi_2^2/n_2} = \frac{\dfrac{1}{n_1} \sum\limits_{i=1}^{n_1} (X_i - \mu_1)^2 / \sigma_1^2}{\dfrac{1}{n_2} \sum\limits_{i=1}^{n_2} (Y_i - \mu_2)^2 / \sigma_2^2}.$$

当 H_0 成立时, 检验统计量

$$F_1 = \frac{\dfrac{1}{n_1} \sum\limits_{i=1}^{n_1} (X_i - \mu_1)^2}{\dfrac{1}{n_2} \sum\limits_{i=1}^{n_2} (Y_i - \mu_2)^2} \sim F(n_1, n_2),$$

给定显著性水平 α, 由 F 分布分位点的定义得

$$P\{(F_1 < F_{1-\alpha/2}(n_1, n_2)) \bigcup (F_1 > F_{\alpha/2}(n_1, n_2))\} = \alpha.$$

故拒绝域为 $W = \{F_1 < F_{1-\alpha/2}(n_1, n_2)\} \bigcup \{F_1 > F_{\alpha/2}(n_1, n_2)\}$.

同理, 右侧检验假设 $H_0 : \sigma_1^2 \leqslant \sigma_2^2; H_1 : \sigma_1^2 > \sigma_2^2$ 的拒绝域为 $W = \{F_1 > F_\alpha(n_1, n_2)\}$. 左侧检验假设 $H_0 : \sigma_1^2 \geqslant \sigma_2^2; H_1 : \sigma_1^2 < \sigma_2^2$ 的拒绝域为 $W = \{F_1 < F_{1-\alpha}(n_1, n_2)\}$.

2. 均值 μ_1 与 μ_2 为未知参数

先考虑双侧检验假设 $H_0 : \sigma_1^2 = \sigma_2^2; H_1 : \sigma_1^2 \neq \sigma_2^2$.

因为

$$\chi_1^2 = \frac{1}{\sigma_1^2} \sum_{i=1}^{n_1} (X_i - \overline{X})^2 = \frac{(n_1 - 1)S_1^2}{\sigma_1^2} \sim \chi^2(n_1 - 1),$$

$$\chi_2^2 = \frac{1}{\sigma_2^2} \sum_{i=1}^{n_2} (Y_i - \overline{Y})^2 = \frac{(n_2 - 1)S_2^2}{\sigma_2^2} \sim \chi^2(n_2 - 1),$$

所以选取统计量

$$F_2 = \frac{\chi_1^2/(n_1-1)}{\chi_2^2/(n_2-1)} = \frac{S_1^2/\sigma_1^2}{S_2^2/\sigma_2^2}.$$

当 H_0 成立时,检验统计量 $F_2 = \dfrac{S_1^2}{S_2^2} \sim F(n_1-1, n_2-1)$. 给定显著性水平 α,由 F 分布分位点的定义得

$$P\{(F_2 < F_{1-\alpha/2}(n_1-1, n_2-1)) \bigcup (F_2 > F_{\alpha/2}(n_1-1, n_2-1))\} = \alpha.$$

故拒绝域为 $W = \{F_2 < F_{1-\alpha/2}(n_1-1, n_2-1)\} \bigcup \{F_2 > F_{\alpha/2}(n_1-1, n_2-1)\}$.

同理,右侧检验假设 $H_0: \sigma_1^2 \leqslant \sigma_2^2$; $H_1: \sigma_1^2 > \sigma_2^2$ 的拒绝域为 $W = \{F_2 > F_\alpha(n_1-1, n_2-1)\}$.
左侧检验假设 $H_0: \sigma_1^2 \geqslant \sigma_2^2$; $H_1: \sigma_1^2 < \sigma_2^2$ 的拒绝域为 $W = \{F_2 < F_{1-\alpha}(n_1-1, n_2-1)\}$.

例 3　某烟厂生产两种香烟,独立地随机抽取样本容量相同的烟叶标本,测其尼古丁含量的毫克数,测量结果如下.

　　　　　　　甲种香烟:25　28　23　26　29　22
　　　　　　　乙种香烟:28　23　30　25　21　27

假定烟叶的尼古丁含量服从正态分布且具有公共方差,在显著性水平 $\alpha = 0.05$ 下,判断两种香烟烟叶的尼古丁含量的方差是否相等.

解　依题意提出检验假设 $H_0: \sigma_1^2 = \sigma_2^2$; $H_1: \sigma_1^2 \neq \sigma_2^2$.

因为两个正态总体的均值都未知,选取检验统计量 $F_2 = \dfrac{S_1^2}{S_2^2} \sim F(n_1-1, n_2-1)$. 给定显著性水平 α,查 F 分布表,得两个临界值

$$F_{\alpha/2}(n_1-1, n_2-1) = F_{0.025}(5,5) = 7.15,$$

$$F_{1-\alpha/2}(n_1-1, n_2-1) = F_{0.975}(5,5) = \frac{1}{F_{0.025}(5,5)} = \frac{1}{7.15} = 0.1399.$$

故拒绝域为 $W = \{F_2 < 0.1399\} \bigcup \{F_2 > 7.15\}$.

计算统计量的值 $F_2 = \dfrac{s_1^2}{s_2^2} = \dfrac{2.7386^2}{3.3267^2} = 0.6777$,因为 $0.1399 < F_2 < 7.15$,故接受 H_0,可判断出这两种香烟的尼古丁含量的方差无显著差异.

习题 8. 3

1. 设某车床生产的纽扣的直径(单位:mm)$X \sim N(\mu, \sigma^2)$,根据以往的经验,当车床工作正常时,生产的纽扣的平均直径 $\mu_0 = 26$,方差 $\sigma^2 = 2.6^2$. 某天该车床开机一段时间后,为检验车床工作是否正常,随机地从刚生产的纽扣中抽检了 100 粒,测得样本均值为 26.56,假定方差没有什么变化,试在显著性水平为 0.05 下,检验该车床工作是否正常.

2. 某厂利用某种钢生产钢筋,根据长期资料的分析,知道这种钢筋强度 $X \sim N(\mu, \sigma^2)$,现随机抽取 6 根钢筋进行强度试验,测得强度 X(单位:kg/mm²)为 48.5, 49.0, 53.5, 56.0, 52.5, 49.5. 试问:能否据此认为这种钢筋的平均强度为 52?($\alpha = 0.05$)

3. 某种电子元件的寿命(单位:h)$X \sim N(\mu, \sigma^2)$,其中,μ, σ^2 为未知参数. 现检测了 16 只电子元件,其寿命为 159, 280, 101, 212, 224, 279, 179, 264, 222, 362, 168, 250, 149, 260, 485, 170. 试问元件寿命的方差 σ^2 是否等于 10 000?($\alpha = 0.05$)

4. 某厂生产小型马达,其说明书上写着:在正常负载下平均消耗电流(单位:A)不超过

0.8. 随机测试 16 台马达, 平均消耗电流为 0.92, 标准差为 0.32. 设该小型马达所消耗的电流服从正态分布, 取显著性水平为 $\alpha = 0.05$, 问根据此样本, 能否相信厂方的说明书?

5. 某公司生产的发动机部件的直径 $X \sim N(\mu, \sigma^2)$, 该公司声称其直径的标准差为 0.048. 现随机抽出 5 个部件, 测得直径为 1.32, 1.55, 1.36, 1.40, 1.44. 取显著性水平为 $\alpha = 0.05$, 问能否认为这批产品的标准差显著偏大?

6. 已知某炼铁厂的铁水含碳量服从正态分布 $N(4.4, 0.05^2)$, 某日测得 5 炉铁水的含碳量为 4.34, 4.40, 4.42, 4.30, 4.35. 若标准差不变, 取显著性水平为 $\alpha = 0.05$, 该日铁水含碳量的均值是否显著降低?

实验 8　假设检验在 Excel 中的实现

假设检验是数理统计中的重要内容, 在实际应用中, 数据过于复杂导致计算量很大. 面对这样的问题, 我们可以借助 Excel 实现. 下面通过实例来说明实现过程.

例 1　设在某次考试中, 考生成绩服从正态分布, 从中随机抽取 36 位考生的成绩, 算得平均成绩为 66.5 分, 标准差为 15 分. 问在显著性水平为 0.05 下, 是否可以认为这次考试全体考生的平均成绩为 70 分?

1) 实验准备

(1) 函数 TINV 的使用格式: TINV(probability, degrees_freedom). 函数 TINV 的功能: 返回给定自由度的 t 分布的上 $\frac{\alpha}{2}$ 分位点. 其中, $\alpha =$ probability 为 t 分布的双尾概率, degrees_freedom 为分布的自由度.

(2) 函数 IF 的使用格式: IF(logical_test, value_if_true, value_if_false). 函数 IF 的功能: 执行真假判断, 根据逻辑计算的真假值, 返回不同结构. 其中, logical_test 表示条件表达式. value_if_true 为当 logical_test 为 TRUE 时返回的值. value_if_ false 为当 logical_test 为 FALSE 时返回的值.

2) 实验步骤

(1) 输入数据及项目名, 如图 8-2 所示.

(2) 在单元格 C1 中输入 μ_0 的值: 70.

(3) 在单元格 C2 中输入样本标准差 s 的值: 15.

(4) 在单元格 C3 中输入样本容量 n 的值: 36.

(5) 在单元格 C4 中输入样本均值 $\overline{x}$ 的值: 66.5.

(6) 在单元格 C5 中输入显著性水平 α 的值: 0.05.

(7) 计算检验统计量 t 的值, 在单元格 C6 中输入公式: = ABS((C4 − C1)/(C2/SQRT(C3)). (ABS() 表示取绝对值)

(8) 计算临界点 $t_{\alpha/2}(n-1)$.

在单元格 C7 中输入公式: = TINV(C5, C3 − 1). (若计算 $t_{\alpha}(n-1)$, 则用公式 = TINV(2 * C5, C3 − 1))

(9) 在单元格 C8 中输入公式: = IF(C6 <= C7, "接受 H_0", "拒绝 H_0").

得计算结果 $|t| = 1.4 < t_{0.025}(35) = 2.0301079$, 落入接受域中, 如图 8-3 所示. 故在 0.05 的显著性水平下应接受 H_0, 即可以判断出, 这次考试全体考生的平均成绩为 70 分.

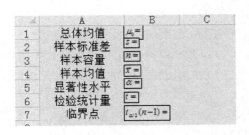

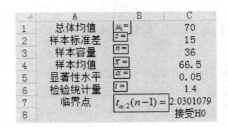

图 8-2　　　　　　　　　　　　　　　　　　　图 8-3

例 2　自动车床加工出的某种零件的直径(单位:mm) 服从正态分布 $N(\mu, \sigma^2)$,且原来的加工精度 $\sigma^2 \leqslant 0.09$. 车床工作一段时间后,需要检验是否保持原来的加工精度. 为此,从该车床加工的零件中抽取 30 个,测得数据的样本方差为 0.1344,问显著性水平为 0.05 时,该车床的加工精度是否变差?

1) 实验准备

(1) 函数 CHIINV 的使用格式:CHIINV(probability, degrees_freedom). 函数 CHIINV 的功能:返回给定自由度的 χ^2 分布的上 α 分位点. 其中,$\alpha = $ probability 为 χ^2 分布的单尾概率,degrees_freedom 为分布的自由度.

(2) 函数 IF 的使用格式:IF(logical_test, value_if_true, value_if_false). 函数 IF 的功能:执行真假判断,根据逻辑计算的真假值,返回不同结构. 其中,logical_test 表示条件表达式. value_if_true 为当 logical_test 为 TRUE 时返回的值. value_if_ false 为当 logical_test 为 FALSE 时返回的值.

2) 实验步骤

(1) 输入数据及项目名,如图 8-4 所示.

(2) 在单元格 C1 中输入 σ_0^2 的值 0.09.

(3) 在单元格 C2 中输入样本方差 s^2 的值 0.1344.

(4) 在单元格 C3 中输入样本容量 n 的值 30.

(5) 在单元格 C4 中输入显著性水平 α 的值 0.05.

(6) 计算检验统计量 χ^2 的值,在单元格 C5 中输入公式"$= (C3 - 1) * C2/C1$".

(7) 计算临界点 $\chi_\alpha^2(n-1)$,在单元格 C6 中输入公式"$= $ CHIINV(C4, C3 - 1)".

(8) 在单元格 C7 中输入公式"$= $ IF(C5 $>$ C6,"拒绝 H_0","接受 H_0")".

得计算结果 $\chi^2 = 43.306667 > \chi_{0.05}^2(29) = 42.556968$,落入拒绝域中,如图 8-5 所示. 故在 0.05 的显著性水平下应拒绝 H_0,即可以判断出,该自动车床的加工精度变差了.

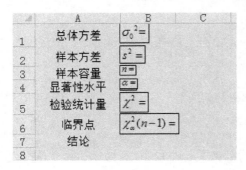

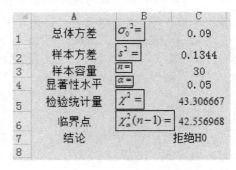

图 8-4　　　　　　　　　　　　　　　　　　　图 8-5

应用案例 15—— 假设检验在产品检验中的应用

产品检验是指用工具、仪器或其他分析方法检查各种原材料、半成品、成品是否符合特定的技术标准、规格的工作过程,即对产品或工序过程中的实体进行度量、测量、检查和实验分析,并将结果与规定值进行比较和确定是否合格所进行的活动.

从管理学的角度来看,对产品检验一般采用抽样检验的方法.

例　某厂生产的小型马达的说明书上写着:在正常负载下,平均消耗电流不超过 0.8 A.随机测试了 16 台马达,平均消耗电流为 0.92 A,标准差为 0.32 A.设该小型马达所消耗的电流服从正态分布,取显著性水平为 0.05,问根据此样本,能否否定厂方的说明?

解　(方法一)依题意提出检验假设 $H_0:\mu\leqslant 0.8;H_1:\mu>0.8$.

方差为未知参数,故选统计量为 $t=\dfrac{\overline{X}-\mu}{S/\sqrt{n}}\sim t(n-1)$,拒绝域为 $\dfrac{\overline{X}-\mu}{S/\sqrt{n}}>t_a(n-1)$.代入数据得 $t=\dfrac{\overline{X}-\mu}{S/\sqrt{n}}=\dfrac{0.92-0.8}{0.32/\sqrt{16}}=1.5<t_a(n-1)=t_{0.05}(15)=1.753$,落在拒绝域外,故接受 H_0,即不能否定厂方的说明.

(方法二)依据题意提出检验假设 $H_0:\mu\geqslant 0.8;H_1:\mu<0.8$.

方差为未知参数,故选统计量为 $t=\dfrac{\overline{X}-\mu}{S/\sqrt{n}}\sim t(n-1)$,拒绝域为 $\dfrac{\overline{X}-\mu}{S/\sqrt{n}}<-t_a(n-1)$.代入数据得 $t=\dfrac{\overline{X}-\mu}{S/\sqrt{n}}=\dfrac{0.92-0.8}{0.32/\sqrt{16}}=1.5>-t_a(n-1)=-t_{0.05}(15)=-1.753$,落在拒绝域外,故接受 H_0,即否定厂方说明.

可见,选择不同的假设,统计检验的结果也会不同.为何用假设检验处理同一问题会得到截然相反的结论?

除了把不同的假设作为原假设而引起检验结果不同外,还有一个根本原因就是样本容量不够大.若样本容量足够大,则不论把哪个假设作为原假设所得的检验结果基本上应该是一样的.

假设检验是控制犯第一类错误的概率,使拒绝原假设的决策变得比较慎重,也就是原假设得到特别的保护.因而,通常把有把握的、经验的结论作为原假设或者尽量使后果严重的错误成为第一类错误.

应用案例 16—— 黄金分割点

黄金分割点是指将整体一分为二,使较大部分与整体部分的比值等于较小部分与较大部分的比值的分割点.其比值是一个无理数 $\dfrac{\sqrt{5}-1}{2}\approx 0.618$.由于按此比例设计的造型十分美丽,因此将其称为黄金分割,也称为中外比.

舞台上的报幕员不站在舞台正中央,而站在舞台长度的 0.618 的两个位置之一最美观,声音传播也最好. 长方形的宽除以长的比为 0.618, 这样的矩形称为黄金矩形. 若人体肚脐到脚底的距离除以头顶到脚底的距离为 0.618, 就称为最完美的人体. 若人的眉毛到脖子的距离除以头顶到脖子的距离为 0.618, 就称为最漂亮的脸庞. 若外界环境气温为人体温度的 0.618, 则为使人类感觉最舒服的温度.

例　从某工艺品工厂随机取出 20 个长方形, 测得其宽与长的比值为

　　0.693　0.749　0.654　0.670　0.662　0.672　0.615　0.606　0.690　0.628

　　0.668　0.611　0.606　0.609　0.601　0.553　0.570　0.844　0.576　0.933

设这一工厂生产的长方形的宽与长的比值总体服从正态分布 $N(\mu, \sigma^2)$, 在显著性水平为 0.05 下检验此批工艺品是否是黄金矩形.

解　依题意提出检验假设 $H_0 : \mu = 0.618; H_1 : \mu \neq 0.618.$

方差为未知参数, 故选统计量为 $t = \dfrac{\overline{X} - \mu}{S/\sqrt{n}} \sim t(n-1)$, 拒绝域为 $\left| \dfrac{\overline{X} - \mu}{S/\sqrt{n}} \right| \geqslant t_{\alpha/2}(n-1).$ 代入数据得 $|t| = \left| \dfrac{\overline{X} - \mu}{S/\sqrt{n}} \right| = 2.0545 < t_{\alpha/2}(n-1) = t_{0.025}(19) = 2.093$, 落在拒绝域外, 故接受 H_0, 即可以判断出, 此批工艺品是黄金矩形.

附　　　录

附表 1　几种常见的概率分布表

名称	参数	分布律或概率密度	数学期望	方差
(0-1)分布	$0 < p < 1$	$P\{X = k\} = p^k(1-p)^{1-k}, k = 0,1$	p	$p(1-p)$
二项分布	$n \geqslant 1,$ $0 < p < 1$	$P\{X = k\} = C_n^k p^k (1-p)^{n-k}, k = 0,1,\cdots,n.$	np	$np(1-p)$
几何分布	$0 < p < 1$	$P\{X = k\} = p(1-p)^{k-1}, k = 1,2,\cdots$	$\dfrac{1}{p}$	$\dfrac{1-p}{p^2}$
负二项分布	$r \geqslant 1,$ $0 < p < 1$	$P\{X = k\} = C_{k-1}^{r-1} p^r (1-p)^{k-r}$	$\dfrac{r}{p}$	$\dfrac{r(1-p)}{p^2}$
超几何分布	n,M,N $(n \leqslant N, M \leqslant N)$	$P\{X = k\} = \dfrac{C_M^k C_{N-M}^{n-k}}{C_N^n}, k = 0,1,2,\cdots,\min(n,M)$	$\dfrac{nM}{N}$	$\dfrac{nM}{N}\left(1 - \dfrac{M}{N}\right)\left(\dfrac{N-n}{N-1}\right)$
泊松分布	$\lambda > 0$	$P\{X = k\} = \dfrac{\lambda^k e^{-\lambda}}{k!},$ $k = 0,1,2,\cdots,\lambda > 0$	λ	λ
均匀分布	$a < b$	$f(x) = \begin{cases} \dfrac{1}{b-a}, & a < x < b, \\ 0, & \text{其他.} \end{cases}$	$\dfrac{a+b}{2}$	$\dfrac{(b-a)^2}{12}$
指数分布	$\lambda > 0$	$f(x) = \begin{cases} \lambda e^{-\lambda x}, & x > 0, \\ 0, & x \leqslant 0. \end{cases}$	$\dfrac{1}{\lambda}$	$\dfrac{1}{\lambda^2}$
正态分布	$\mu, \sigma > 0$	$f(x) = \dfrac{1}{\sqrt{2\pi}\sigma} e^{-\frac{(x-\mu)^2}{2\sigma^2}}, -\infty < x < +\infty$	μ	σ^2
Γ 分布	$\alpha > 0, \beta > 0$	$f(x) = \begin{cases} \dfrac{1}{\beta^\alpha \Gamma(\alpha)} x^{\alpha-1} e^{-x/\beta}, & x > 0, \\ 0, & x \leqslant 0. \end{cases}$	$\alpha\beta$	$\alpha\beta^2$
β 分布	$\alpha > 0, \beta > 0$	$f(x) = \begin{cases} \dfrac{\Gamma(\alpha+\beta)}{\Gamma(\alpha)\Gamma(\beta)} x^{\alpha-1}(1-x)^{\beta-1}, & 0 < x < 1, \\ 0, & \text{其他.} \end{cases}$	$\dfrac{\alpha}{\alpha+\beta}$	$\dfrac{\alpha\beta}{(\alpha+\beta)^2(\alpha+\beta+1)}$
χ^2 分布	$n \geqslant 1$	$f(x) = \begin{cases} \dfrac{1}{2^{n/2}\Gamma(n/2)} x^{\frac{n}{2}-1} e^{-\frac{x}{2}}, & x > 0, \\ 0, & x \leqslant 0. \end{cases}$	n	$2n$

附表 2　正态总体参数的显著性假设检验一览表

	原假设 H_0	检验统计量	H_0 成立时，统计量的分布	备择假设	拒　绝　域
1	$\mu \leqslant \mu_0$ $\mu \geqslant \mu_0$ $\mu = \mu_0$ σ^2 已知	$Z = \dfrac{\overline{X} - \mu_0}{\sigma/\sqrt{n}}$	$N(0,1)$	$\mu > \mu_0$ $\mu < \mu_0$ $\mu \neq \mu_0$	$z \geqslant u_\alpha$ $z \leqslant -u_\alpha$ $|z| \geqslant u_{\alpha/2}$
2	$\mu \leqslant \mu_0$ $\mu \geqslant \mu_0$ $\mu = \mu_0$ σ^2 未知	$T = \dfrac{\overline{X} - \mu_0}{S/\sqrt{n}}$	$t(n-1)$	$\mu > \mu_0$ $\mu < \mu_0$ $\mu \neq \mu_0$	$t \geqslant t_\alpha(n-1)$ $t \leqslant -t_\alpha(n-1)$ $|t| \geqslant t_{\alpha/2}(n-1)$
3	$\sigma^2 \leqslant \sigma_0^2$ $\sigma^2 \geqslant \sigma_0^2$ $\sigma^2 = \sigma_0^2$ μ 已知	$\chi^2 = \dfrac{1}{\sigma_0^2} \sum_{i=1}^{n} (X_i - \mu)^2$	$\chi^2(n)$	$\sigma^2 > \sigma_0^2$ $\sigma^2 < \sigma_0^2$ $\sigma^2 \neq \sigma_0^2$	$\chi^2 \geqslant \chi_\alpha^2(n)$ $\chi^2 \leqslant \chi_{1-\alpha}^2(n)$ $\chi^2 \geqslant \chi_{\alpha/2}^2(n)$ 或 $\chi^2 \leqslant \chi_{1-\alpha/2}^2(n)$
4	$\sigma^2 \leqslant \sigma_0^2$ $\sigma^2 \geqslant \sigma_0^2$ $\sigma^2 = \sigma_0^2$ μ 未知	$\chi^2 = \dfrac{(n-1)S^2}{\sigma_0^2}$	$\chi^2(n-1)$	$\sigma^2 > \sigma_0^2$ $\sigma^2 < \sigma_0^2$ $\sigma^2 \neq \sigma_0^2$	$\chi^2 \geqslant \chi_\alpha^2(n-1)$ $\chi^2 \leqslant \chi_{1-\alpha}^2(n-1)$ $\chi^2 \geqslant \chi_{\alpha/2}^2(n-1)$ 或 $\chi^2 \leqslant \chi_{1-\alpha/2}^2(n-1)$
5	$\mu_1 - \mu_2 \leqslant \delta$ $\mu_1 - \mu_2 \geqslant \delta$ $\mu_1 - \mu_2 = \delta$ σ_1^2, σ_2^2 已知	$Z = \dfrac{(\overline{X} - \overline{Y}) - \delta}{\sqrt{\dfrac{\sigma_1^2}{n_1} + \dfrac{\sigma_2^2}{n_2}}}$	$N(0,1)$	$\mu_1 - \mu_2 > \delta$ $\mu_1 - \mu_2 < \delta$ $\mu_1 - \mu_2 \neq \delta$	$z \geqslant u_\alpha$ $z \leqslant -u_\alpha$ $|z| \geqslant u_{\alpha/2}$
6	$\mu_1 - \mu_2 \leqslant \delta$ $\mu_1 - \mu_2 \geqslant \delta$ $\mu_1 - \mu_2 = \delta$ $\sigma_1^2 = \sigma_2^2 = \sigma^2$ 未知	$T = \dfrac{(\overline{X} - \overline{Y}) - \delta}{S_W \sqrt{\dfrac{1}{n_1} + \dfrac{1}{n_2}}}$	$t(n_1 + n_2 - 2)$	$\mu_1 - \mu_2 > \delta$ $\mu_1 - \mu_2 < \delta$ $\mu_1 - \mu_2 \neq \delta$	$t \geqslant t_\alpha(n_1 + n_2 - 2)$ $t \leqslant -t_\alpha(n_1 + n_2 - 2)$ $|t| \geqslant t_{\alpha/2}(n_1 + n_2 - 2)$
7	$\sigma_1^2 \leqslant \sigma_2^2$ $\sigma_1^2 \geqslant \sigma_2^2$ $\sigma_1^2 = \sigma_2^2$ μ_1, μ_2 已知	$F = \dfrac{n_2}{n_1} \cdot \dfrac{\sum\limits_{i=1}^{n_1} (X_i - \mu_1)^2}{\sum\limits_{i=1}^{n_2} (X_i - \mu_2)^2}$	$F(n_1, n_2)$	$\sigma_1^2 > \sigma_2^2$ $\sigma_1^2 < \sigma_2^2$ $\sigma_1^2 \neq \sigma_2^2$	$F \geqslant F_\alpha(n_1, n_2)$ $F \leqslant F_{1-\alpha}(n_1, n_2)$ $F \geqslant F_{\alpha/2}(n_1, n_2)$ 或 $F \leqslant F_{1-\alpha/2}(n_1, n_2)$
8	$\sigma_1^2 \leqslant \sigma_2^2$ $\sigma_1^2 \geqslant \sigma_2^2$ $\sigma_1^2 = \sigma_2^2$ μ_1, μ_2 未知	$F = \dfrac{S_1^2}{S_2^2}$	$F(n_1 - 1, n_2 - 1)$	$\sigma_1^2 > \sigma_2^2$ $\sigma_1^2 < \sigma_2^2$ $\sigma_1^2 \neq \sigma_2^2$	$F \geqslant F_\alpha(n_1 - 1, n_2 - 1)$ $F \leqslant F_{1-\alpha}(n_1 - 1, n_2 - 1)$ $F \geqslant F_{\alpha/2}(n_1 - 1, n_2 - 1)$ 或 $F \leqslant F_{1-\alpha/2}(n_1 - 1, n_2 - 1)$

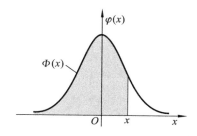

附表 3　标准正态分布表

$$\Phi(x) = \int_{-\infty}^{x} \frac{1}{\sqrt{2\pi}} e^{-\frac{t^2}{2}} dt$$

x	0	1	2	3	4	5	6	7	8	9
0.0	0.500 00	0.503 99	0.507 98	0.511 97	0.515 95	0.519 94	0.523 92	0.527 90	0.531 88	0.535 86
0.1	0.539 83	0.543 80	0.547 76	0.551 72	0.555 67	0.559 62	0.563 56	0.567 49	0.571 42	0.575 35
0.2	0.579 26	0.583 17	0.587 06	0.590 95	0.594 83	0.598 71	0.602 57	0.606 42	0.610 26	0.614 09
0.3	0.617 91	0.621 72	0.625 52	0.629 30	0.633 07	0.636 83	0.640 58	0.644 31	0.648 03	0.651 73
0.4	0.655 42	0.659 10	0.662 76	0.666 40	0.670 03	0.673 64	0.677 24	0.680 82	0.684 39	0.687 93
0.5	0.691 46	0.694 97	0.698 47	0.701 94	0.705 40	0.708 84	0.712 26	0.715 66	0.719 04	0.722 40
0.6	0.725 75	0.729 07	0.732 37	0.735 65	0.738 91	0.742 15	0.745 37	0.748 57	0.751 75	0.754 90
0.7	0.758 04	0.761 15	0.764 24	0.767 30	0.770 35	0.773 37	0.776 37	0.779 35	0.782 30	0.785 24
0.8	0.788 14	0.791 03	0.793 89	0.796 73	0.799 55	0.802 34	0.805 11	0.807 85	0.810 57	0.813 27
0.9	0.815 94	0.818 59	0.821 21	0.823 81	0.826 39	0.828 94	0.831 47	0.833 98	0.836 46	0.838 91
1.0	0.841 34	0.843 75	0.846 14	0.848 49	0.850 83	0.853 14	0.855 43	0.857 69	0.859 93	0.862 14
1.1	0.864 33	0.866 50	0.868 64	0.870 76	0.872 86	0.874 93	0.876 98	0.879 00	0.881 00	0.882 98
1.2	0.884 93	0.886 86	0.888 77	0.890 65	0.892 51	0.894 35	0.896 17	0.897 96	0.899 73	0.901 47
1.3	0.903 20	0.904 90	0.906 58	0.908 24	0.909 88	0.911 49	0.913 09	0.914 66	0.916 21	0.917 74
1.4	0.919 24	0.920 73	0.922 20	0.923 64	0.925 07	0.926 47	0.927 85	0.929 22	0.930 56	0.931 89
1.5	0.933 19	0.934 48	0.935 74	0.936 99	0.938 22	0.939 43	0.940 62	0.941 79	0.942 95	0.944 08
1.6	0.945 20	0.946 30	0.947 38	0.948 45	0.949 50	0.950 53	0.951 54	0.952 54	0.953 52	0.954 49
1.7	0.955 43	0.956 37	0.957 28	0.958 18	0.959 07	0.959 94	0.960 80	0.961 64	0.962 46	0.963 27
1.8	0.964 07	0.964 85	0.965 62	0.966 38	0.967 12	0.967 84	0.968 56	0.969 26	0.969 95	0.970 62
1.9	0.971 28	0.971 93	0.972 57	0.973 20	0.973 81	0.974 41	0.975 00	0.975 58	0.976 15	0.976 70
2.0	0.977 25	0.977 78	0.978 31	0.978 82	0.979 32	0.979 82	0.980 30	0.980 77	0.981 24	0.981 69
2.1	0.982 14	0.982 57	0.983 00	0.983 41	0.983 82	0.984 22	0.984 61	0.985 00	0.985 37	0.985 74
2.2	0.986 10	0.986 45	0.986 79	0.987 13	0.987 45	0.987 78	0.988 09	0.988 40	0.988 70	0.988 99
2.3	0.989 28	0.989 56	0.989 83	0.990 10	0.990 36	0.990 61	0.990 86	0.991 11	0.991 34	0.991 58
2.4	0.991 80	0.992 02	0.992 24	0.992 45	0.992 66	0.992 86	0.993 05	0.993 24	0.993 43	0.993 61
2.5	0.993 79	0.993 96	0.994 13	0.994 30	0.994 46	0.994 61	0.994 77	0.994 92	0.995 06	0.995 20
2.6	0.995 34	0.995 47	0.995 60	0.995 73	0.995 85	0.995 98	0.996 09	0.996 21	0.996 32	0.996 43
2.7	0.996 53	0.996 64	0.996 74	0.996 83	0.996 93	0.997 02	0.997 11	0.997 20	0.997 28	0.997 36

续表

x	0	1	2	3	4	5	6	7	8	9
2.8	0.997 44	0.997 52	0.997 60	0.997 67	0.997 74	0.997 81	0.997 88	0.997 95	0.998 01	0.998 07
2.9	0.998 13	0.998 19	0.998 25	0.998 31	0.998 36	0.998 41	0.998 46	0.998 51	0.998 56	0.998 61
3.0	0.998 65	0.998 69	0.998 74	0.998 78	0.998 82	0.998 86	0.998 89	0.998 93	0.998 96	0.999 00
3.1	0.999 03	0.999 06	0.999 10	0.999 13	0.999 16	0.999 18	0.999 21	0.999 24	0.999 26	0.999 29
3.2	0.999 31	0.999 34	0.999 36	0.999 38	0.999 40	0.999 42	0.999 44	0.999 46	0.999 48	0.999 50
3.3	0.999 52	0.999 53	0.999 55	0.999 57	0.999 58	0.999 60	0.999 61	0.999 62	0.999 64	0.999 65
3.4	0.999 66	0.999 68	0.999 69	0.999 70	0.999 71	0.999 72	0.999 73	0.999 74	0.999 75	0.999 76
3.5	0.999 77	0.999 78	0.999 78	0.999 79	0.999 80	0.999 81	0.999 81	0.999 82	0.999 83	0.999 83
3.6	0.999 84	0.999 85	0.999 85	0.999 86	0.999 86	0.999 87	0.999 87	0.999 88	0.999 88	0.999 89
3.7	0.999 89	0.999 90	0.999 90	0.999 90	0.999 91	0.999 91	0.999 92	0.999 92	0.999 92	0.999 92
3.8	0.999 93	0.999 93	0.999 93	0.999 94	0.999 94	0.999 94	0.999 94	0.999 95	0.999 95	0.999 95

附表 4　泊松分布表

$$P\{X \leqslant x\} = \sum_{k=0}^{x} \frac{\lambda^k}{k!} \cdot e^{-\lambda}$$

x \ λ	0.1	0.2	0.3	0.4	0.5	0.6	0.7	0.8	0.9
0	0.904 84	0.818 73	0.740 82	0.670 32	0.606 53	0.548 81	0.496 59	0.449 33	0.406 57
1	0.995 32	0.982 48	0.963 06	0.938 45	0.909 80	0.878 10	0.844 20	0.808 79	0.772 48
2	0.999 85	0.998 85	0.996 40	0.992 07	0.985 61	0.976 88	0.965 86	0.952 58	0.937 14
3	1.000 00	0.999 94	0.999 73	0.999 22	0.998 25	0.996 64	0.994 25	0.990 92	0.986 54
4		1.000 00	0.999 98	0.999 94	0.999 83	0.999 61	0.999 21	0.998 59	0.997 66
5			1.000 00	1.000 00	0.999 99	0.999 96	0.999 91	0.999 82	0.999 66
6					1.000 00	1.000 00	0.999 99	0.999 98	0.999 96
7							1.000 00	1.000 00	1.000 00

x \ λ	1	1.5	2	2.5	3	3.5	4	4.5	5
0	0.367 88	0.223 13	0.135 34	0.082 08	0.049 79	0.030 20	0.018 32	0.011 11	0.006 74
1	0.735 76	0.557 83	0.406 01	0.287 30	0.199 15	0.135 89	0.091 58	0.061 10	0.040 43
2	0.919 70	0.808 85	0.676 68	0.543 81	0.423 19	0.320 85	0.238 10	0.173 58	0.124 65
3	0.981 01	0.934 36	0.857 12	0.757 58	0.647 23	0.536 63	0.433 47	0.342 30	0.265 03
4	0.996 34	0.981 42	0.947 35	0.891 18	0.815 26	0.725 44	0.628 84	0.532 10	0.440 49
5	0.999 41	0.995 54	0.983 44	0.957 98	0.916 08	0.857 61	0.785 13	0.702 93	0.615 96
6	0.999 92	0.999 07	0.995 47	0.985 81	0.966 49	0.934 71	0.889 33	0.831 05	0.762 18
7	0.999 99	0.999 83	0.998 90	0.995 75	0.988 10	0.973 26	0.948 87	0.913 41	0.866 63

续表

λ \ x	1	1.5	2	2.5	3	3.5	4	4.5	5
8	1.000 00	0.999 97	0.999 76	0.998 86	0.996 20	0.990 13	0.978 64	0.959 74	0.931 91
9		1.000 00	0.999 95	0.999 72	0.998 90	0.996 69	0.991 87	0.982 91	0.968 17
10			0.999 99	0.999 94	0.999 71	0.998 98	0.997 16	0.993 33	0.986 30
11			1.000 00	0.999 99	0.999 93	0.999 71	0.999 08	0.997 60	0.994 55
12				1.000 00	0.999 98	0.999 92	0.999 73	0.999 19	0.997 98
13					1.000 00	0.999 98	0.999 92	0.999 75	0.999 30
14						1.000 00	0.999 98	0.999 93	0.999 77
15							1.000 00	0.999 98	0.999 93
16								0.999 99	0.999 98
17								1.000 00	0.999 99
18									1.000 00

λ \ x	5.5	6	6.5	7	7.5	8	8.5	9	9.5
0	0.004 09	0.002 48	0.001 50	0.000 91	0.000 55	0.000 34	0.000 20	0.000 12	0.000 07
1	0.026 56	0.017 35	0.011 28	0.007 30	0.004 70	0.003 02	0.001 93	0.001 23	0.000 79
2	0.088 38	0.061 97	0.043 04	0.029 64	0.020 26	0.013 75	0.009 28	0.006 23	0.004 16
3	0.201 70	0.151 20	0.111 85	0.081 77	0.059 15	0.042 38	0.030 11	0.021 23	0.014 86
4	0.357 52	0.285 06	0.223 67	0.172 99	0.132 06	0.099 63	0.074 36	0.054 96	0.040 26
5	0.528 92	0.445 68	0.369 04	0.300 71	0.241 44	0.191 24	0.149 60	0.115 69	0.088 53
6	0.686 04	0.606 30	0.526 52	0.449 71	0.378 15	0.313 37	0.256 18	0.206 78	0.164 95
7	0.809 49	0.743 98	0.672 76	0.598 71	0.524 64	0.452 96	0.385 60	0.323 90	0.268 66
8	0.894 36	0.847 24	0.791 57	0.729 09	0.661 97	0.592 55	0.523 11	0.455 65	0.391 82
9	0.946 22	0.916 08	0.877 38	0.830 50	0.776 41	0.716 62	0.652 97	0.587 41	0.521 83
10	0.974 75	0.957 38	0.933 16	0.901 48	0.862 24	0.815 89	0.763 36	0.705 99	0.645 33
11	0.989 01	0.979 91	0.966 12	0.946 65	0.920 76	0.888 08	0.848 66	0.803 01	0.751 99
12	0.995 55	0.991 17	0.983 97	0.973 00	0.957 33	0.936 20	0.909 08	0.875 77	0.836 43
13	0.998 31	0.996 37	0.992 90	0.987 19	0.978 44	0.965 82	0.948 59	0.926 15	0.898 14
14	0.999 40	0.998 60	0.997 04	0.994 28	0.989 74	0.982 74	0.972 57	0.958 53	0.940 01
15	0.999 80	0.999 49	0.998 84	0.997 59	0.995 39	0.991 77	0.986 17	0.977 96	0.966 53
16	0.999 94	0.999 83	0.999 57	0.999 04	0.998 04	0.996 28	0.993 39	0.988 89	0.982 27
17	0.999 98	0.999 94	0.999 85	0.999 64	0.999 21	0.998 41	0.997 00	0.994 68	0.991 07
18	0.999 99	0.999 98	0.999 95	0.999 87	0.999 70	0.999 35	0.998 70	0.997 57	0.995 72
19	1.000 00	0.999 99	0.999 98	0.999 96	0.999 89	0.999 75	0.999 47	0.998 94	0.998 04

x \ λ	5.5	6	6.5	7	7.5	8	8.5	9	9.5
20		1.000 00	1.000 00	0.999 99	0.999 96	0.999 91	0.999 79	0.999 56	0.999 14
21			1.000 00	0.999 99	0.999 97	0.999 92	0.999 83	0.999 64
22				1.000 00	0.999 99	0.999 97	0.999 93	0.999 85
23					1.000 00	0.999 99	0.999 98	0.999 94
24						1.000 00	0.999 99	0.999 98
25							1.000 00	0.999 99
26								1.000 00

x \ λ	10	11	12	13	14	15	16	17	18	19	20
0	0.000 05	0.000 02	0.000 01	0.000 00	0.000 00						
1	0.000 50	0.000 20	0.000 08	0.000 03	0.000 01	0.000 00	0.000 00	0.000 00			
2	0.002 77	0.001 21	0.000 52	0.000 22	0.000 09	0.000 04	0.000 02	0.000 01	0.000 00	0.000 00	
3	0.010 34	0.004 92	0.002 29	0.001 05	0.000 47	0.000 21	0.000 09	0.000 04	0.000 02	0.000 01	0.000 00
4	0.029 25	0.015 10	0.007 60	0.003 74	0.001 81	0.000 86	0.000 40	0.000 18	0.000 08	0.000 04	0.000 02
5	0.067 09	0.037 52	0.020 34	0.010 73	0.005 53	0.002 79	0.001 38	0.000 67	0.000 32	0.000 15	0.000 07
6	0.130 14	0.078 61	0.045 82	0.025 89	0.014 23	0.007 63	0.004 01	0.002 06	0.001 04	0.000 52	0.000 25
7	0.220 22	0.143 19	0.089 50	0.054 03	0.031 62	0.018 00	0.010 00	0.005 43	0.002 89	0.001 51	0.000 78
8	0.332 82	0.231 99	0.155 03	0.099 76	0.062 06	0.037 45	0.021 99	0.012 60	0.007 06	0.003 87	0.002 09
9	0.457 93	0.340 51	0.242 39	0.165 81	0.109 40	0.069 85	0.043 30	0.026 12	0.015 38	0.008 86	0.004 99
10	0.583 04	0.459 89	0.347 23	0.251 68	0.175 68	0.118 46	0.077 40	0.049 12	0.030 37	0.018 32	0.010 81
11	0.696 78	0.579 27	0.461 60	0.353 16	0.260 04	0.184 75	0.126 99	0.084 67	0.054 89	0.034 67	0.021 39
12	0.791 56	0.688 70	0.575 97	0.463 10	0.358 46	0.267 61	0.193 12	0.135 02	0.091 67	0.060 56	0.039 01
13	0.864 46	0.781 29	0.681 54	0.573 04	0.464 45	0.363 22	0.274 51	0.200 87	0.142 60	0.098 40	0.066 13
14	0.916 54	0.854 04	0.772 02	0.675 13	0.570 44	0.465 65	0.367 53	0.280 83	0.208 08	0.149 75	0.104 86
15	0.951 26	0.907 40	0.844 42	0.763 61	0.669 36	0.568 09	0.466 74	0.371 45	0.286 65	0.214 79	0.156 51
16	0.972 96	0.944 08	0.898 71	0.835 49	0.755 92	0.664 12	0.565 96	0.467 74	0.375 05	0.292 03	0.221 07
17	0.985 72	0.967 81	0.937 03	0.890 46	0.827 20	0.748 86	0.659 34	0.564 02	0.468 65	0.378 36	0.297 03
18	0.992 81	0.982 31	0.962 58	0.930 17	0.882 64	0.819 47	0.742 35	0.654 96	0.562 24	0.469 48	0.381 42
19	0.996 55	0.990 71	0.978 72	0.957 33	0.923 50	0.875 22	0.812 25	0.736 32	0.650 92	0.560 61	0.470 26
20	0.998 41	0.995 33	0.988 40	0.974 99	0.952 09	0.917 03	0.868 17	0.805 48	0.730 72	0.647 17	0.559 09
21	0.999 30	0.997 75	0.993 93	0.985 92	0.971 16	0.946 89	0.910 77	0.861 47	0.799 12	0.725 50	0.643 70
22	0.999 70	0.998 96	0.996 95	0.992 38	0.983 29	0.967 26	0.941 76	0.904 73	0.855 09	0.793 14	0.720 61
23	0.999 88	0.999 54	0.998 53	0.996 03	0.990 67	0.980 54	0.963 31	0.936 70	0.898 89	0.849 02	0.787 49

续表

x \ λ	10	11	12	13	14	15	16	17	18	19	20
24	0.999 95	0.999 80	0.999 31	0.998 01	0.994 98	0.988 83	0.977 68	0.959 35	0.931 74	0.893 25	0.843 23
25	0.999 98	0.999 92	0.999 69	0.999 03	0.997 39	0.993 81	0.986 88	0.974 76	0.955 39	0.926 87	0.887 81
26	0.999 99	0.999 97	0.999 87	0.999 55	0.998 69	0.996 69	0.992 54	0.984 83	0.971 77	0.951 44	0.922 11
27	1.000 00	0.999 99	0.999 94	0.999 80	0.999 36	0.998 28	0.995 89	0.991 17	0.982 68	0.968 73	0.947 52
28		1.000 00	0.999 98	0.999 91	0.999 70	0.999 14	0.997 81	0.995 02	0.989 70	0.980 46	0.965 67
29			0.999 99	0.999 96	0.999 86	0.999 58	0.998 87	0.997 27	0.994 06	0.988 15	0.978 18
30			1.000 00	0.999 98	0.999 94	0.999 80	0.999 43	0.998 55	0.996 67	0.993 02	0.986 52
31				0.999 99	0.999 97	0.999 91	0.999 72	0.999 25	0.998 19	0.996 00	0.991 91
32				1.000 00	0.999 99	0.999 96	0.999 87	0.999 63	0.999 04	0.997 77	0.995 27
33					1.000 00	0.999 98	0.999 94	0.999 82	0.999 51	0.998 79	0.997 31
34						0.999 99	0.999 97	0.999 91	0.999 75	0.999 36	0.998 51
35						1.000 00	0.999 99	0.999 96	0.999 88	0.999 67	0.999 20
36							0.999 99	0.999 98	0.999 94	0.999 84	0.999 58
37							1.000 00	0.999 99	0.999 97	0.999 92	0.999 78
38								1.000 00	0.999 99	0.999 96	0.999 89
39									0.999 99	0.999 98	0.999 95
40									1.000 00	0.999 99	0.999 97
41										1.000 00	0.999 99
42											0.999 99
43											1.000 00

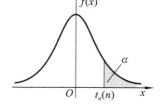

附表 5　t 分布表

$P\{t(n) > t_\alpha(n)\} = \alpha$

n \ α	0.2	0.15	0.100	0.050	0.025	0.010	0.005
1	1.3764	1.9626	3.0777	6.3138	12.7062	31.8205	63.6567
2	1.0607	1.3862	1.8856	2.9200	4.3027	6.9646	9.9248
3	0.9785	1.2498	1.6377	2.3534	3.1824	4.5407	5.8409
4	0.9410	1.1896	1.5332	2.1318	2.7764	3.7469	4.6041

n \ α	0.2	0.15	0.100	0.050	0.025	0.010	0.005
5	0.9195	1.1558	1.4759	2.0150	2.5706	3.3649	4.0321
6	0.9057	1.1342	1.4398	1.9432	2.4469	3.1427	3.7074
7	0.8960	1.1192	1.4149	1.8946	2.3646	2.9980	3.4995
8	0.8889	1.1081	1.3968	1.8595	2.3060	2.8965	3.3554
9	0.8834	1.0997	1.3830	1.8331	2.2622	2.8214	3.2498
10	0.8791	1.0931	1.3722	1.8125	2.2281	2.7638	3.1693
11	0.8755	1.0877	1.3634	1.7959	2.2010	2.7181	3.1058
12	0.8726	1.0832	1.3562	1.7823	2.1788	2.6810	3.0545
13	0.8702	1.0795	1.3502	1.7709	2.1604	2.6503	3.0123
14	0.8681	1.0763	1.3450	1.7613	2.1448	2.6245	2.9768
15	0.8662	1.0735	1.3406	1.7531	2.1314	2.6025	2.9467
16	0.8647	1.0711	1.3368	1.7459	2.1199	2.5835	2.9208
17	0.8633	1.0690	1.3334	1.7396	2.1098	2.5669	2.8982
18	0.8620	1.0672	1.3304	1.7341	2.1009	2.5524	2.8784
19	0.8610	1.0655	1.3277	1.7291	2.0930	2.5395	2.8609
20	0.8600	1.0640	1.3253	1.7247	2.0860	2.5280	2.8453
21	0.8591	1.0627	1.3232	1.7207	2.0796	2.5176	2.8314
22	0.8583	1.0614	1.3212	1.7171	2.0739	2.5083	2.8188
23	0.8575	1.0603	1.3195	1.7139	2.0687	2.4999	2.8073
24	0.8569	1.0593	1.3178	1.7109	2.0639	2.4922	2.7969
25	0.8562	1.0584	1.3163	1.7081	2.0595	2.4851	2.7874
26	0.8557	1.0575	1.3150	1.7056	2.0555	2.4786	2.7787
27	0.8551	1.0567	1.3137	1.7033	2.0518	2.4727	2.7707
28	0.8546	1.0560	1.3125	1.7011	2.0484	2.4671	2.7633
29	0.8542	1.0553	1.3114	1.6991	2.0452	2.4620	2.7564
30	0.8538	1.0547	1.3104	1.6973	2.0423	2.4573	2.7500
31	0.8534	1.0541	1.3095	1.6955	2.0395	2.4528	2.7440
32	0.8530	1.0535	1.3086	1.6939	2.0369	2.4487	2.7385
33	0.8526	1.0530	1.3077	1.6924	2.0345	2.4448	2.7333
34	0.8523	1.0525	1.3070	1.6909	2.0322	2.4411	2.7284
35	0.8520	1.0520	1.3062	1.6896	2.0301	2.4377	2.7238
36	0.8517	1.0516	1.3055	1.6883	2.0281	2.4345	2.7195
37	0.8514	1.0512	1.3049	1.6871	2.0262	2.4314	2.7154

续表

α n	0.2	0.15	0.100	0.050	0.025	0.010	0.005
38	0.8512	1.0508	1.3042	1.6860	2.0244	2.4286	2.7116
39	0.8509	1.0504	1.3036	1.6849	2.0227	2.4258	2.7079
40	0.8507	1.0500	1.3031	1.6839	2.0211	2.4233	2.7045
41	0.8505	1.0497	1.3025	1.6829	2.0195	2.4208	2.7012
42	0.8503	1.0494	1.3020	1.6820	2.0181	2.4185	2.6981
43	0.8501	1.0491	1.3016	1.6811	2.0167	2.4163	2.6951
44	0.8499	1.0488	1.3011	1.6802	2.0154	2.4141	2.6923
45	0.8497	1.0485	1.3006	1.6794	2.0141	2.4121	2.6896
46	0.8495	1.0483	1.3002	1.6787	2.0129	2.4102	2.6870
47	0.8493	1.0480	1.2998	1.6779	2.0117	2.4083	2.6846
48	0.8492	1.0478	1.2994	1.6772	2.0106	2.4066	2.6822
49	0.8490	1.0475	1.2991	1.6766	2.0096	2.4049	2.6800
50	0.8489	1.0473	1.2987	1.6759	2.0086	2.4033	2.6778
55	0.8482	1.0463	1.2971	1.6730	2.0040	2.3961	2.6682
60	0.8477	1.0455	1.2958	1.6706	2.0003	2.3901	2.6603
70	0.8468	1.0442	1.2938	1.6669	1.9944	2.3808	2.6479
80	0.8461	1.0432	1.2922	1.6641	1.9901	2.3739	2.6387
90	0.8456	1.0424	1.2910	1.6620	1.9867	2.3685	2.6316
100	0.8452	1.0418	1.2901	1.6602	1.9840	2.3642	2.6259
200	0.8434	1.0391	1.2858	1.6525	1.9719	2.3451	2.6006
∞	0.8416	1.0364	1.2816	1.6449	1.9600	2.3263	2.5758

附表 6　χ^2 分布表

$$P\{\chi^2(n) > \chi^2_\alpha(n)\} = \alpha$$

α n	0.995	0.990	0.975	0.950	0.900	0.100	0.050	0.025	0.010	0.005
1	0.0000	0.0002	0.0010	0.0039	0.0158	2.7055	3.8415	5.0239	6.6349	7.8794
2	0.0100	0.0201	0.0506	0.1026	0.2107	4.6052	5.9915	7.3778	9.2103	10.5966
3	0.0717	0.1148	0.2158	0.3518	0.5844	6.2514	7.8147	9.3484	11.3449	12.8382

n \ α	0.995	0.990	0.975	0.950	0.900	0.100	0.050	0.025	0.010	0.005
4	0.2070	0.2971	0.4844	0.7107	1.0636	7.7794	9.4877	11.1433	13.2767	14.8603
5	0.4117	0.5543	0.8312	1.1455	1.6103	9.2364	11.0705	12.8325	15.0863	16.7496
6	0.6757	0.8721	1.2373	1.6354	2.2041	10.6446	12.5916	14.4494	16.8119	18.5476
7	0.9893	1.2390	1.6899	2.1673	2.8331	12.0170	14.0671	16.0128	18.4753	20.2777
8	1.3444	1.6465	2.1797	2.7326	3.4895	13.3616	15.5073	17.5345	20.0902	21.9550
9	1.7349	2.0879	2.7004	3.3251	4.1682	14.6837	16.9190	19.0228	21.6660	23.5894
10	2.1559	2.5582	3.2470	3.9403	4.8652	15.9872	18.3070	20.4832	23.2093	25.1882
11	2.6032	3.0535	3.8157	4.5748	5.5778	17.2750	19.6751	21.9200	24.7250	26.7568
12	3.0738	3.5706	4.4038	5.2260	6.3038	18.5493	21.0261	23.3367	26.2170	28.2995
13	3.5650	4.1069	5.0088	5.8919	7.0415	19.8119	22.3620	24.7356	27.6882	29.8195
14	4.0747	4.6604	5.6287	6.5706	7.7895	21.0641	23.6848	26.1189	29.1412	31.3193
15	4.6009	5.2293	6.2621	7.2609	8.5468	22.3071	24.9958	27.4884	30.5779	32.8013
16	5.1422	5.8122	6.9077	7.9616	9.3122	23.5418	26.2962	28.8454	31.9999	34.2672
17	5.6972	6.4078	7.5642	8.6718	10.0852	24.7690	27.5871	30.1910	33.4087	35.7185
18	6.2648	7.0149	8.2307	9.3905	10.8649	25.9894	28.8693	31.5264	34.8053	37.1565
19	6.8440	7.6327	8.9065	10.1170	11.6509	27.2036	30.1435	32.8523	36.1909	38.5823
20	7.4338	8.2604	9.5908	10.8508	12.4426	28.4120	31.4104	34.1696	37.5662	39.9968
21	8.0337	8.8972	10.2829	11.5913	13.2396	29.6151	32.6706	35.4789	38.9322	41.4011
22	8.6427	9.5425	10.9823	12.3380	14.0415	30.8133	33.9244	36.7807	40.2894	42.7957
23	9.2604	10.1957	11.6886	13.0905	14.8480	32.0069	35.1725	38.0756	41.6384	44.1813
24	9.8862	10.8564	12.4012	13.8484	15.6587	33.1962	36.4150	39.3641	42.9798	45.5585
25	10.5197	11.5240	13.1197	14.6114	16.4734	34.3816	37.6525	40.6465	44.3141	46.9279
26	11.1602	12.1981	13.8439	15.3792	17.2919	35.5632	38.8851	41.9232	45.6417	48.2899
27	11.8076	12.8785	14.5734	16.1514	18.1139	36.7412	40.1133	43.1945	46.9629	49.6449
28	12.4613	13.5647	15.3079	16.9279	18.9392	37.9159	41.3371	44.4608	48.2782	50.9934
29	13.1211	14.2565	16.0471	17.7084	19.7677	39.0875	42.5570	45.7223	49.5879	52.3356
30	13.7867	14.9535	16.7908	18.4927	20.5992	40.2560	43.7730	46.9792	50.8922	53.6720
31	14.4578	15.6555	17.5387	19.2806	21.4336	41.4217	44.9853	48.2319	52.1914	55.0027
32	15.1340	16.3622	18.2908	20.0719	22.2706	42.5847	46.1943	49.4804	53.4858	56.3281
33	15.8153	17.0735	19.0467	20.8665	23.1102	43.7452	47.3999	50.7251	54.7755	57.6484
34	16.5013	17.7891	19.8063	21.6643	23.9523	44.9032	48.6024	51.9660	56.0609	58.9639
35	17.1918	18.5089	20.5694	22.4650	24.7967	46.0588	49.8018	53.2033	57.3421	60.2748
36	17.8867	19.2327	21.3359	23.2686	25.6433	47.2122	50.9985	54.4373	58.6192	61.5812

α n	0.995	0.990	0.975	0.950	0.900	0.100	0.050	0.025	0.010	0.005
37	18.5858	19.9602	22.1056	24.0749	26.4921	48.3634	52.1923	55.6680	59.8925	62.8833
38	19.2889	20.6914	22.8785	24.8839	27.3430	49.5126	53.3835	56.8955	61.1621	64.1814
39	19.9959	21.4262	23.6543	25.6954	28.1958	50.6598	54.5722	58.1201	62.4281	65.4756
40	20.7065	22.1643	24.4330	26.5093	29.0505	51.8051	55.7585	59.3417	63.6907	66.7660
45	24.3110	25.9013	28.3662	30.6123	33.3504	57.5053	61.6562	65.4102	69.9568	73.1661
50	27.9907	29.7067	32.3574	34.7643	37.6886	63.1671	67.5048	71.4202	76.1539	79.4900
55	31.7348	33.5705	36.3981	38.9580	42.0596	68.7962	73.3115	77.3805	82.2921	85.7490
60	35.5345	37.4849	40.4817	43.1880	46.4589	74.3970	79.0819	83.2977	88.3794	91.9517
70	43.2752	45.4417	48.7576	51.7393	55.3289	85.5270	90.5312	95.0232	100.4252	104.2149
80	51.1719	53.5401	57.1532	60.3915	64.2778	96.5782	101.8795	106.6286	112.3288	116.3211
90	59.1963	61.7541	65.6466	69.1260	73.2911	107.5650	113.1453	118.1359	124.1163	128.2989
100	67.3276	70.0649	74.2219	77.9295	82.3581	118.4980	124.3421	129.5612	135.8067	140.1695

附表 7　F 分布表

$$P\{F(n_1, n_2) > F_\alpha(n_1, n_2)\} = \alpha \quad (\alpha = 0.10)$$

n_2＼n_1	1	2	3	4	5	6	7	8	9	10	11	12	13	14	15	16	17	18	19	20	25	30	40	60	120	∞
1	39.86	49.50	53.59	55.83	57.24	58.20	58.91	59.44	59.86	60.19	60.47	60.71	60.90	61.07	61.22	61.35	61.46	61.57	61.66	61.74	62.05	62.26	62.53	62.79	63.06	63.33
2	8.53	9.00	9.16	9.24	9.29	9.33	9.35	9.37	9.38	9.39	9.40	9.41	9.41	9.42	9.42	9.43	9.43	9.44	9.44	9.44	9.45	9.46	9.47	9.47	9.48	9.49
3	5.54	5.46	5.39	5.34	5.31	5.28	5.27	5.25	5.24	5.23	5.22	5.22	5.21	5.20	5.20	5.20	5.19	5.19	5.19	5.18	5.17	5.17	5.16	5.15	5.14	5.13
4	4.54	4.32	4.19	4.11	4.05	4.01	3.98	3.95	3.94	3.92	3.91	3.90	3.89	3.88	3.87	3.86	3.86	3.85	3.85	3.84	3.83	3.82	3.80	3.79	3.78	3.76
5	4.06	3.78	3.62	3.52	3.45	3.40	3.37	3.34	3.32	3.30	3.28	3.27	3.26	3.25	3.24	3.23	3.22	3.22	3.21	3.21	3.19	3.17	3.16	3.14	3.12	3.11
6	3.78	3.46	3.29	3.18	3.11	3.05	3.01	2.98	2.96	2.94	2.92	2.90	2.89	2.88	2.87	2.86	2.85	2.85	2.84	2.84	2.81	2.80	2.78	2.76	2.74	2.72
7	3.59	3.26	3.07	2.96	2.88	2.83	2.78	2.75	2.72	2.70	2.68	2.67	2.65	2.64	2.63	2.62	2.61	2.61	2.60	2.59	2.57	2.56	2.54	2.51	2.49	2.47
8	3.46	3.11	2.92	2.81	2.73	2.67	2.62	2.59	2.56	2.54	2.52	2.50	2.49	2.48	2.46	2.45	2.45	2.44	2.43	2.42	2.40	2.38	2.36	2.34	2.32	2.29
9	3.36	3.01	2.81	2.69	2.61	2.55	2.51	2.47	2.44	2.42	2.40	2.38	2.36	2.35	2.34	2.33	2.32	2.31	2.30	2.30	2.27	2.25	2.23	2.21	2.18	2.16
10	3.29	2.92	2.73	2.61	2.52	2.46	2.41	2.38	2.35	2.32	2.30	2.28	2.27	2.26	2.24	2.23	2.22	2.22	2.21	2.20	2.17	2.16	2.13	2.11	2.08	2.06
11	3.23	2.86	2.66	2.54	2.45	2.39	2.34	2.30	2.27	2.25	2.23	2.21	2.19	2.18	2.17	2.16	2.15	2.14	2.13	2.12	2.10	2.08	2.05	2.03	2.00	1.97
12	3.18	2.81	2.61	2.48	2.39	2.33	2.28	2.24	2.21	2.19	2.17	2.15	2.13	2.12	2.10	2.09	2.08	2.08	2.07	2.06	2.03	2.01	1.99	1.96	1.93	1.90
13	3.14	2.76	2.56	2.43	2.35	2.28	2.23	2.20	2.16	2.14	2.12	2.10	2.08	2.07	2.05	2.04	2.03	2.02	2.01	2.01	1.98	1.96	1.93	1.90	1.88	1.85
14	3.10	2.73	2.52	2.39	2.31	2.24	2.19	2.15	2.12	2.10	2.07	2.05	2.04	2.02	2.01	2.00	1.99	1.98	1.97	1.96	1.93	1.91	1.89	1.86	1.83	1.80
15	3.07	2.70	2.49	2.36	2.27	2.21	2.16	2.12	2.09	2.06	2.04	2.02	2.00	1.99	1.97	1.96	1.95	1.94	1.93	1.92	1.89	1.87	1.85	1.82	1.79	1.76
16	3.05	2.67	2.46	2.33	2.24	2.18	2.13	2.09	2.06	2.03	2.01	1.99	1.97	1.95	1.94	1.93	1.92	1.91	1.90	1.89	1.86	1.84	1.81	1.78	1.75	1.72
17	3.03	2.64	2.44	2.31	2.22	2.15	2.10	2.06	2.03	2.00	1.98	1.96	1.94	1.93	1.91	1.90	1.89	1.88	1.87	1.86	1.83	1.81	1.78	1.75	1.72	1.69
18	3.01	2.62	2.42	2.29	2.20	2.13	2.08	2.04	2.00	1.98	1.95	1.93	1.92	1.90	1.89	1.87	1.86	1.85	1.84	1.84	1.80	1.78	1.75	1.72	1.69	1.66

续表

$n_2 \backslash n_1$	1	2	3	4	5	6	7	8	9	10	11	12	13	14	15	16	17	18	19	20	25	30	40	60	120	∞
19	2.99	2.61	2.40	2.27	2.18	2.11	2.06	2.02	1.98	1.96	1.93	1.91	1.89	1.88	1.86	1.85	1.84	1.83	1.82	1.81	1.78	1.76	1.73	1.70	1.67	1.63
20	2.97	2.59	2.38	2.25	2.16	2.09	2.04	2.00	1.96	1.94	1.91	1.89	1.87	1.86	1.84	1.83	1.82	1.81	1.80	1.79	1.76	1.74	1.71	1.68	1.64	1.61
21	2.96	2.57	2.36	2.23	2.14	2.08	2.02	1.98	1.95	1.92	1.90	1.87	1.86	1.84	1.83	1.81	1.80	1.79	1.78	1.78	1.74	1.72	1.69	1.66	1.62	1.59
22	2.95	2.56	2.35	2.22	2.13	2.06	2.01	1.97	1.93	1.90	1.88	1.86	1.84	1.83	1.81	1.80	1.79	1.78	1.77	1.76	1.73	1.70	1.67	1.64	1.60	1.57
23	2.94	2.55	2.34	2.21	2.11	2.05	1.99	1.95	1.92	1.89	1.87	1.84	1.83	1.81	1.80	1.78	1.77	1.76	1.75	1.74	1.71	1.69	1.66	1.62	1.59	1.55
24	2.93	2.54	2.33	2.19	2.10	2.04	1.98	1.94	1.91	1.88	1.85	1.83	1.81	1.80	1.78	1.77	1.76	1.75	1.74	1.73	1.70	1.67	1.64	1.61	1.57	1.53
25	2.92	2.53	2.32	2.18	2.09	2.02	1.97	1.93	1.89	1.87	1.84	1.82	1.80	1.79	1.77	1.76	1.75	1.74	1.73	1.72	1.68	1.66	1.63	1.59	1.56	1.52
26	2.91	2.52	2.31	2.17	2.08	2.01	1.96	1.92	1.88	1.86	1.83	1.81	1.79	1.77	1.76	1.75	1.73	1.72	1.71	1.71	1.67	1.65	1.61	1.58	1.54	1.50
27	2.90	2.51	2.30	2.17	2.07	2.00	1.95	1.91	1.87	1.85	1.82	1.80	1.78	1.76	1.75	1.74	1.72	1.71	1.70	1.70	1.66	1.64	1.60	1.57	1.53	1.49
28	2.89	2.50	2.29	2.16	2.06	2.00	1.94	1.90	1.87	1.84	1.81	1.79	1.77	1.75	1.74	1.73	1.71	1.70	1.69	1.69	1.65	1.63	1.59	1.56	1.52	1.48
29	2.89	2.50	2.28	2.15	2.06	1.99	1.93	1.89	1.86	1.83	1.80	1.78	1.76	1.75	1.73	1.72	1.71	1.69	1.68	1.68	1.64	1.62	1.58	1.55	1.51	1.47
30	2.88	2.49	2.28	2.14	2.05	1.98	1.93	1.88	1.85	1.82	1.79	1.77	1.75	1.74	1.72	1.71	1.70	1.69	1.68	1.67	1.63	1.61	1.57	1.54	1.50	1.46
31	2.87	2.48	2.27	2.14	2.04	1.97	1.92	1.88	1.84	1.81	1.79	1.77	1.75	1.73	1.71	1.70	1.69	1.68	1.67	1.66	1.62	1.60	1.56	1.53	1.49	1.45
32	2.87	2.48	2.26	2.13	2.04	1.97	1.91	1.87	1.83	1.81	1.78	1.76	1.74	1.72	1.71	1.69	1.68	1.67	1.66	1.65	1.62	1.59	1.56	1.52	1.48	1.44
33	2.86	2.47	2.26	2.12	2.03	1.96	1.91	1.86	1.83	1.80	1.77	1.75	1.73	1.72	1.70	1.69	1.67	1.66	1.65	1.64	1.61	1.58	1.55	1.51	1.47	1.43
34	2.86	2.47	2.25	2.12	2.02	1.96	1.90	1.86	1.82	1.80	1.77	1.75	1.73	1.71	1.69	1.68	1.67	1.66	1.65	1.64	1.60	1.58	1.54	1.51	1.46	1.42
35	2.85	2.46	2.25	2.11	2.02	1.95	1.90	1.85	1.82	1.79	1.76	1.74	1.72	1.70	1.69	1.67	1.66	1.65	1.64	1.63	1.60	1.57	1.53	1.50	1.46	1.41
40	2.84	2.44	2.23	2.09	2.00	1.93	1.87	1.83	1.79	1.76	1.74	1.71	1.70	1.68	1.66	1.65	1.64	1.62	1.61	1.61	1.57	1.54	1.51	1.47	1.42	1.38
45	2.82	2.42	2.21	2.07	1.98	1.91	1.85	1.81	1.77	1.74	1.72	1.70	1.68	1.66	1.64	1.63	1.62	1.60	1.59	1.58	1.55	1.52	1.48	1.44	1.40	1.35
50	2.81	2.41	2.20	2.06	1.97	1.90	1.84	1.80	1.76	1.73	1.70	1.68	1.66	1.64	1.63	1.61	1.60	1.59	1.58	1.57	1.53	1.50	1.46	1.42	1.38	1.33
60	2.79	2.39	2.18	2.04	1.95	1.87	1.82	1.77	1.74	1.71	1.68	1.66	1.64	1.62	1.60	1.59	1.58	1.56	1.55	1.54	1.50	1.48	1.44	1.40	1.35	1.29
120	2.75	2.35	2.13	1.99	1.90	1.82	1.77	1.72	1.68	1.65	1.63	1.60	1.58	1.56	1.55	1.53	1.52	1.50	1.49	1.48	1.44	1.41	1.37	1.32	1.26	1.19
∞	2.71	2.30	2.08	1.94	1.85	1.77	1.72	1.67	1.63	1.60	1.57	1.55	1.52	1.50	1.49	1.47	1.46	1.44	1.43	1.42	1.38	1.34	1.30	1.24	1.17	1.01

续表

($\alpha = 0.05$)

n_1 / n_2	1	2	3	4	5	6	7	8	9	10	11	12	13	14	15	16	17	18	19	20	25	30	40	60	120	∞
1	161.45	199.50	215.71	224.58	230.16	233.99	236.77	238.88	240.54	241.88	242.98	243.91	244.69	245.36	245.95	246.46	246.92	247.32	247.69	248.01	249.26	250.10	251.14	252.20	253.25	254.31
2	18.51	19.00	19.16	19.25	19.30	19.33	19.35	19.37	19.38	19.40	19.40	19.41	19.42	19.42	19.43	19.43	19.44	19.44	19.44	19.45	19.46	19.46	19.47	19.48	19.49	19.50
3	10.13	9.55	9.28	9.12	9.01	8.94	8.89	8.85	8.81	8.79	8.76	8.74	8.73	8.71	8.70	8.69	8.68	8.67	8.67	8.66	8.63	8.62	8.59	8.57	8.55	8.53
4	7.71	6.94	6.59	6.39	6.26	6.16	6.09	6.04	6.00	5.96	5.94	5.91	5.89	5.87	5.86	5.84	5.83	5.82	5.81	5.80	5.77	5.75	5.72	5.69	5.66	5.63
5	6.61	5.79	5.41	5.19	5.05	4.95	4.88	4.82	4.77	4.74	4.70	4.68	4.66	4.64	4.62	4.60	4.59	4.58	4.57	4.56	4.52	4.50	4.46	4.43	4.40	4.37
6	5.99	5.14	4.76	4.53	4.39	4.28	4.21	4.15	4.10	4.06	4.03	4.00	3.98	3.96	3.94	3.92	3.91	3.90	3.88	3.87	3.83	3.81	3.77	3.74	3.70	3.67
7	5.59	4.74	4.35	4.12	3.97	3.87	3.79	3.73	3.68	3.64	3.60	3.57	3.55	3.53	3.51	3.49	3.48	3.47	3.46	3.44	3.40	3.38	3.34	3.30	3.27	3.23
8	5.32	4.46	4.07	3.84	3.69	3.58	3.50	3.44	3.39	3.35	3.31	3.28	3.26	3.24	3.22	3.20	3.19	3.17	3.16	3.15	3.11	3.08	3.04	3.01	2.97	2.93
9	5.12	4.26	3.86	3.63	3.48	3.37	3.29	3.23	3.18	3.14	3.10	3.07	3.05	3.03	3.01	2.99	2.97	2.96	2.95	2.94	2.89	2.86	2.83	2.79	2.75	2.71
10	4.96	4.10	3.71	3.48	3.33	3.22	3.14	3.07	3.02	2.98	2.94	2.91	2.89	2.86	2.85	2.83	2.81	2.80	2.79	2.77	2.73	2.70	2.66	2.62	2.58	2.54
11	4.84	3.98	3.59	3.36	3.20	3.09	3.01	2.95	2.90	2.85	2.82	2.79	2.76	2.74	2.72	2.70	2.69	2.67	2.66	2.65	2.60	2.57	2.53	2.49	2.45	2.40
12	4.75	3.89	3.49	3.26	3.11	3.00	2.91	2.85	2.80	2.75	2.72	2.69	2.66	2.64	2.62	2.60	2.58	2.57	2.56	2.54	2.50	2.47	2.43	2.38	2.34	2.30
13	4.67	3.81	3.41	3.18	3.03	2.92	2.83	2.77	2.71	2.67	2.63	2.60	2.58	2.55	2.53	2.51	2.50	2.48	2.47	2.46	2.41	2.38	2.34	2.30	2.25	2.21
14	4.60	3.74	3.34	3.11	2.96	2.85	2.76	2.70	2.65	2.60	2.57	2.53	2.51	2.48	2.46	2.44	2.43	2.41	2.40	2.39	2.34	2.31	2.27	2.22	2.18	2.13
15	4.54	3.68	3.29	3.06	2.90	2.79	2.71	2.64	2.59	2.54	2.51	2.48	2.45	2.42	2.40	2.38	2.37	2.35	2.34	2.33	2.28	2.25	2.20	2.16	2.11	2.07
16	4.49	3.63	3.24	3.01	2.85	2.74	2.66	2.59	2.54	2.49	2.46	2.42	2.40	2.37	2.35	2.33	2.32	2.30	2.29	2.28	2.23	2.19	2.15	2.11	2.06	2.01
17	4.45	3.59	3.20	2.96	2.81	2.70	2.61	2.55	2.49	2.45	2.41	2.38	2.35	2.33	2.31	2.29	2.27	2.26	2.24	2.23	2.18	2.15	2.10	2.06	2.01	1.96
18	4.41	3.55	3.16	2.93	2.77	2.66	2.58	2.51	2.46	2.41	2.37	2.34	2.31	2.29	2.27	2.25	2.23	2.22	2.20	2.19	2.14	2.11	2.06	2.02	1.97	1.92
19	4.38	3.52	3.13	2.90	2.74	2.63	2.54	2.48	2.42	2.38	2.34	2.31	2.28	2.26	2.23	2.21	2.20	2.18	2.17	2.16	2.11	2.07	2.03	1.98	1.93	1.88

续表

n_1 \ n_2	1	2	3	4	5	6	7	8	9	10	11	12	13	14	15	16	17	18	19	20	25	30	40	60	120	∞
20	4.35	3.49	3.10	2.87	2.71	2.60	2.51	2.45	2.39	2.35	2.31	2.28	2.25	2.22	2.20	2.18	2.17	2.15	2.14	2.12	2.07	2.04	1.99	1.95	1.90	1.84
21	4.32	3.47	3.07	2.84	2.68	2.57	2.49	2.42	2.37	2.32	2.28	2.25	2.22	2.20	2.18	2.16	2.14	2.12	2.11	2.10	2.05	2.01	1.96	1.92	1.87	1.81
22	4.30	3.44	3.05	2.82	2.66	2.55	2.46	2.40	2.34	2.30	2.26	2.23	2.20	2.17	2.15	2.13	2.11	2.10	2.08	2.07	2.02	1.98	1.94	1.89	1.84	1.78
23	4.28	3.42	3.03	2.80	2.64	2.53	2.44	2.37	2.32	2.27	2.24	2.20	2.18	2.15	2.13	2.11	2.09	2.08	2.06	2.05	2.00	1.96	1.91	1.86	1.81	1.76
24	4.26	3.40	3.01	2.78	2.62	2.51	2.42	2.36	2.30	2.25	2.22	2.18	2.15	2.13	2.11	2.09	2.07	2.05	2.04	2.03	1.97	1.94	1.89	1.84	1.79	1.73
25	4.24	3.39	2.99	2.76	2.60	2.49	2.40	2.34	2.28	2.24	2.20	2.16	2.14	2.11	2.09	2.07	2.05	2.04	2.02	2.01	1.96	1.92	1.87	1.82	1.77	1.71
26	4.23	3.37	2.98	2.74	2.59	2.47	2.39	2.32	2.27	2.22	2.18	2.15	2.12	2.09	2.07	2.05	2.03	2.02	2.00	1.99	1.94	1.90	1.85	1.80	1.75	1.69
27	4.21	3.35	2.96	2.73	2.57	2.46	2.37	2.31	2.25	2.20	2.17	2.13	2.10	2.08	2.06	2.04	2.02	2.00	1.99	1.97	1.92	1.88	1.84	1.79	1.73	1.67
28	4.20	3.34	2.95	2.71	2.56	2.45	2.36	2.29	2.24	2.19	2.15	2.12	2.09	2.06	2.04	2.02	2.00	1.99	1.97	1.96	1.91	1.87	1.82	1.77	1.71	1.65
29	4.18	3.33	2.93	2.70	2.55	2.43	2.35	2.28	2.22	2.18	2.14	2.10	2.08	2.05	2.03	2.01	1.99	1.97	1.96	1.94	1.89	1.85	1.81	1.75	1.70	1.64
30	4.17	3.32	2.92	2.69	2.53	2.42	2.33	2.27	2.21	2.16	2.13	2.09	2.06	2.04	2.01	1.99	1.98	1.96	1.95	1.93	1.88	1.84	1.79	1.74	1.68	1.62
31	4.16	3.30	2.91	2.68	2.52	2.41	2.32	2.25	2.20	2.15	2.11	2.08	2.05	2.03	2.00	1.98	1.96	1.95	1.93	1.92	1.87	1.83	1.78	1.73	1.67	1.61
32	4.15	3.29	2.90	2.67	2.51	2.40	2.31	2.24	2.19	2.14	2.10	2.07	2.04	2.01	1.99	1.97	1.95	1.94	1.92	1.91	1.85	1.82	1.77	1.71	1.66	1.59
33	4.14	3.28	2.89	2.66	2.50	2.39	2.30	2.23	2.18	2.13	2.09	2.06	2.03	2.00	1.98	1.96	1.94	1.93	1.91	1.90	1.84	1.81	1.76	1.70	1.64	1.58
34	4.13	3.28	2.88	2.65	2.49	2.38	2.29	2.23	2.17	2.12	2.08	2.05	2.02	1.99	1.97	1.95	1.93	1.92	1.90	1.89	1.83	1.80	1.75	1.69	1.63	1.57
35	4.12	3.27	2.87	2.64	2.49	2.37	2.29	2.22	2.16	2.11	2.07	2.04	2.01	1.99	1.96	1.94	1.92	1.91	1.89	1.88	1.82	1.79	1.74	1.68	1.62	1.56
40	4.08	3.23	2.84	2.61	2.45	2.34	2.25	2.18	2.12	2.08	2.04	2.00	1.97	1.95	1.92	1.90	1.89	1.87	1.85	1.84	1.78	1.74	1.69	1.64	1.58	1.51
60	4.00	3.15	2.76	2.53	2.37	2.25	2.17	2.10	2.04	1.99	1.95	1.92	1.89	1.86	1.84	1.82	1.80	1.78	1.76	1.75	1.69	1.65	1.59	1.53	1.47	1.39
120	3.92	3.07	2.68	2.45	2.29	2.18	2.09	2.02	1.96	1.91	1.87	1.83	1.80	1.78	1.75	1.73	1.71	1.69	1.67	1.66	1.60	1.55	1.50	1.43	1.35	1.25
∞	3.84	3.00	2.60	2.37	2.21	2.10	2.01	1.94	1.88	1.83	1.79	1.75	1.72	1.69	1.67	1.64	1.62	1.60	1.59	1.57	1.51	1.46	1.39	1.32	1.22	1.01

续表

($\alpha=0.025$)

n_1 \ n_2	1	2	3	4	5	6	7	8	9	10	11	12	13	14	15	16	17	18	19	20	25	30	40	60	120	∞
1	648	799	864	900	922	937	948	957	963	969	973	977	980	983	985	987	989	990	992	993	998	1001	1006	1010	1014	1018
2	38.51	39.00	39.17	39.25	39.30	39.33	39.36	39.37	39.39	39.40	39.41	39.41	39.42	39.43	39.43	39.44	39.44	39.44	39.45	39.45	39.46	39.46	39.47	39.48	39.49	39.50
3	17.44	16.04	15.44	15.10	14.88	14.73	14.62	14.54	14.47	14.42	14.37	14.34	14.30	14.28	14.25	14.23	14.21	14.20	14.18	14.17	14.12	14.08	14.04	13.99	13.95	13.90
4	12.22	10.65	9.98	9.60	9.36	9.20	9.07	8.98	8.90	8.84	8.79	8.75	8.71	8.68	8.66	8.63	8.61	8.59	8.58	8.56	8.50	8.46	8.41	8.36	8.31	8.26
5	10.01	8.43	7.76	7.39	7.15	6.98	6.85	6.76	6.68	6.62	6.57	6.52	6.49	6.46	6.43	6.40	6.38	6.36	6.34	6.33	6.27	6.23	6.18	6.12	6.07	6.02
6	8.81	7.26	6.60	6.23	5.99	5.82	5.70	5.60	5.52	5.46	5.41	5.37	5.33	5.30	5.27	5.24	5.22	5.20	5.18	5.17	5.11	5.07	5.01	4.96	4.90	4.85
7	8.07	6.54	5.89	5.52	5.29	5.12	4.99	4.90	4.82	4.76	4.71	4.67	4.63	4.60	4.57	4.54	4.52	4.50	4.48	4.47	4.40	4.36	4.31	4.25	4.20	4.14
8	7.57	6.06	5.42	5.05	4.82	4.65	4.53	4.43	4.36	4.30	4.24	4.20	4.16	4.13	4.10	4.08	4.05	4.03	4.02	4.00	3.94	3.89	3.84	3.78	3.73	3.67
9	7.21	5.71	5.08	4.72	4.48	4.32	4.20	4.10	4.03	3.96	3.91	3.87	3.83	3.80	3.77	3.74	3.72	3.70	3.68	3.67	3.60	3.56	3.51	3.45	3.39	3.33
10	6.94	5.46	4.83	4.47	4.24	4.07	3.95	3.85	3.78	3.72	3.66	3.62	3.58	3.55	3.52	3.50	3.47	3.45	3.44	3.42	3.35	3.31	3.26	3.20	3.14	3.08
11	6.72	5.26	4.63	4.28	4.04	3.88	3.76	3.66	3.59	3.53	3.47	3.43	3.39	3.36	3.33	3.30	3.28	3.26	3.24	3.23	3.16	3.12	3.06	3.00	2.94	2.88
12	6.55	5.10	4.47	4.12	3.89	3.73	3.61	3.51	3.44	3.37	3.32	3.28	3.24	3.21	3.18	3.15	3.13	3.11	3.09	3.07	3.01	2.96	2.91	2.85	2.79	2.73
13	6.41	4.97	4.35	4.00	3.77	3.60	3.48	3.39	3.31	3.25	3.20	3.15	3.12	3.08	3.05	3.03	3.00	2.98	2.96	2.95	2.88	2.84	2.78	2.72	2.66	2.60
14	6.30	4.86	4.24	3.89	3.66	3.50	3.38	3.29	3.21	3.15	3.09	3.05	3.01	2.98	2.95	2.92	2.90	2.88	2.86	2.84	2.78	2.73	2.67	2.61	2.55	2.49
15	6.20	4.77	4.15	3.80	3.58	3.41	3.29	3.20	3.12	3.06	3.01	2.96	2.92	2.89	2.86	2.84	2.81	2.79	2.77	2.76	2.69	2.64	2.59	2.52	2.46	2.40
16	6.12	4.69	4.08	3.73	3.50	3.34	3.22	3.12	3.05	2.99	2.93	2.89	2.85	2.82	2.79	2.76	2.74	2.72	2.70	2.68	2.61	2.57	2.51	2.45	2.38	2.32
17	6.04	4.62	4.01	3.66	3.44	3.28	3.16	3.06	2.98	2.92	2.87	2.82	2.79	2.75	2.72	2.70	2.67	2.65	2.63	2.62	2.55	2.50	2.44	2.38	2.32	2.25
18	5.98	4.56	3.95	3.61	3.38	3.22	3.10	3.01	2.93	2.87	2.81	2.77	2.73	2.70	2.67	2.64	2.62	2.60	2.58	2.56	2.49	2.44	2.38	2.32	2.26	2.19
19	5.92	4.51	3.90	3.56	3.33	3.17	3.05	2.96	2.88	2.82	2.76	2.72	2.68	2.65	2.62	2.59	2.57	2.55	2.53	2.51	2.44	2.39	2.33	2.27	2.20	2.13
20	5.87	4.46	3.86	3.51	3.29	3.13	3.01	2.91	2.84	2.77	2.72	2.68	2.64	2.60	2.57	2.55	2.52	2.50	2.48	2.46	2.40	2.35	2.29	2.22	2.16	2.09

续表

n_1 \ n_2	1	2	3	4	5	6	7	8	9	10	11	12	13	14	15	16	17	18	19	20	25	30	40	60	120	∞
21	5.83	4.42	3.82	3.48	3.25	3.09	2.97	2.87	2.80	2.73	2.68	2.64	2.60	2.56	2.53	2.51	2.48	2.46	2.44	2.42	2.36	2.31	2.25	2.18	2.11	2.04
22	5.79	4.38	3.78	3.44	3.22	3.05	2.93	2.84	2.76	2.70	2.65	2.60	2.56	2.53	2.50	2.47	2.45	2.43	2.41	2.39	2.32	2.27	2.21	2.14	2.08	2.00
23	5.75	4.35	3.75	3.41	3.18	3.02	2.90	2.81	2.73	2.67	2.62	2.57	2.53	2.50	2.47	2.44	2.42	2.39	2.37	2.36	2.29	2.24	2.18	2.11	2.04	1.97
24	5.72	4.32	3.72	3.38	3.15	2.99	2.87	2.78	2.70	2.64	2.59	2.54	2.50	2.47	2.44	2.41	2.39	2.36	2.35	2.33	2.26	2.21	2.15	2.08	2.01	1.94
25	5.69	4.29	3.69	3.35	3.13	2.97	2.85	2.75	2.68	2.61	2.56	2.51	2.48	2.44	2.41	2.38	2.36	2.34	2.32	2.30	2.23	2.18	2.12	2.05	1.98	1.91
26	5.66	4.27	3.67	3.33	3.10	2.94	2.82	2.73	2.65	2.59	2.54	2.49	2.45	2.42	2.39	2.36	2.34	2.31	2.29	2.28	2.21	2.16	2.09	2.03	1.95	1.88
27	5.63	4.24	3.65	3.31	3.08	2.92	2.80	2.71	2.63	2.57	2.51	2.47	2.43	2.39	2.36	2.34	2.31	2.29	2.27	2.25	2.18	2.13	2.07	2.00	1.93	1.85
28	5.61	4.22	3.63	3.29	3.06	2.90	2.78	2.69	2.61	2.55	2.49	2.45	2.41	2.37	2.34	2.32	2.29	2.27	2.25	2.23	2.16	2.11	2.05	1.98	1.91	1.83
29	5.59	4.20	3.61	3.27	3.04	2.88	2.76	2.67	2.59	2.53	2.48	2.43	2.39	2.36	2.32	2.30	2.27	2.25	2.23	2.21	2.14	2.09	2.03	1.96	1.89	1.81
30	5.57	4.18	3.59	3.25	3.03	2.87	2.75	2.65	2.57	2.51	2.46	2.41	2.37	2.34	2.31	2.28	2.26	2.23	2.21	2.20	2.12	2.07	2.01	1.94	1.87	1.79
31	5.55	4.16	3.57	3.23	3.01	2.85	2.73	2.64	2.56	2.50	2.44	2.40	2.36	2.32	2.29	2.26	2.24	2.22	2.20	2.18	2.11	2.06	1.99	1.92	1.85	1.77
32	5.53	4.15	3.56	3.22	3.00	2.84	2.71	2.62	2.54	2.48	2.43	2.38	2.34	2.31	2.28	2.25	2.22	2.20	2.18	2.16	2.09	2.04	1.98	1.91	1.83	1.75
33	5.51	4.13	3.54	3.20	2.98	2.82	2.70	2.61	2.53	2.47	2.41	2.37	2.33	2.29	2.26	2.23	2.21	2.19	2.17	2.15	2.08	2.03	1.96	1.89	1.81	1.73
34	5.50	4.12	3.53	3.19	2.97	2.81	2.69	2.59	2.52	2.45	2.40	2.35	2.31	2.28	2.25	2.22	2.20	2.17	2.15	2.13	2.06	2.01	1.95	1.88	1.80	1.72
35	5.48	4.11	3.52	3.18	2.96	2.80	2.68	2.58	2.50	2.44	2.39	2.34	2.30	2.27	2.23	2.21	2.18	2.16	2.14	2.12	2.05	2.00	1.93	1.86	1.79	1.70
40	5.42	4.05	3.46	3.13	2.90	2.74	2.62	2.53	2.45	2.39	2.33	2.29	2.25	2.21	2.18	2.15	2.13	2.11	2.09	2.07	1.99	1.94	1.88	1.80	1.72	1.64
60	5.29	3.93	3.34	3.01	2.79	2.63	2.51	2.41	2.33	2.27	2.22	2.17	2.13	2.09	2.06	2.03	2.01	1.98	1.96	1.94	1.87	1.82	1.74	1.67	1.58	1.48
120	5.15	3.80	3.23	2.89	2.67	2.52	2.39	2.30	2.22	2.16	2.10	2.05	2.01	1.98	1.94	1.92	1.89	1.87	1.84	1.82	1.75	1.69	1.61	1.53	1.43	1.31
∞	5.02	3.69	3.12	2.79	2.57	2.41	2.29	2.19	2.11	2.05	1.99	1.94	1.90	1.87	1.83	1.80	1.78	1.75	1.73	1.71	1.63	1.57	1.48	1.39	1.27	1.01

续表

（$\alpha=0.01$）

n_2＼n_1	1	2	3	4	5	6	7	8	9	10	11	12	13	14	15	16	17	18	19	20	25	30	40	60	120	∞
1	4052	4999	5403	5625	5764	5859	5928	5981	6022	6056	6083	6106	6126	6143	6157	6170	6181	6192	6201	6209	6240	6261	6287	6313	6339	6366
2	98.50	99.00	99.17	99.25	99.30	99.33	99.36	99.37	99.39	99.40	99.41	99.42	99.42	99.43	99.43	99.44	99.44	99.44	99.45	99.45	99.46	99.47	99.47	99.48	99.49	99.50
3	34.12	30.82	29.46	28.71	28.24	27.91	27.67	27.49	27.35	27.23	27.13	27.05	26.98	26.92	26.87	26.83	26.79	26.75	26.72	26.69	26.58	26.50	26.41	26.32	26.22	26.13
4	21.20	18.00	16.69	15.98	15.52	15.21	14.98	14.80	14.66	14.55	14.45	14.37	14.31	14.25	14.20	14.15	14.11	14.08	14.05	14.02	13.91	13.84	13.75	13.65	13.56	13.46
5	16.26	13.27	12.06	11.39	10.97	10.67	10.46	10.29	10.16	10.05	9.96	9.89	9.82	9.77	9.72	9.68	9.64	9.61	9.58	9.55	9.45	9.38	9.29	9.20	9.11	9.02
6	13.75	10.92	9.78	9.15	8.75	8.47	8.26	8.10	7.98	7.87	7.79	7.72	7.66	7.60	7.56	7.52	7.48	7.45	7.42	7.40	7.30	7.23	7.14	7.06	6.97	6.88
7	12.25	9.55	8.45	7.85	7.46	7.19	6.99	6.84	6.72	6.62	6.54	6.47	6.41	6.36	6.31	6.28	6.24	6.21	6.18	6.16	6.06	5.99	5.91	5.82	5.74	5.65
8	11.26	8.65	7.59	7.01	6.63	6.37	6.18	6.03	5.91	5.81	5.73	5.67	5.61	5.56	5.52	5.48	5.44	5.41	5.38	5.36	5.26	5.20	5.12	5.03	4.95	4.86
9	10.56	8.02	6.99	6.42	6.06	5.80	5.61	5.47	5.35	5.26	5.18	5.11	5.05	5.01	4.96	4.92	4.89	4.86	4.83	4.81	4.71	4.65	4.57	4.48	4.40	4.31
10	10.04	7.56	6.55	5.99	5.64	5.39	5.20	5.06	4.94	4.85	4.77	4.71	4.65	4.60	4.56	4.52	4.49	4.46	4.43	4.41	4.31	4.25	4.17	4.08	4.00	3.91
11	9.65	7.21	6.22	5.67	5.32	5.07	4.89	4.74	4.63	4.54	4.46	4.40	4.34	4.29	4.25	4.21	4.18	4.15	4.12	4.10	4.01	3.94	3.86	3.78	3.69	3.60
12	9.33	6.93	5.95	5.41	5.06	4.82	4.64	4.50	4.39	4.30	4.22	4.16	4.10	4.05	4.01	3.97	3.94	3.91	3.88	3.86	3.76	3.70	3.62	3.54	3.45	3.36
13	9.07	6.70	5.74	5.21	4.86	4.62	4.44	4.30	4.19	4.10	4.02	3.96	3.91	3.86	3.82	3.78	3.75	3.72	3.69	3.66	3.57	3.51	3.43	3.34	3.25	3.17
14	8.86	6.51	5.56	5.04	4.69	4.46	4.28	4.14	4.03	3.94	3.86	3.80	3.75	3.70	3.66	3.62	3.59	3.56	3.53	3.51	3.41	3.35	3.27	3.18	3.09	3.01
15	8.68	6.36	5.42	4.89	4.56	4.32	4.14	4.00	3.89	3.80	3.73	3.67	3.61	3.56	3.52	3.49	3.45	3.42	3.40	3.37	3.28	3.21	3.13	3.05	2.96	2.87
16	8.53	6.23	5.29	4.77	4.44	4.20	4.03	3.89	3.78	3.69	3.62	3.55	3.50	3.45	3.41	3.37	3.34	3.31	3.28	3.26	3.16	3.10	3.02	2.93	2.84	2.75
17	8.40	6.11	5.18	4.67	4.34	4.10	3.93	3.79	3.68	3.59	3.52	3.46	3.40	3.35	3.31	3.27	3.24	3.21	3.19	3.16	3.07	3.00	2.92	2.83	2.75	2.65
18	8.29	6.01	5.09	4.58	4.25	4.01	3.84	3.71	3.60	3.51	3.43	3.37	3.32	3.27	3.23	3.19	3.16	3.13	3.10	3.08	2.98	2.92	2.84	2.75	2.66	2.57
19	8.18	5.93	5.01	4.50	4.17	3.94	3.77	3.63	3.52	3.43	3.36	3.30	3.24	3.19	3.15	3.12	3.08	3.05	3.03	3.00	2.91	2.84	2.76	2.67	2.58	2.49
20	8.10	5.85	4.94	4.43	4.10	3.87	3.70	3.56	3.46	3.37	3.29	3.23	3.18	3.13	3.09	3.05	3.02	2.99	2.96	2.94	2.84	2.78	2.69	2.61	2.52	2.42

续表

n_1 / n_2	1	2	3	4	5	6	7	8	9	10	11	12	13	14	15	16	17	18	19	20	25	30	40	60	120	∞
21	8.02	5.78	4.87	4.37	4.04	3.81	3.64	3.51	3.40	3.31	3.24	3.17	3.12	3.07	3.03	2.99	2.96	2.93	2.90	2.88	2.79	2.72	2.64	2.55	2.46	2.36
22	7.95	5.72	4.82	4.31	3.99	3.76	3.59	3.45	3.35	3.26	3.18	3.12	3.07	3.02	2.98	2.94	2.91	2.88	2.85	2.83	2.73	2.67	2.58	2.50	2.40	2.31
23	7.88	5.66	4.76	4.26	3.94	3.71	3.54	3.41	3.30	3.21	3.14	3.07	3.02	2.97	2.93	2.89	2.86	2.83	2.80	2.78	2.69	2.62	2.54	2.45	2.35	2.26
24	7.82	5.61	4.72	4.22	3.90	3.67	3.50	3.36	3.26	3.17	3.09	3.03	2.98	2.93	2.89	2.85	2.82	2.79	2.76	2.74	2.64	2.58	2.49	2.40	2.31	2.21
25	7.77	5.57	4.68	4.18	3.85	3.63	3.46	3.32	3.22	3.13	3.06	2.99	2.94	2.89	2.85	2.81	2.78	2.75	2.72	2.70	2.60	2.54	2.45	2.36	2.27	2.17
26	7.72	5.53	4.64	4.14	3.82	3.59	3.42	3.29	3.18	3.09	3.02	2.96	2.90	2.86	2.81	2.78	2.75	2.72	2.69	2.66	2.57	2.50	2.42	2.33	2.23	2.13
27	7.68	5.49	4.60	4.11	3.78	3.56	3.39	3.26	3.15	3.06	2.99	2.93	2.87	2.82	2.78	2.75	2.71	2.68	2.66	2.63	2.54	2.47	2.38	2.29	2.20	2.10
28	7.64	5.45	4.57	4.07	3.75	3.53	3.36	3.23	3.12	3.03	2.96	2.90	2.84	2.79	2.75	2.72	2.68	2.65	2.63	2.60	2.51	2.44	2.35	2.26	2.17	2.07
29	7.60	5.42	4.54	4.04	3.73	3.50	3.33	3.20	3.09	3.00	2.93	2.87	2.81	2.77	2.73	2.69	2.66	2.63	2.60	2.57	2.48	2.41	2.33	2.23	2.14	2.04
30	7.56	5.39	4.51	4.02	3.70	3.47	3.30	3.17	3.07	2.98	2.91	2.84	2.79	2.74	2.70	2.66	2.63	2.60	2.57	2.55	2.45	2.39	2.30	2.21	2.11	2.01
31	7.53	5.36	4.48	3.99	3.67	3.45	3.28	3.15	3.04	2.96	2.88	2.82	2.77	2.72	2.68	2.64	2.61	2.58	2.55	2.52	2.43	2.36	2.27	2.18	2.09	1.98
32	7.50	5.34	4.46	3.97	3.65	3.43	3.26	3.13	3.02	2.93	2.86	2.80	2.74	2.70	2.65	2.62	2.58	2.55	2.53	2.50	2.41	2.34	2.25	2.16	2.06	1.96
33	7.47	5.31	4.44	3.95	3.63	3.41	3.24	3.11	3.00	2.91	2.84	2.78	2.72	2.68	2.63	2.60	2.56	2.53	2.51	2.48	2.39	2.32	2.23	2.14	2.04	1.93
34	7.44	5.29	4.42	3.93	3.61	3.39	3.22	3.09	2.98	2.89	2.82	2.76	2.70	2.66	2.61	2.58	2.54	2.51	2.49	2.46	2.37	2.30	2.21	2.12	2.02	1.91
35	7.42	5.27	4.40	3.91	3.59	3.37	3.20	3.07	2.96	2.88	2.80	2.74	2.69	2.64	2.60	2.56	2.53	2.50	2.47	2.44	2.35	2.28	2.19	2.10	2.00	1.89
40	7.31	5.18	4.31	3.83	3.51	3.29	3.12	2.99	2.89	2.80	2.73	2.66	2.61	2.56	2.52	2.48	2.45	2.42	2.39	2.37	2.27	2.20	2.11	2.02	1.92	1.81
60	7.08	4.98	4.13	3.65	3.34	3.12	2.95	2.82	2.72	2.63	2.56	2.50	2.44	2.39	2.35	2.31	2.28	2.25	2.22	2.20	2.10	2.03	1.94	1.84	1.73	1.60
120	6.85	4.79	3.95	3.48	3.17	2.96	2.79	2.66	2.56	2.47	2.40	2.34	2.28	2.23	2.19	2.15	2.12	2.09	2.06	2.03	1.93	1.86	1.76	1.66	1.53	1.38
∞	6.63	4.61	3.78	3.32	3.02	2.80	2.64	2.51	2.41	2.32	2.25	2.18	2.13	2.08	2.04	2.00	1.97	1.93	1.90	1.88	1.77	1.70	1.59	1.47	1.32	1.03

续表

$(\alpha=0.005)$

n_1 \ n_2	1	2	3	4	5	6	7	8	9	10	11	12	13	14	15	16	17	18	19	20	25	30	40	60	120	∞
1	16211	19999	21615	22500	23056	23437	23715	23925	24091	24224	24334	24426	24505	24572	24630	24681	24727	24767	24803	24836	24960	25044	25148	25253	25359	25464
2	198.50	199.00	199.17	199.25	199.30	199.33	199.36	199.37	199.39	199.40	199.41	199.42	199.42	199.43	199.43	199.44	199.44	199.44	199.45	199.45	199.46	199.47	199.47	199.48	199.49	199.50
3	55.55	49.80	47.47	46.19	45.39	44.84	44.43	44.13	43.88	43.69	43.52	43.39	43.27	43.17	43.08	43.01	42.94	42.88	42.83	42.78	42.59	42.47	42.31	42.15	41.99	41.83
4	31.33	26.28	24.26	23.15	22.46	21.97	21.62	21.35	21.14	20.97	20.82	20.70	20.60	20.51	20.44	20.37	20.31	20.26	20.21	20.17	20.00	19.89	19.75	19.61	19.47	19.32
5	22.78	18.31	16.53	15.56	14.94	14.51	14.20	13.96	13.77	13.62	13.49	13.38	13.29	13.21	13.15	13.09	13.03	12.98	12.94	12.90	12.76	12.66	12.53	12.40	12.27	12.14
6	18.63	14.54	12.92	12.03	11.46	11.07	10.79	10.57	10.39	10.25	10.13	10.03	9.95	9.88	9.81	9.76	9.71	9.66	9.62	9.59	9.45	9.36	9.24	9.12	9.00	8.88
7	16.24	12.40	10.88	10.05	9.52	9.16	8.89	8.68	8.51	8.38	8.27	8.18	8.10	8.03	7.97	7.91	7.87	7.83	7.79	7.75	7.62	7.53	7.42	7.31	7.19	7.08
8	14.69	11.04	9.60	8.81	8.30	7.95	7.69	7.50	7.34	7.21	7.10	7.01	6.94	6.87	6.81	6.76	6.72	6.68	6.64	6.61	6.48	6.40	6.29	6.18	6.06	5.95
9	13.61	10.11	8.72	7.96	7.47	7.13	6.88	6.69	6.54	6.42	6.31	6.23	6.15	6.09	6.03	5.98	5.94	5.90	5.86	5.83	5.71	5.62	5.52	5.41	5.30	5.19
10	12.83	9.43	8.08	7.34	6.87	6.54	6.30	6.12	5.97	5.85	5.75	5.66	5.59	5.53	5.47	5.42	5.38	5.34	5.31	5.27	5.15	5.07	4.97	4.86	4.75	4.64
11	12.23	8.91	7.60	6.88	6.42	6.10	5.86	5.68	5.54	5.42	5.32	5.24	5.16	5.10	5.05	5.00	4.96	4.92	4.89	4.86	4.74	4.65	4.55	4.45	4.34	4.23
12	11.75	8.51	7.23	6.52	6.07	5.76	5.52	5.35	5.20	5.09	4.99	4.91	4.84	4.77	4.72	4.67	4.63	4.59	4.56	4.53	4.41	4.33	4.23	4.12	4.01	3.90
13	11.37	8.19	6.93	6.23	5.79	5.48	5.25	5.08	4.94	4.82	4.72	4.64	4.57	4.51	4.46	4.41	4.37	4.33	4.30	4.27	4.15	4.07	3.97	3.87	3.76	3.65
14	11.06	7.92	6.68	6.00	5.56	5.26	5.03	4.86	4.72	4.60	4.51	4.43	4.36	4.30	4.25	4.20	4.16	4.12	4.09	4.06	3.94	3.86	3.76	3.66	3.55	3.44
15	10.80	7.70	6.48	5.80	5.37	5.07	4.85	4.67	4.54	4.42	4.33	4.25	4.18	4.12	4.07	4.02	3.98	3.95	3.91	3.88	3.77	3.69	3.58	3.48	3.37	3.26
16	10.58	7.51	6.30	5.64	5.21	4.91	4.69	4.52	4.38	4.27	4.18	4.10	4.03	3.97	3.92	3.87	3.83	3.80	3.76	3.73	3.62	3.54	3.44	3.33	3.22	3.11
17	10.38	7.35	6.16	5.50	5.07	4.78	4.56	4.39	4.25	4.14	4.05	3.97	3.90	3.84	3.79	3.75	3.71	3.67	3.64	3.61	3.49	3.41	3.31	3.21	3.10	2.98
18	10.22	7.21	6.03	5.37	4.96	4.66	4.44	4.28	4.14	4.03	3.94	3.86	3.79	3.73	3.68	3.64	3.60	3.56	3.53	3.50	3.38	3.30	3.20	3.10	2.99	2.87
19	10.07	7.09	5.92	5.27	4.85	4.56	4.34	4.18	4.04	3.93	3.84	3.76	3.70	3.64	3.59	3.54	3.50	3.46	3.43	3.40	3.29	3.21	3.11	3.00	2.89	2.78

续表

n_1 / n_2	1	2	3	4	5	6	7	8	9	10	11	12	13	14	15	16	17	18	19	20	25	30	40	60	120	∞
20	9.94	6.99	5.82	5.17	4.76	4.47	4.26	4.09	3.96	3.85	3.76	3.68	3.61	3.55	3.50	3.46	3.42	3.38	3.35	3.32	3.20	3.12	3.02	2.92	2.81	2.69
21	9.83	6.89	5.73	5.09	4.68	4.39	4.18	4.01	3.88	3.77	3.68	3.60	3.54	3.48	3.43	3.38	3.34	3.31	3.27	3.24	3.13	3.05	2.95	2.84	2.73	2.61
22	9.73	6.81	5.65	5.02	4.61	4.32	4.11	3.94	3.81	3.70	3.61	3.54	3.47	3.41	3.36	3.31	3.27	3.24	3.21	3.18	3.06	2.98	2.88	2.77	2.66	2.55
23	9.63	6.73	5.58	4.95	4.54	4.26	4.05	3.88	3.75	3.64	3.55	3.47	3.41	3.35	3.30	3.25	3.21	3.18	3.15	3.12	3.00	2.92	2.82	2.71	2.60	2.48
24	9.55	6.66	5.52	4.89	4.49	4.20	3.99	3.83	3.69	3.59	3.50	3.42	3.35	3.30	3.25	3.20	3.16	3.12	3.09	3.06	2.95	2.87	2.77	2.66	2.55	2.43
25	9.48	6.60	5.46	4.84	4.43	4.15	3.94	3.78	3.64	3.54	3.45	3.37	3.30	3.25	3.20	3.15	3.11	3.08	3.04	3.01	2.90	2.82	2.72	2.61	2.50	2.38
26	9.41	6.54	5.41	4.79	4.38	4.10	3.89	3.73	3.60	3.49	3.40	3.33	3.26	3.20	3.15	3.11	3.07	3.03	3.00	2.97	2.85	2.77	2.67	2.56	2.45	2.33
27	9.34	6.49	5.36	4.74	4.34	4.06	3.85	3.69	3.56	3.45	3.36	3.28	3.22	3.16	3.11	3.07	3.03	2.99	2.96	2.93	2.81	2.73	2.63	2.52	2.41	2.29
28	9.28	6.44	5.32	4.70	4.30	4.02	3.81	3.65	3.52	3.41	3.32	3.25	3.18	3.12	3.07	3.03	2.99	2.95	2.92	2.89	2.77	2.69	2.59	2.48	2.37	2.25
29	9.23	6.40	5.28	4.66	4.26	3.98	3.77	3.61	3.48	3.38	3.29	3.21	3.15	3.09	3.04	2.99	2.95	2.92	2.88	2.86	2.74	2.66	2.56	2.45	2.33	2.21
30	9.18	6.35	5.24	4.62	4.23	3.95	3.74	3.58	3.45	3.34	3.25	3.18	3.11	3.06	3.01	2.96	2.92	2.89	2.85	2.82	2.71	2.63	2.52	2.42	2.30	2.18
31	9.13	6.32	5.20	4.59	4.20	3.92	3.71	3.55	3.42	3.31	3.22	3.15	3.08	3.03	2.98	2.93	2.89	2.86	2.82	2.79	2.68	2.60	2.49	2.38	2.27	2.14
32	9.09	6.28	5.17	4.56	4.17	3.89	3.68	3.52	3.39	3.29	3.20	3.12	3.06	3.00	2.95	2.90	2.86	2.83	2.80	2.77	2.65	2.57	2.47	2.36	2.24	2.11
33	9.05	6.25	5.14	4.53	4.14	3.86	3.66	3.49	3.37	3.26	3.17	3.09	3.03	2.97	2.92	2.88	2.84	2.80	2.77	2.74	2.62	2.54	2.44	2.33	2.21	2.09
34	9.01	6.22	5.11	4.50	4.11	3.84	3.63	3.47	3.34	3.24	3.15	3.07	3.01	2.95	2.90	2.85	2.81	2.78	2.75	2.72	2.60	2.52	2.42	2.30	2.19	2.06
35	8.98	6.19	5.09	4.48	4.09	3.81	3.61	3.45	3.32	3.21	3.12	3.05	2.98	2.93	2.88	2.83	2.79	2.76	2.72	2.69	2.58	2.50	2.39	2.28	2.16	2.04
40	8.83	6.07	4.98	4.37	3.99	3.71	3.51	3.35	3.22	3.12	3.03	2.95	2.89	2.83	2.78	2.74	2.70	2.66	2.63	2.60	2.48	2.40	2.30	2.18	2.06	1.93
60	8.49	5.79	4.73	4.14	3.76	3.49	3.29	3.13	3.01	2.90	2.82	2.74	2.68	2.62	2.57	2.53	2.49	2.45	2.42	2.39	2.27	2.19	2.08	1.96	1.83	1.69
120	8.18	5.54	4.50	3.92	3.55	3.28	3.09	2.93	2.81	2.71	2.62	2.54	2.48	2.42	2.37	2.33	2.29	2.25	2.22	2.19	2.07	1.98	1.87	1.75	1.61	1.43
∞	7.88	5.30	4.28	3.72	3.35	3.09	2.90	2.74	2.62	2.52	2.43	2.36	2.29	2.24	2.19	2.14	2.10	2.06	2.03	2.00	1.88	1.79	1.67	1.53	1.36	1.01

参 考 文 献

[1] 徐雅静,段清堂,汪远征,等.概率论与数理统计[M].2 版.北京:科学出版社,2016.
[2] 盛骤,谢式千,潘承毅.概率论与数理统计[M].4 版.北京:高等教育出版社,2008.
[3] 茆诗松,程依明,濮晓龙.概率论与数理统计教程[M].北京:高等教育出版社,2004.
[4] 陈希孺.数量统计学简史[M].长沙:湖南教育出版社,2002.
[5] 王丽霞.概率论与数理统计——理论、历史及应用[M].大连:大连理工大学出版社,2010.
[6] 周华任,刘守生.概率论与数理统计应用案例评析[M].南京:东南大学出版社,2016.
[7] 魏宗舒.概率论与数理统计教程[M].北京:高等教育出版社,2008.
[8] 赵鲁涛.概率论与数理统计教学设计[M].北京:机械工业出版社,2015.
[9] 苗晨,刘国志.概率论与数理统计及其 MATLAB 实现[M].北京:化学工业出版社,2016.
[10] 韩旭里,谢永钦.概率论与数理统计[M].上海:复旦大学出版社,2006.